U0322148

国家出版基金项目
NATIONAL PUBLICATION FOUNDATION

地球观测与导航技术丛书

城市地表热环境遥感分析
与生态调控

匡文慧 等 著

科学出版社

北 京

内 容 简 介

本书耦合城市地理学"空间结构理论"和城市气候学"地表能量平衡原理",提出了等级尺度城市地表结构与热环境调控新理念,揭示了等级城市空间结构与地表热环境之间的互馈机理,自主研发了生态城市模型(EcoCity)。基于遥感地面同步量测解决复杂地表覆盖辐射通量遥感反演"真值"验证及空间尺度推绎问题。构建城市等级结构与生态服务热调节功能影响评价的关键指标,刻画并表征城市内部结构 4 个尺度(城乡梯度、功能区、覆盖组分、材质构造)与热通量的时空关系,定量区分不透水地表与绿地对地表潜热、显热通量的贡献程度,核定服务于水热调节功能的各功能区不透水地表与绿地组分的调控阈值。研发了城市生态环境监测与应急预警信息平台,提出城市及城市群热岛调控空间规划生态红线指标。本书将深化城市热环境生物地球物理机制的定量化认知,推动城市生态学与空间规划链接与学科发展,对于城市景观规划、热岛调控乃至区域可持续发展评价具有重要参考价值。

本书可供城市生态学、土地利用规划与管理、城市地理学、城市规划学、遥感与 GIS 等科研领域的研究人员以及政府相关决策人员和高校师生参考使用。

图书在版编目(CIP)数据

城市地表热环境遥感分析与生态调控/匡文慧等著. —北京:科学出版社,2015.7
　(地球观测与导航技术丛书)
　ISBN 978-7-03-044753-1

Ⅰ.①城… Ⅱ.①匡… Ⅲ.①城市环境-地表-热环境-环境遥感-研究
②城市环境-地表-热环境-生态环境-研究 Ⅳ.①X21

中国版本图书馆 CIP 数据核字(2015)第 124332 号

责任编辑:杨帅英 / 责任校对:赵桂芬
责任印制:徐晓晨 / 封面设计:王 浩

科 学 出 版 社 出版
北京东黄城根北街 16 号
邮政编码:100717
http://www.sciencep.com

北京东华虎彩印刷有限公司 印刷
科学出版社发行 各地新华书店经销
*
2015 年 7 月第 一 版 开本:787×1092 1/16
2018 年 6 月第二次印刷 印张:16
字数:380 000
定价:298.00元
(如有印装质量问题,我社负责调换)

《地球观测与导航技术丛书》出版说明

地球空间信息科学与生物科学和纳米技术三者被认为是当今世界上最重要、发展最快的三大领域。地球观测与导航技术是获得地球空间信息的重要手段，而与之相关的理论与技术是地球空间信息科学的基础。

随着遥感、地理信息、导航定位等空间技术的快速发展和航天、通信和信息科学的有力支撑，地球观测与导航技术相关领域的研究在国家科研中的地位不断提高。我国科技发展中长期规划将高分辨率对地观测系统与新一代卫星导航定位系统列入国家重大专项；国家有关部门高度重视这一领域的发展，国家发展和改革委员会设立产业化专项支持卫星导航产业的发展；工业和信息化部、科学技术部也启动了多个项目支持技术标准化和产业示范；国家高技术研究发展计划（863计划）将早期的信息获取与处理技术（308、103）主题，首次设立为"地球观测与导航技术"领域。

目前，"十一五"计划正在积极向前推进，"地球观测与导航技术领域"作为863计划领域的第一个五年计划也将进入科研成果的收获期。在这种情况下，把地球观测与导航技术领域相关的创新成果编著成书，集中发布，以整体面貌推出，当具有重要意义。它既能展示973计划和863计划主题的丰硕成果，又能促进领域内相关成果传播和交流，并指导未来学科的发展，同时也对地球观测与导航技术领域在我国科学界中地位的提升具有重要的促进作用。

为了适应中国地球观测与导航技术领域的发展，科学出版社依托有关的知名专家支持，凭借科学出版社在学术出版界的品牌启动了《地球观测与导航技术丛书》。

丛书中每一本书的选择标准要求作者具有深厚的科学研究功底、实践经验，主持或参加863计划地球观测与导航技术领域的项目、973计划相关项目以及其他国家重大相关项目，或者所著图书为其在已有科研或教学成果的基础上高水平的原创性总结，或者是相关领域国外经典专著的翻译。

我们相信，通过丛书编委会和全国地球观测与导航技术领域专家、科学出版社的通力合作，将会有一大批反映我国地球观测与导航技术领域最新研究成果和实践水平的著作面世，成为我国地球空间信息科学中的一个亮点，以推动我国地球空间信息科学的健康和快速发展！

李德仁

2009年10月

序 一

21世纪,城市化对全球环境变化、气候变化、能源消耗乃至人类健康影响正成为国际社会关注的前沿问题,其中城市土地利用/覆盖变化及其地表热环境是以上国际前沿当中的核心和热点主题。应用现代空间信息科学技术方法,深化城市化对陆地表层生态-大气-社会系统影响机理以及互馈机制研究,为建设弹性、健康和宜居城市提供科学认识和决策支持,实现城市生活空间、生产空间与生态空间的统筹布局与科学管控,对于提高城市生态系统服务水平、改善人居环境乃至实现城市健康和谐发展具有重要意义。

城市景观具有高度动态性、结构复杂性和类型镶嵌等特征,城市内部不透水地表与绿地结构组分对城市生态环境有着截然不同但又相互联系的影响。当前在城市土地利用/覆盖变化研究中,缺乏对城市扩张进程中内部异质性或结构组分的精细刻画,由此也影响了城市地表热收支模拟和生态系统服务评估的可靠性。

城市内部空间结构异质性以及与生态环境因素之间互馈机制研究是目前国际研究的热点之一。匡文慧博士带领的研究团队围绕国际前沿提出了城市地表等级结构精细化探测与热环境调控新的理念与解析思路,综合应用遥感地面同步观测实验、定量遥感反演以及耦合模型系统等研发手段,解决了等级尺度城市地表结构组分高精度刻画、城市地表辐射能量遥感地面同步观测与验证、城市地表热环境调控模型发展等一系列科学难题。

在揭示城市等级空间结构与地表热环境之间互馈机理基础上,发现了城市下垫面不透水地表调控城市热环境的"红线"和绿地空间"绿线"的生态阈值。自主研发了 EcoCity 模型以及城市热岛与极端热监测和预警、城市地表水环境监测与应急管理、城市工矿区土壤环境监测与评价系统以及城市大气环境监测与应急预警系统。该研究有助于提升城市规划与生态环境要素之间的衔接和业务应用能力。

纵观全书,从研究理念创新、技术方法到知识的挖掘,该专著取得了如下具有国际领先水平的科研成果。

首先,耦合城市结构组分以及地表辐射能量等要素,揭示了城市地表结构组分与热环境互馈机理,发现了城市地表热环境生态调控阈值,发表的国际高水平系列学术论文得到了国际同行的高度评价。该书部分核心内容发表在 *Chinese Science Bulletin* 作为地理学和遥感领域唯一一篇文章入选 2013 年度发表文章最高引用率 TOP10 文章。

其次,应用遥感地面同步观测与定量模型反演,实现了城市地表结构及辐射热通量的精细化量测,研发了耦合模型和应用系统,这些研究成果为城市生态学、景观生态学,特别是景观与城市规划在理论与实践上取得新的重大突破奠定了重要基础。

　　谨此，向作者在城市景观生态领域取得的国际前瞻性成果给予充分肯定，并诚恳地向国际和国内同行推荐这本力作。

Wei-Ning Xiang，PhD

Professor of Geography and Earth Sciences

University of North Carolina at Charlotte，NC 28223 USA

Co-Editor-in-Chief

Landscape and Urban Planning

2015 年 5 月 8 日

序　二

由国际科学理事会和国际社会科学理事会发起的"未来地球（future earth）"研究战略框架，强调对全球可持续发展的理论和方法支持，其针对的挑战之一是通过对城市环境改善和资源足迹消耗方式的改革创新，塑造和构建健康、弹性、高效的城市。进入 21 世纪，伴随着我国快速城市化和工业化，国家提出新型城镇化建设规划，强调提升城镇化质量，优化空间格局，推进生态文明建设。天蓝地绿是宜居城市不可或缺的要素。如何合理利用有限的土地资源，实现城市生活空间、生产空间、服务空间与生态空间的统筹布局，对于提高城市生态服务功能以及改善人居环境具有重要意义。

在全球城市化和全球气候变化背景下，城市土地利用/覆盖变化及其对地表热环境效应逐渐成为土地利用/覆盖变化、城市生态学、城市规划等多学科交叉的重要命题。城市土地利用/覆盖变化具有高度动态性、结构复杂性和类型镶嵌等特征，其高精度信息探测与模拟对于城市规划管理、城市气候模拟、城市生态效应评估等相关研究具有重要意义。

作者提出了城市土地利用/覆盖变化等级结构精细化探测与地表热环境调控新的理念和解析思路。在《城市土地利用时空信息数字重建、分析与模拟》一书的基础上，围绕城市地表热环境及调控机制深入开展研究，取得了一系列令人耳目一新的创新性进展：

第一，发展了高分辨率遥感城市等级结构及地表组分探测模型，实现了城市土地利用/覆盖变化结构组分高精度探测，揭示了多尺度城市土地利用/覆盖变化特征及驱动机制。

第二，揭示了城市等级空间结构与地表辐射能量平衡互馈机制，定量评价了等级城市内部结构，包括城乡梯度/功能区/覆盖组分/材质构造等，对地表潜热、显热通量影响的时空关系，核定了服务于城市地表热环境的各功能区不透水地表与绿地组分调控阈值。

第三，提出了城市地表热环境调控的新思路，自主发展了 EcoCity V1.0 模型，研发了城市生态环境监测与应急预警信息平台，实现了城市规划管理指标与生态环境要素之间有效衔接，提高了模型系统的业务应用能力。

该书体现了城市地理学、城市生态学、气候学、定量遥感、地理信息系统等多学科交叉的特点，在观测实验设计、机理分析、模型发展、系统研发等方面取得了原创性成果。对于促进土地系统科学和城市生态学的发展具有重要意义，在城市规划管理和城市生态环境治理等方面具有较强的实用性。研究成果不仅受到该领域国际同行专家高度认可，而且得到国内主要科技媒体的广泛关注。且匡文慧博士被 *Chinese Science Bulletin* 期刊授予优秀作者,发表文章荣获 2013 年度最高引用率 TOP10 文章。为此,谨对作者取得的学术成绩表示祝贺,并推荐给读者。

中国科学院地理科学与资源研究所 研究员

2015 年 3 月 13 日

前　言

重大应用需求与地学知识的融合为遥感事业腾飞插上了一双隐形的翅膀。面向地理信息工程的应用实践不断地推动着遥感向着高时间、高空间分辨率以及定量化方向发展。地学知识参与其中的遥感影像解读有助于提高遥感图像识别的精度以及空间数据的挖掘能力，为各级用户提供更高质量的遥感专题产品和行业定制服务。低碳、绿色、生态与智慧城市的发展离不开城市规划以及生态调控理念的创新，更需要人文地理学、城市生态学、城市气候学、遥感科学及地球信息科学等多学科综合集成和地学知识的参与。

新型城镇化、生态文明与城市健康发展是当今世界现代化进程中面临的重要课题。21 世纪处于社会经济现代化加速发展的重要时期，也处于城镇化转型发展的关键时期。随着城市连绵式扩张和人口向心集聚，受全球气候变暖和区域增温多重作用影响，部分特大城市极端高温频发，城市热岛和大气环境污染加剧，甚至被称为城市进入"烟熏和烧烤阶段"。全面提升国家城市化质量与品质，建设集低碳、绿色、生态与智慧城市于一体的创新型城市，是城市持续健康发展的核心要素。进入 21 世纪，全球超过 6 亿人口居住在城市，人与环境和谐发展的宜居城市建设是保障人类幸福安康的基准。自 1833 年 Lake Howard 首次对城市中心温度高于郊区温度的现象进行文字记载以来，城市热岛效应成为制约城市发展的永恒主题和生态环境领域关注的焦点问题。

本书首先围绕理念是否可行？问题解决途径如何？如何服务规划应用？提出 3 个假设，其一是城市热岛加剧是否与下垫面结构显著相关，城市热环境调控除节能减排以外，城市功能区以及内部不透水比例的调控是否可以有效缓解城市热岛；其二是高分辨率遥感、观测实验、定量模型的发展以及区位理论集成是否可以提供科学研究范式和问题解决的途径；其三是是否可以设计一套可操作的指标体系、模型和系统服务于城市规划和区域可持续发展以缓解城市热岛。作者 2010 年获得了国家自然科学基金青年基金"京津唐都市圈近 30 年城市不透水表面增长的生态水文效应研究（40901224）"，2013 年获得国家自然科学基金项目面上项目"北京城市不透水地表/绿地格局对城市生态系统服务热调节功能影响（41371408）"资助。期间持续开展了城市地表温度、反照率、辐射四分量以及热通量涡度相关观测实验，实现了 Landsat TM/MODIS 遥感定量反演参数本地化和算法优化，研发了多源数据和地学知识参与的城市功能区分类、不透水地表和绿地组分时空信息提取技术手段，发展了具有自主知识产权的 EcoCity 模型。研发了水环境、大气环境等应急监测与预警信息平台，空间区位理论与生物地球物理机制的耦合，城市生态学与空间规划的链接，城市生态环境常规管理与应急管理的集成，对于城市景观规划、热岛调控、应急管理乃至区域可持续发展具有重要的应用价值。

本书部分成果"一种高分辨率遥感的多功能城市用地空间信息生成方法"2013 年获得国家发明专利 1 项，相关研究在 *Journal of Geophysical Research：Atmospheres*，*Landscape Ecology*，*Landscape and Urban Planning*，*Chinese Science Bulletin*，*Journal of Geographical Sciences* 等期刊发表论文 30 余篇,取得软件注册权 4 项,4 份咨询报告被国务院办公厅、中共中央办公厅采纳。研发成果在国家环境保护、国家测绘地理信息、城市规划部门以及地震应急方面取得良好应用效果。研发工作进展也证明了研究团队具有全面开展国家或全球重点城市生态环境监测评估与生态调控科技支撑业务化运行能力,进一步提升定量遥感、城市地理、城市规划领域在科技服务(STS)中的创新能力。

　　全书由匡文慧总体设计与统稿,迟文峰、陆灯盛、刘越、张弛、杜国明、窦银银、香宝、王刚、崔耀平、潘涛、张树深、徐凌、刘美、杨天荣、刘爱琳、高成凤、肖桐、马书明、张稼乐、孙乌仁图雅、春香、李全峰、陈国清、孟凡浩、陈郁和刘阁参与部分技术研发和专著编写工作。感谢硕士以及博士生导师张树文研究员、博士后合作导师刘纪远研究员和邵全琴研究员给予的指导。感谢张仁华研究员、邬建国教授、陈军教授、田汉勤教授、象伟宁教授、梁涛研究员给予的指导。本书获得国家出版基金的资助,在此表示感谢。感谢给予支持和帮助的领导、老师、同事与同学。

　　本书前期研究与出版也得到了国家高技术研究发展计划(863 计划)项目(2013AA122802)、国家重点基础研究发展计划(973 计划)项目(2014CB954302;2010CB950900)、国家科技支撑计划项目(2012BAJ15B02)和国家水域污染控制与治理科技重大专项(2014ZX07201.012)的支持。本书的英文版本 *Remote Sensing of Thermal Environment and Ecological Regulations in Cities* 将由科学出版社合作伙伴 Springer 出版。

　　本书撰写过程中参阅了大量的文献,主要观点均做了引用标注,若有疏漏,在此表示歉意。由于作者专业水平与写作能力有限,书中若有不妥之处,敬请批评指正!

匡文慧

2014 年 10 月 30 日

于中国科学院地理科学与资源研究所

目　　录

第一章　城市生态调控新理念与理论基础

第一节　城市生态调控新理念与研究范式

城市生态服务功能直接影响城市人居环境和人类安康(human well-being)。在当前乡村人口不断向城市集聚、城市快速向外扩张,加之全球环境变化加速(温度升高、洪水及热浪频发)的影响下,城市生态服务功能正面临着前所未有的挑战。城市不透水地表(impervious surface area,ISA)与绿地空间(green space)作为城市土地利用/覆盖结构特征的重要组合模式,会对地表辐射与能量的分配产生截然相反的作用,进而对城市热岛、大气环境及局地气候产生重要影响,从而对城市生态服务热调节功能产生决定性作用。

在现代城市发展过程中,如何通过调控城市建筑红线(不透水地表面积比例)和生态绿线(绿地)、蓝线(水域),实现城市空间结构布局中商业和工业等产业用地、住宅用地以及生态绿地的有机组合,使有限的城市空间发挥调节局地气候、改善人居环境、减缓城市污染的作用,营造良好生态环境,仍有待于城市规划科学、城市土地利用科学、景观可持续性科学、城市生态学、城市气候学等自然和社会科学链接协同解答。

一、城市空间结构与生态服务热调节功能的链接与重要性

城市空间结构历来是人文地理学关注的焦点问题。16世纪英国学者摩尔(More)提出了乌托邦式的城市建设模式,19世纪末,英国科学家霍华德(Howard)提出田园城市(garden city)思想,强调公共绿地布局与生态城市建设的理念,对现代城市规划思想起到了重要的启蒙作用。从城市内部不同功能区到相应的不透水地表、生态绿地土地覆盖状态,再到城市建筑、道路、广场等类型,其不同等级结构组合与城市人为热源、潜热、显热等热通量之间具有直接关系,由此衍生两个关键的科学命题:①针对不同规模城市,城市内部两种主导覆盖类型格局和组分对空间热场热通量特征影响机制及生态服务热调节功能定量贡献程度如何? ②针对城市生活、生产、服务和生态空间,什么样的土地覆盖组分有利于减缓城市热岛强度,改善城市生态系统服务功能?

遥感监测表明,中国与美国相比较而言,美国城市内部不透水地表面积所占比例平均为40%~50%(森林与不透水比率约1.4∶1),而中国城市不透水地表面积比例估算约占66%(Nowak and Greenfield,2012;Kuang et al.,2013)。研究表明,森林覆盖率和绿地面积对生态服务热调节功能具有决定性作用,每增加10%的绿地,城市热辐射将减少2℃,当绿地斑块面积大于5km²,地表辐射温度急剧下降(应天玉等,2010)。中国城市不透水地表面积所占比例过高、绿地面积不够集中,较大程度上影响其热调节功能。当前城市生态绿地服务功能评价更多以市场价格和相关价值进行估算,缺乏针对特定类型城市功能分区、不同生态绿地组分对地表辐射能量平衡以及热调节功能影响定量关系的认识,极大

地限制了城市规划与建设的应用性。

为有效缓解城市热岛现象,核定服务于热岛效应局地气候热调节服务功能目标的各功能区不透水地表与绿地组分的调控阈值,并提出城市合理布局模式以及适应城市生态服务功能的"等级层次"的城市土地覆盖调控模式。实现城市空间结构与城市生态服务功能研究的有效链接,是通向"人文地理学"与"生态/气候学"的桥梁,对于城市生态规划与管理具有重要的理论和现实意义。

二、城市内部不透水地表与绿地组分及空间规划新理念

由于城市景观结构具有高度的复杂性和多尺度特征,城市不透水地表和绿地组分作为城市空间结构的重要组成部分,直接影响着城市生态系统服务功能。城市不透水地表(urban impervious surface,UIS)是反映人类活动强度和评价城市人工建设用地增长的重要指标,对于评价城市生态系统健康与人居环境质量具有重要的理论与现实意义。城市不透水地表是城市发展建设产生的一种地表水不能直接渗透到土壤的人工地貌特征,包括城市中的道路、广场、停车场、建筑屋顶等。不透水地表的增长通过改变地表辐射能量平衡,从而增强局地气温及产生热岛效应(Oke,1989;Heisler and Brazel,2010;Klok et al.,2012),进而影响居民的舒适性和健康状况,以及污染物排放等。美国地质调查局(USGS)与美国国家海洋和大气管理局(NOAA)基于夜间灯光指数(DMSP/OLS)发展了第一个全球1km建设用地不透水地表(constructed impervious surface)数据集,表明中国具有全球面积最大的不透水地表,美国、印度、日本、中国和欧洲国家流域生态系统由于不透水地表增长受到了不同程度的毁坏(Elvidge et al.,2007)。Ridd(1995)构建了基于遥感信息的 V-I-S (vegetation-impervious surface-soil)概念模型,该模型将城市土地覆盖分为绿地植被、不透水地表与裸土,该模型的建立对解决混合像元问题、提高不透水地表信息提取的精度具有重要作用。基于此方法验证的不透水地表面积精度达到83%(Ward et al.,2000)。Wu 等(2003)运用LSMA(linear spectral mixture analysis)模型并结合 V-I-S 模型,将城市土地覆盖的混合像元分解为不透水地表(高反射率地表、低反射率地表)、植被、裸土 3 种类型,获取了美国哥伦布市(Columbus)亚像元不透水地表分布信息。Lu 和 Weng(2009)运用 LSMA 模型和 V-I-S 模型将中尺度空间分辨率影像混合像元成功分解。Hu 和 Weng(2011)提出基于对象的模糊分类方法,基于 IKNOS 影像提取了美国印第安纳波利斯(Indianapolis)居民区及中心商业区的不透水地表,居民地和中心商业区提取精度分别达到 95% 和 92%。基于夜间灯光指数(DMSP/OLS)与中国土地利用/覆盖变化信息融合监测不透水地表增长,中国范围以及京津唐城市群 21 世纪初城市不透水地表呈现高速增长特征,中国城市不透水地表平均比例约为 66%(Kuang,2012a;2013)。通过 Google Earth 航空影像解译,表明美国城市不透水覆盖比例平均为 43%(Nowak and Greenfield,2012)。1984~2010 年的 27 年间,美国大都市巴尔的摩(Baltimore)不透水地表面积从 881km^2 增长到 1176km^2(Sexton et al.,2013)。我国学者逐渐意识到城市不透水地表分布对生态环境影响的重要性,进而对北京、上海、福州等城市不透水地表开展相关研究(陈爽等,2006;岳文泽和吴次芳,2007;周纪等,2007;Li et al.,2011a;Kuang,2012a,b;Kuang et al.,2013)。

城市绿地(urban green space,UGS)作为城市生态系统的重要组成部分,在改善城市环境,特别是空气和水质净化、建筑节能、适宜空气温度、紫外线减少方面具有重要作用,城市中适宜比例的绿地面积可以调节城市内部气候环境,影响城市内部辐射能量平衡,降低城市地表温度等。通过仪器测量方法分析公园绿地对周边区域温度的影响,发现绿地温度明显低于周边区域温度,在有风的情况下,0.6km²的公园可以使下风向1km范围内商业区气温降低1.5℃(Ca et al.,1998),面积越大的绿地冷岛效应越明显(Spronken-Smith and Oke,1998),且高密度的森林植被覆盖的绿地公园白天降温效应最大可达3.5℃(Potchter et al.,2006),绿地和周边城市温度差异夏季大、冬季小,冷效应可以在夜晚的城市区域延伸200~300m,而8~10月白天,范围可以延伸300~500m(Hamada and Ohta,2010),有效地降低了城市温度。为进一步保护城市内部绿地覆盖,美国已实施了不同的城市绿地发展计划,如种植大量绿地植被(City of New York,2011;City of Los Angeles,2011)、保护现有植被(City of Pasadena,2011)和发展城市冠层覆盖(City of Seattle,2011)等。我国学者通过试验观测及基于遥感影像等技术手段,针对不同地区(如北京、上海、成都、南京等)不同组分的绿地对降低和减缓城市热效应进行了研究(彭静等,2007;周红妹等,2002,2008;张伟等,2007;夏佳等,2007;李延明等,2004)。

针对城市内部不透水地表与森林覆盖结构组分研究,国际林业研究组织联盟(International Union of Forestry Research Organizations,IUFRO)曾建立专门的项目组来探讨人类居住区的绿地和城市森林覆盖方面的问题(Andresen,1976)。M'Ikiugu等(2012)提出城市内部的绿地面积大小、组分、分布以及支持城市绿地空间扩张潜力的识别方法。Nowak和Greenfield(2012)通过分析21世纪以来美国20个城市的不透水地表和绿地的结构及空间变化,表明16个城市的不透水地表面积显著增加,不透水地表面积每年增加0.31%,而17个城市的绿地空间显著减少,且每年绿地平均减少0.27%,只有1个城市的绿地面积有所增加。

城市生态学理论(Niemela,1999;Pickett et al.,2001)研究一再强调理解和分析城市生态系统的复杂性:包括空间格局和结构组成的异质性对生态过程和服务功能的影响机制(Pickett et al.,2005)。Pickett等(2001)和Grimm等(2008)呼吁发展新一代的空间显式的多尺度生态系统模型,以将人类控制下的格局动态和环境干扰与生物地球化学循环过程有机整合。基于Wu和David(2002)提出了凤凰城城市景观等级斑块动态模型(HPDM-PHX)城市模型框架,Zhang等(2013a)发展了多尺度耦合的HPM-UEM(hierarchical patch mosiac-urban ecosystem model)模型,这些模型主要针对城市生物地球化学过程。但是长期以来缺乏将城市空间等级尺度结构与生物地球物理机制相互有效联系起来的研究方法和案例。

Oke(1982)曾提出在城市冠层(urban canopy layer,UCL)垂直交互的动量通量(momentum)、热量通量(heat)和湿度(moisture)与乡村不同。局地气候调节效应取决于微观、局地和中尺度3个尺度(micro-scale;local-scale;meso-scale)基本特征。城市复杂下垫面类型相应分为城市结构、城市覆盖、城市构造和城市代谢。城市结构(urban structure)是指建筑空间维度、街道宽度等;城市覆盖(urban cover)包括不透水地表、绿地、裸土和水域;城市构造(urban fabric)是指建筑材质等;城市代谢(urban metabolism)包括人为产生的水、热和污染物等,并认为上述城市4个类型的聚合才能形成理解局地气候特征的城市地表物理属性特征(图 1.1)。城市作为复杂生态系统,城市布局的功能区、各功能区不透水地表和绿地面积比例控制等级结构的分类体系新理念的提出以及局地气候调节之间相互关系的理解,对加深城市空间结构不同等级尺度布局以及生态服务功能响应的认知具有重要意义,可以直接有效地应用于城市规划管理。

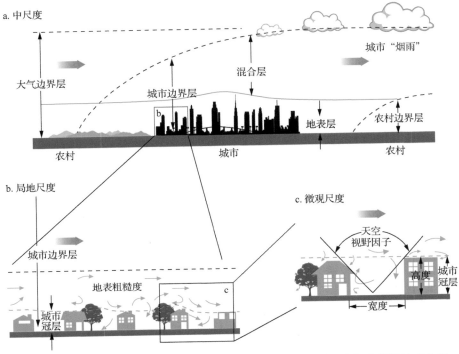

图 1.1 中尺度、局地尺度和微观尺度城市冠层、城市边界层和大气边界层地表大气
相互作用特征(Oke,1982)

三、城市地表热通量的定量模式、遥感反演与观测实验

国际上对地表热量平衡模拟的模型有 SEBS、SEBAL 以及 PCACA 等模型(张仁华等,2004;Liang et al.,2012)。随着定量遥感的发展,基于地物界面热量平衡原理,发展了基于热红外遥感的土壤热惯量反演模型,表明净辐射通量、显热通量、潜热通量和土壤热通量控制着土壤表面和作物冠层表面温差(张仁华等,2001;2004)。还有耦合了陆表模型或城市冠层模型的中尺度区域上的 MM5、RAMS、WRF 等。Grimmond 等(2010a,2011)在全球范围内开展了城市能量平衡的模型比较计划,涉及的模型有 LUMPS、BEP02(building effect parameterization)、CLMU(community land model-urban)、MUCM(multi-layer urban canopy model)、NJU-UCM-S/M(Nanjing university urban canopy model-single/multi layer)、SM2-U(soil model for sub-mesoscale urban)、TEB(town energy balance)等数十个模型。城市生态模型有美国农业部水土保持局研制的SCS 模型,美国林业组织 Citygreen 模型以及美国挪威大学开发的 RUHM 模型。

在欧洲及美国等很多城市都开展了相应的观测试验和计划,甚至形成了全球城市通量观测网络(White et al.,1978;Christen and Vogt,2004;Grimmond et al.,2011)。美国巴尔的摩(Baltimore)和凤凰城(Phoenix)均开展了长期城市生态研究,建立了通量和气象观测站点。在国内城市相继也开展了相关的观测研究,如在南京进行的城市边界层三维结构和热岛三维结构观测试验,定量分析城市微气象及中小尺度、非均一三维特征对地表与大气间能量交换的影响,并对城市热岛的特征及其成因、影响程度开展研究(刘罡等,2009)。中国科学院大气物理研究所在北京城区建造了325m气象观测塔应用涡度相关方法开展47m、120m和280m等不同高度城市下垫面的动量和感热等湍流通量观测试验(Miao et al.,2012)。中国科学院生态环境研究中心在本单位地址和北京植物教学中心开展了辐射和气象观测(王效科等,2009)。北京林业大学的城市森林气象及通量试验站点主要进行城市森林的水、热及碳通量的研究。为了建立城市不透水地表和绿地不同土地覆盖类型与地表辐射和热通量之间的直接关联,Kuang等(2015a)在北京城区奥林匹克森林公园(代表城市绿地)和附近科学园南里建筑屋顶(代表城市不透水地表)布设了涡度相关通量实验观测站,比较相同气象条件下不同城市结构类型对地表辐射和热通量影响的差异。

四、从城市热岛到热调节服务功能研究发展趋势

城市热岛效应(urban heat island,UHI)是人类活动对城市气候环境系统产生的最显著影响之一。1833年通过对伦敦城区和郊区的气象进行对比观测,首次对城市中心温度高于郊区温度的现象进行了文字记载(Howard,1833)。Manley于1958年提出城市热岛(UHI)的概念。城市不同土地利用类型会改变城市局地大气和地表与其周围郊区的温差,因大规模的城市扩张使土壤和植被表面转变为城市不透水地表(如混凝土、沥青等)是引起城市热岛效应的主要原因,从而产生全球气候影响负效应(Owen et al.,1998;Parham and Guethlein,2010)。

城市不断蔓延扩大及农村人口进一步向城市集中使城市热岛现象变得越来越严重。在加拿大温哥华,20世纪70年代(1972年7月4日)测定的热岛强度已达11℃,在德国柏林,出现过13℃的城郊温差,美国亚特兰大城郊温差达到12℃(窦建奇,2001;彭少麟等,2005)。美国CDC(Centers for Disease Centers of Control and Prevention)估计,1979～1998年大约有7421人由于过热死亡。萨斯市遭遇罕见热浪,城市中受热岛影响的商业区,人口死亡率上升了64%,而未受影响的城郊地区,其死亡率上升不到10%(彭少麟等,2005)。在夏季,尤其是夜晚,遭受高温天气的老年人死亡率明显上升(Laaidi et al.,2011;Vandentorren et al.,2006)。针对城市热岛效应带来的严重后果,国内外较多学者都高度关注我国快速城市化进程的城市热岛效应以及对区域气候的影响作用(张光智等,2002;宋艳玲等,2003;张兆明等,2007)。Huang等(2009)分析比较了1951～2007年我国89个城市的月平均气温最高值,评估50多年来城市热环境效应变化的程度。2000年以后城市热环境效应的最大值与50年代相比上升了1.97℃;而90年代城市热环境效应的最大值与50年代相比上升了1.50℃。除了有"火炉"之称的南京、武汉、重庆外,北京、上海、香港等城市的气温也在上升,均存在明显的热岛现象。在全国尺度上计算得到1980～2009年全国城市用地变化对年均气温的影响约为0.09℃/10a,约占全国增温幅度(0.46℃/10a)的20%(王芳和葛全胜,2012)。

国内外绿地植被对缓解城市热岛效应的作用研究证实了公园绿地的"冷效应"和不透水地表的"热效应"(Cao et al.,2010；Zhang et al.,2009b；Weng and Lu,2008；Imhoff et al.,2010)。20 世纪 80 年代，景观生态学家在绿地系统规划研究方面提出一系列新的理论，如"绿道"(green way)、"绿色结构"(green structure)和"绿色基础设施"(green infrastructure)等。欧洲科技领域研究合作组织(European Cooperation in the Field of Scientific and Technical Research)于 2000 年 2 月推出了一项以绿地结构和城市规划为研究内容的科研计划，该计划为期 4 年涉及 5 个国家，并于 2005 年 6 月发表研究报告(*Final Report of COST Action C11-Green structure and Urban Planning*)，对绿化结构与城市规划理论进行了比较全面和系统的研究和总结，并列举了大量成功实例(Caroll,2006)。《国家中长期科学和技术发展规划纲要(2006—2020 年)》明确要求：要把城市"热岛"效应形成机制与人工调控技术作为重点研究。多项研究证明绿地和水域具有缓解热岛效应的作用，但是针对一定面积的绿地或水域具体的影响范围的量化研究不多，而绿地和水域的结构、配置等对热效应的调节作用，需要深入研究(陈爱莲等,2012)。面对当前城市生态问题，要高度重视城市森林的生态服务功能(李文华,2009)。

第二节　关键问题与研究内容

21 世纪初 10 年间，中国城市以每年 1788km² 的速度对外扩张，其中以高密度不透水地表扩张为主，城市扩张速度是 20 世纪 90 年代的 2.16 倍。到 2012 年约 50%(约 6 亿)人口居住在城市，约占 6 万 km² 国土面积，如何统筹布局好 6 万 km² 城市用地面积，实现城市内部生活空间、生产空间、服务空间和生态空间格局优化组合，事关国家整体城镇化发展的质量。中国共产党第十八次全国代表大会(十八大)召开以来，新一代领导集体强调加快新型城镇化建设，提升城镇化质量，优化空间格局，推进生态文明建设。承载高密度的人口、产业的城市用地如何有效布局，以实现城市生活空间、生产空间、服务空间与生态空间的不透水地表、绿地组分与结构的合理布局对于提高城市生态服务功能、改善人居环境质量、建设低碳型生态城市乃至提高全球气候变化的适应能力具有重要的现实意义。

城市不透水地表与绿地格局通过改变城市下垫面结构，引起地表反照率、比辐射率、地表粗糙度的变化，从而对区域垂直方向辐射平衡产生直接影响；不透水地表会增强地表显热通量，绿地空间会增加潜热通量，从而加剧或减缓城市热岛强度，改变局地/区域气候，影响城市生态服务功能，特别是热调节功能。当前国内外研究仍缺乏具有空间针对性的城市内部功能结构组合(特别是土地利用等级尺度空间格局)与生态服务功能(热调节功能为其最核心功能)之间的紧密结合和统筹考虑。

城市不透水地表与绿地格局对生态服务热调节功能的影响是揭示上述问题的关键机制，也是定量评估城市土地覆盖结构组合对人居环境产生影响的核心内容，上述问题具有如下科学与现实意义：

1) 提高城市土地覆盖组合结构与地表辐射能量平衡互馈关系内在机制性的认知能力，加深对城市化与全球环境变化生物地球物理机制科学问题的理解；

2) 定量评估城市地表覆盖格局对城市生态系统服务热调节功能的胁迫关系，解答城市热环境从"科学量测"向"科学调控"发展的关键科学问题。

3）可以为优化城市生产、生活、服务和生态空间布局,控制城市适度规模以及城市生态规划与整治提供科学参考。

一、关键问题

针对城市热岛现象/强度的识别和城市生态规划定性分析,缺乏城市结构与生态服务热调节功能之间机制的系统性和定量关系的认识,特别是 3 个尺度(micro-scale;local-scale;meso-scale)的城市结构(urban structure)、城市覆盖(urban cover)、城市构造(urban fabric)、城市代谢(urban metabolism,主要是指人为热源)在辐射与热通量影响之间生物地球物理机制的深刻认识。

当前研究更加重视城市生态服务功能以及人居环境的改善,特别是在城市对全球气候变化的适应性策略方面受到高度关注。由传统的单一学科,更加强调社会科学与自然科学的耦合和多学科交叉,协同解决城市土地利用动态过程与生态系统服务功能之间的互馈过程、作用机制以及人文-生态的集成研究(Alberti et al.,2003;Mooney et al.,2013)。但当前研究中仍存在如下 4 个方面的问题:

1）对城市不透水地表/绿地格局对热岛/冷岛效应通量特征影响机制认识不足,热岛强度表达了城市中心区高于周边乡村地表气温的强度。虽然表达了城市热岛现象,但更多反映的是热岛效应这一现象本身,解释其内在机制以及产生的原因仍显不足。

2）支持城市内部功能结构以及生态服务功能评估的数据资料不足。城市内部结构精细化信息获取具有一定难度,这方面工作在方法上已经取得重要突破。城市生态/气候模型的适用性缺乏充分的参数本地化和验证工作。将国际模型本土化,开发城市地表过程热通量遥感反演模型,通过科学实验与模型模拟地有效结合,进一步提高模型的可靠性和模拟精度,是当前研究亟待解决的问题。

3）城市结构与城市生态服务功能之间的定量关系认识不足,严重影响城市规划及景观设计方面的应用能力。对于解答具有空间针对性的不透水地表和绿地规模、组分以及格局与热调节功能之间的互馈关系,城市热环境从"科学量测"向"科学调控"发展的关键科学技术仍显不足。

4）全球气候变暖背景下,城市功能结构布局对于应对极端气候(如极端高温、洪水)的适应性认识严重不足。

针对上述研究问题,本书拟解决的关键科学问题包括:

1）耦合城市地理学"城市等级空间结构理论"与城市气候学"辐射能量平衡理论",如何综合应用高分辨率定量遥感、涡度相关等遥感地面同步观测、GIS 空间分析以及机制模型,揭示不同等级尺度城市空间结构与城市地表热环境之间的互馈机制。

2）如何构建城市生态模型科学表达在不同等级尺度上城市结构与城市生态服务功能之间的定量关系?如何准确监测和评估城市化过程对不同等级尺度城市热岛效应强度以及区域地表增温的影响,如何科学表达城市内部结构 3 个尺度(功能区/覆盖组分/构造)与热通量的时空关系,定量区分不透水地表与绿地对地表潜热、显热通量贡献程度,剖析城市扩张动态过程空间结构演化对生态热调节功能的影响,核定服务于水热调节功能的各功能区不透水地表与绿地组分的调控阈值。

3）城市空间结构不同等级尺度布局以及生态服务功能影响定量化表达，如何直接有效地将其应用于城市规划管理建设中，如何在城市规划与建设中充分考虑有利于城市热岛调节的建筑材质、景观布局和功能分区等问题，有效缓解城市内部的热岛效应，实现城市热环境研究从"科学量测"向"科学调控"发展（图1.2）。

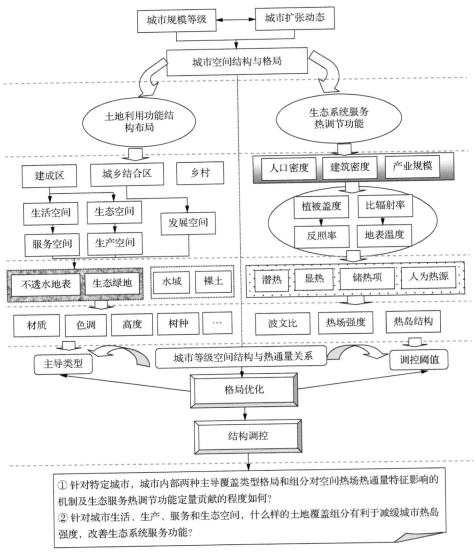

图 1.2　城市空间结构与热环境互馈机制及关键问题

二、研究内容

耦合城市地理学"城市空间等级结构理论"与城市气候学"辐射能量平衡理论"，综合应用高分辨率定量遥感、涡度相关等遥感地面同步观测、GIS 空间分析以及机制模型，开展如下两方面研究,技术路线见图 1.3。

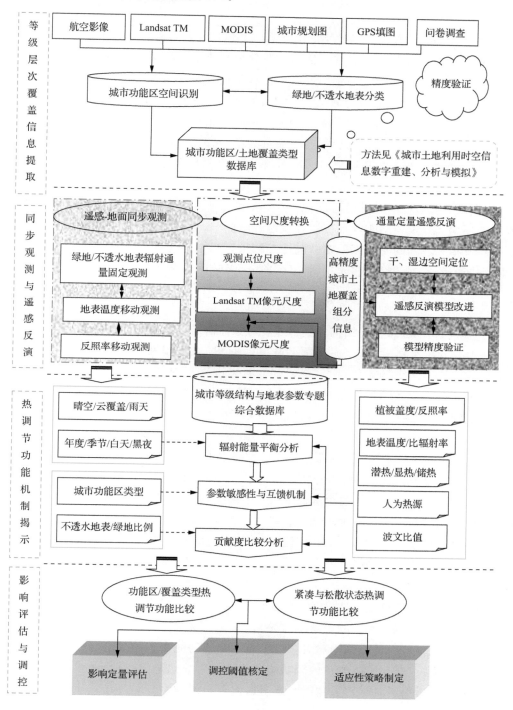

图 1.3　技术路线图

1. 城市地表辐射与热通量遥感地面同步观测实验、尺度推绎与参数反演

（1）基于遥感地面同步城市不同下垫面类型辐射通量实验观测

持续开展不透水地表与公共绿地辐射四分量与热通量涡度相关观测实验，获取相同气象条件不同地表覆盖类型下垫面反照率、地表温度、潜热、显热等关键参数数据集；基于 Landsat TM/MODIS 遥感过境时段开展春、夏、秋、冬 4 季城市不同类型下垫面地表温度、地表反照率、热红外成像以及涡度相关辐射与通量观测系统同步观测，定量描述城市地表不透水与绿地覆盖特征对辐射与热通量的影响。

（2）城市地表辐射与热通量遥感反演、验证以及尺度推绎

基于 Landsat TM/MODIS 遥感过境时段开展春、夏、秋、冬 4 季城市干点和湿点下垫面地表温度、地表反照率、热红外成像，嵌入城市用地类型改进和校正 PCACA 遥感反演模型，应用像元地表覆盖组分加权法开展地表反照率、地表温度站点 100m～1km 像元空间尺度"真值"检验，对 PCACA 模型进行参数校正与本地化；开展 2000 年以来城市地表辐射和热通量春、夏、秋、冬多尺度时间序列遥感参数反演。

2. 城市内部等级结构格局对生态服务热调节功能影响的分析、评估与调控

（1）城市内部等级功能结构不透水地表与绿地格局识别与表征

基于高分辨率遥感信息、大比例尺城市地形图、城市规划图等辅助信息，结合地学知识重建城市空间结构演化过程，辨识城市演化过程中内部生活空间、生产空间、服务空间和生态空间分布格局以及相应的不透水地表、绿地/水域等地表覆盖类型组分，分析其城市内部结构演化的社会经济、城市规划与重大事件对城市内部功能结构布局的影响。

（2）两种主导覆盖类型对城市生态系统服务热调节功能辐射与通量的影响机制

基于实验观测、遥感反演、气象观测资料、文献参数库资料，从城市结构、地表覆盖和城市构造 3 个方面揭示城市演化过程中内部生活空间、生产空间、服务空间和生态空间分布格局以及相应的不透水地表、绿地/水域等地表覆盖类型组分布局模式对城市热岛形成的地表辐射与热通量影响程度，分析不同斑块大小、形态及镶嵌模式对地表热通量的响应。剖析城市内部不同功能结构布局的不透水地表和绿地两种主导地表覆盖类型与地表热通量的互馈机制。

（3）城市功能结构动态对城市生态热调节功能影响的综合分析与贡献的定量评估

构建城市功能区控制下的不透水地表和绿地覆盖对生态服务热调节功能影响的评估指标体系，开展城市功能结构动态对城市生态热调节功能影响的综合分析。分析比较城市紧凑发展与蔓延扩张形态城市内部功能结构格局对显热通量、潜热通量和人为热源定量的贡献程度；综合评估城市各功能区不透水地表与绿地组分对热岛效应缓解和局地气候热调节的生态服务功能。

（4）不同等级规模城市功能区覆盖类型生态调控阈值及热岛减缓适应性策略

综合评价城乡梯度带旧城区、新开发和待开发区各乡镇（街道办事处）城市功能结构生态服务热调节功能优良等级，核定服务于热岛效应缓解与局地气候热调节服务功能的各功能区不透水地表与绿地组分的调控阈值，制定城市建筑红线（不透水地表面积比例）和生态绿线（绿地面积比例）、蓝线（水域面积比例）等城市开发建设适宜性管控标准。提出热岛效应与极端热事件发生的生态风险缓解的城市内部功能布局适应性策略。

第三节　地理区位理论和地表能量平衡原理

一、地理区位理论及其拓展

地理学中的空间是指地理事物和经济活动发生、联系和发展于其中的具体的地理背景或环境空间。点、线、面在地理空间中的区位、分布和联系方式，构成了地理现象的空间格局（spatial pattern）（吴传钧等，1997；马国霞和甘国辉，2005）。空间结构是社会经济客体在空间相互作用中所形成的空间集聚程度和集聚形态（陆大道，1995）。城市空间结构是城市社会结构、经济结构、自然条件在空间上的投影，是城市经济、社会存在和发展的空间形式，表现为城市各种要素在空间范围内的分布特征和组合关系（刘盛和，2002），除了包括城市土地空间结构外，还包括城市社会空间结构、经济空间结构、生态空间结构等。城市土地利用是城市内部与外部社会、政治、经济、技术等多种因素作用的结果，也是影响城市发展的要素在城市土地上的反映（顾朝林等，2000）。城市土地利用空间结构是城市土地利用结构与功能在空间上的形态特征与相互作用下的表现形式。城市系统时空作用不仅表现为城市内部时空过程的作用，而且包括城市区域系统相互作用的过程。

区位理论是关于人类活动的空间分布及其空间中的相互关系的学说。具体地讲，是研究人类经济行为的空间区位选择及空间区域内经济活动优化组合的理论。1826年，农业区位论的创始人德国经济学家冯·杜能（Von Thünen），完成了农业区位论专著——《孤立国同农业和国民经济的关系》，该书成为世界上第一部关于区位理论的古典名著。杜能根据其理论前提，认为经营者是否能在单位面积土地上获得最大利润（P），将由农业生产成本（E）、农产品的市场价格（V）和把农产品从产地运到市场的费用（T）3个因素决定，它们之间的变化关系可用公式表示为 $P = V - (E+T)$。根据区位经济分析和区位地租理论，杜能在书中提出6种耕作制度，每种耕作制度构成一个区域，而每个区域都以城市为中心，围绕城市呈同心圆状分布，形成著名的"杜能圈"。依次为自由农作区（主要生产易腐难运的农产品）、林业区（主要生产木材）、谷物轮作区（主要生产粮食）、草田轮作区（主要生产谷物与畜产品）、三圃农作制区（1/3土地用来种黑麦，1/3种燕麦，其余1/3休闲）、放牧区。

中心地理论产生于20世纪30年代初西欧工业化和城市化迅速发展时期，是1933年由德国地理学家克里斯塔勒（Christaller）提出的。六边形市场区在一个匀质平原上，由各个中心地为人们提供商品和服务,由于新的中心地厂商的不断自由进入,竞争结果使各厂商经营某类商品的最大销售范围逐渐缩小,直到能维持最低收入水平的门槛范围为止,使某类商品的供给在匀质平原上最终达到饱和状态,而每个中心地的市场区都成为彼此相切的圆形,如果不重叠的话,圆与圆之间必然会出现空隙,居住在这些空隙里的居民将得不到服务。中心地商品和劳务的需求门槛、利润和服务范围,是与中心地规模、人口分布密度、居民收入水平及商品与服务的种类密切相关。不同规模的中心地,其需求门槛和销售范围也是不同的。它们在空间地域上的这些差异,经过相互作用和人类经济活动的干扰,形成规律有序的中心地——市场等级体系。

1929年,德国经济学家阿尔弗雷德·韦伯(Weber)提出了工业区位理论。其理论的核心就是通过对运输、劳力及集聚因素相互作用的分析和计算,找出了工业产品的生产成本最低点,以作为配置工业企业的理想区位。由集聚因素形成的聚集经济效益也可使运费和工资定向的工业区位产生偏离,从而形成工业区位的第二次变形。

城市内部由于不同区位条件差异以及社会经济发展水平、知识与技术水平的差异,产生了区域不同层次的梯度空间差异,从而产生了梯度理论。该理论认为每个区域都处在一定的发展梯度上,区域在梯度上的差异不是由地理位置决定的,而是由其经济发展水平决定的,认为极化效应促使城市带的发展梯度上升,扩展效应在一定程度上促进了较低水平国家与地区的发展。产业结构的区域差异是引起经济梯度与技术梯度的重要因素。

本书对地理区位理论进一步拓展,发展耦合生态环境效应的地理区位理论。城市区位理论中城市功能区与城市空间布局密切相关,也是城市规划中关心的重要内容。而城市热岛效应、环境污染等生态环境调控指标与城市不透水地表、绿地等土地覆盖状态密切相关。新拓展的模型对于城市规划功能结构布局和生态环境调控具有更强的操作性和内在的联系性。城市内部空间结构是功能区与土地覆盖类型相互作用的结果。城市内部空间结构取决于土地覆盖及功能区类型,将城市土地覆盖类型划分为不透水地表、植被、水域与其他用地(耕地、裸土等);结合国内外城市功能区类型及特点,将功能区划分为商业用地、住宅用地、工业用地及其他用地(商居混合用地)。假设满足划定城市功能区的约束条件(城市各功能区无明确的界线,体现主导功能类型),在准确利用遥感手段提取土地覆盖类型面积的基础上建立函数:

$$I = d \sum_{i=1}^{n} F_n L_n \tag{1.1}$$

式中,I代表城市内部结构;d代表距城市中心距离;F_n代表第n种类型城市功能区类型作用系数;L_n代表城市土地覆盖类型结构比例。城市区位与内部土地覆盖组分理论模式如图1.4所示。城市区位与内部土地覆盖组分模式说明:靠近城市中心的不透水地表比例比远离城市中心的大,且土地覆盖类型相对简单,即CBD的城市不透水地表比例最大,其他土地覆盖类型所占比例小;住宅用地城市不透水比例相对较高,其他土地覆盖类型也占有较大比例;工业用地受用地结构影响,内部保留较多的原有植被或裸土地等,不透水地表比例较低。

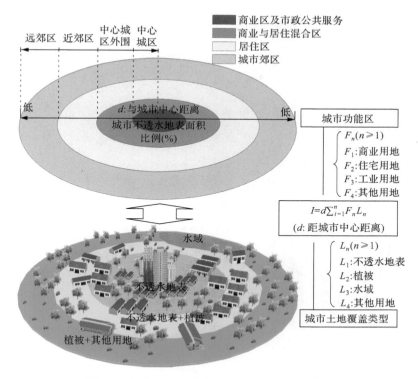

图 1.4　城市区位与内部土地覆盖组分理论模式

二、地表辐射能量平衡理论

地表与大气交互过程中最主要的能量来源于太阳辐射。地表辐射能量收支平衡是指地表接收到的太阳辐射与同一时期从地表反射及辐射到太空的能量所达到的平衡。太阳发射的电磁波以短波辐射为主,其波长主要为 $0.38 \sim 0.76\mu m$,到达大气层后会被大气中的云雾、小水滴、固体颗粒物等物质吸收,并再次产生反射或辐射回到地表。太阳辐射穿透大气层到达地面辐射通量为下行短波辐射。然后地表以短波辐射方式反射和辐射出去的通量为上行短波辐射,这主要取决于反照率的大小。由于物体吸收辐射能而使自身达到一定温度后,就会产生黑体辐射现象,所以地球表面吸收太阳辐射后会发出热辐射,其波长主要为 $3 \sim 12\mu m$,因此被称为长波辐射。由地面向大气以长波辐射形式发送到大气中的能量称为上行长波辐射,然后大气以长波辐射的形式向地面输送能量称为下行长波辐射。陆地表层与大气之间能量交互中下行短波辐射、上行短波辐射、上行长波辐射和下行长波辐射共同称为地表辐射四分量(图 1.5)。当太阳辐射到达地球,其中有一部分会被反射回太空,而大部分会被地表所吸收。

依据能量守恒原理,地表所接收的能量会以各种不同的方式转换为其他运动形式,主要分为显热通量、潜热通量及土壤热通量,这一能量交换过程可用地表辐射能量平衡方程来表示:

$$R_n = R_{Sd} - R_{Su} + R_{Ld} - R_{Lu} \tag{1.2}$$

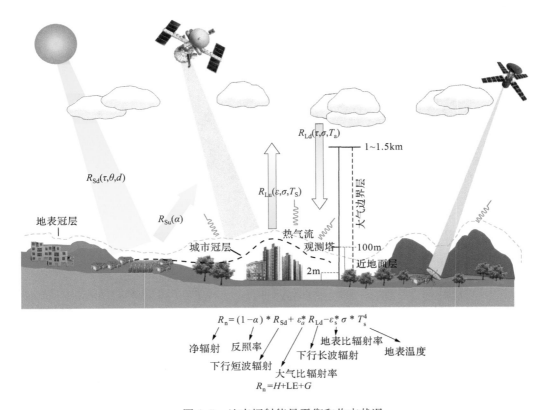

图 1.5　地表辐射能量平衡和收支状况

式中，R_n 为地表的净太阳辐射通量，被地表吸收（如森林、作物、不透水地表、水域）；R_{Sd} 为下行短波辐射；R_{Su} 为上行短波辐射；R_{Ld} 为下行长波辐射；R_{Lu} 为上行长波辐射。

根据 Stefan-Boltzmann 定律，一个客体单位时间和单位面积发出的能量，由自身的物质材料、地表状况和地表温度（LST）决定，可以用下面的公式来表示：

$$R_{Lu} = \varepsilon_s \, \sigma \, T_s^4 \tag{1.3}$$

式中，ε_s 为地表发射率（LSE）；σ 为 Stefan-Boltzmann 常数 $[5.67\times10^{-8}\,\text{W}/(\text{m}^2 \cdot \text{K}^4)]$，$T_s$ 为地表辐射温度。进而 R_n 表达为

$$R_n = (1-\alpha)R_{Sd} + \varepsilon_a R_{Ld} - \varepsilon_s \, \sigma \, T_s^4 \tag{1.4}$$

式中，ε_a 为大气比辐射率；α 为地表反照率。地表温度（LST）和地表发射率（LSE）共同决定发射的上行长波（R_{Lu}），同时反照率（α）决定上行短波辐射（R_{Su}）。地表的净太阳辐射通量可以进一步分解为显热通量（H）、潜热通量（LE）和土壤热通量（G）。其关系表达式为

$$R_n = \text{LE} + H + G \tag{1.5}$$

显热通量表示为

$$H = \rho C_p (T_s - T_a) / r_{ae} \tag{1.6}$$

式中，ρ 为空气密度（kg/m³）；C_p 为定压比热 $[\text{J}/(\text{kg} \cdot \text{K})]$；$T_s$ 为地表面温度（K）；T_a 为近地面大气温度（K）；r_{ae} 为空气动力学阻力（s/m）。

潜热通量可表示为

$$\lambda E = (\rho C_p / \gamma)(e_s - e_a) / r_{ae} \tag{1.7}$$

式中，γ 为温湿常量；e_s 为饱和蒸汽压；r_{ae} 为辐射计指示气压；e_a 为冠层上方空气的气压。

由此可以发现，地表的物理性能（如材料、表面粗糙度、反照率、发射率）和周围的环境条件（如树冠覆盖率、空气的温度）可能会大大影响地表温度（LST）。

第四节　城市热岛效应成因与量测

城市热岛（urban heat island，UHI）是指城市中心比周边郊区和农村温度更高的现象。城市热岛效应的出现是因为城市规模的不断扩大、人口不断聚集、资源消耗、城市土地利用/覆盖类型发生改变，这就直接导致城市的局地小气候发生改变，致使城区的地表及大气温度与城市郊区的温度差异较大。城市热岛是城市气候的典型特征之一，其强度和分布与城市不透水地表格局密切相关。城市不透水地表的增长会改变城市下垫面结构，引起地表反照率、比辐射率、地表粗糙度的变化对区域垂直方向辐射平衡产生直接影响；通过对城市辐射收支和地表潜热、显热通量的改变，加剧热岛强度，进而对局地/区域气候产生重大影响。

一、城市热岛成因机制

在全球气候变暖背景下，城市热岛强度不仅在局地尺度对城市居民舒适度、人类健康以及能源消耗产生严重影响（Laaidi et al.，2011；Vandentorren et al.，2006），而且会在区域或全球尺度改变或影响辐射、热通量、湿度通量和地球水文系统的平衡（Owen et al.，1998；Grimmond，2007；Grimm et al.，2008；Parham and Guethlein，2010）。城市热岛产生的原因主要归结于大气环流、局地气候因素和人为因素。人为因素主要包括城市下垫面性质的改变（不透水地表/绿地的格局变化）、人为热源排放、城市大气污染等重要影响因素，城市热岛的形成也与城市人口规模、建成区面积等因素有关（Imhoff et al.，2010）。气候因素中则与天气状况、风、云量等影响有关。城市热岛的成因具体包括：①城市下垫面独特的性质。城市是人口高度集聚的综合体，包括住宅区、工业区、商业区等，其中有大量的住宅、街道、医院、学校、写字楼、商业广场等人工建筑，这些构筑物与自然环境存在本质的区别，环境的变化导致了下垫面的热力状况从根本上发生改变。城市地表由大量建筑与路面组成，硬化表面本身不含或含有微量水分，很难吸收太阳辐射，致使辐射热量大量进入空气中，空气温度升高是必然的。研究表明，屋顶、路面和墙体等硬化地表对太阳辐射的吸收要大于自然环境的吸收能力，其本身吸收热量后在夜间会以逆辐射的形式向空气释放热量，从而使城市空气无论在白天或夜间都会保持在较高的水平。②城市中的大气污染。城市中存在高强度的人类活动，包括人们的日常生活、交通运输、商业活动、工业生产等都会产生大量的大气污染物，包括二氧化碳、二氧化硫、氮氧化物等各种废气及粉尘，这些散逸在大气中的气体或粉尘是形成温室效应的主要因素，它们大量地吸收太阳辐射中的能量，包裹在城市上空，形成保温圈，最终以大气逆辐射的形式将能量返还给城市，导致城市热岛效应的增加。③城市中大量人工热源的排放。这类热源包括居民自烧的各种土灶、集中供暖的大型锅炉、热电厂、机动车燃料的燃烧等交通工具及电器设备,诸如此类的热源在源源不断地向城市空间排放热量,为城市大气提供直接热源,加剧城市热辐射作用,进而加剧城市热岛的形成。研究证明,在中高纬度城市特别是冬季,城市中大量排放的人工热为城市热岛形成的一个重要因素。④城市中的原有绿地不断减少,植被覆盖度显著下降,水面大量缩减。李延明等(2004)对北京城区的绿化覆盖率和热岛强度进行回归分析,结果表明:绿化覆盖率与热岛强度呈负相关,绿化覆盖率越高,则热岛强度越低。当一个区域绿化覆盖率达到30%时,热岛强度开始出现较明显的减弱;绿化覆盖率大于50%,热岛的缓解现象极其明显。规模大于$3hm^2$且绿化覆盖率达到60%以上的集中绿地,其内部的热辐射强度有明显的降低,与郊区自然下垫面的热辐射强度相当,即在城市中形成了以绿地为中心的低温区域。目前城市以经济发展为主,土地价格昂贵,很少有人愿意将土地开发成绿地,即使城市建设有园林绿化规划设计要求,城市绿地保有率仍然非常低。城市绿地和水域等自然下垫面的减少,而建筑、广场、道路等不透水地表面积相应地增加,导致释放热能的下垫面因素多了,而吸收热能的下垫面少了,因此加重城市热岛效应。⑤城市热岛效应受天气影响显著。城市热岛的形成,除了城市本身的内部原因以外,还有外部的气象因素影响,即气压场稳定、气压梯度小、静风或微风天气、晴朗少云或无云、大气层结构稳定、无自动对流上升运动等(表1.1)。风速和云量是影响城市热岛分布和强度的最为显著的气象因素(Kidder and Essenwanger,1995)。在同一地点、同一时间内,其下垫面和大气污染程度基本一致的情况下,热岛的强度主要由当时的气象条件和天气形势决定,即云量、风速、大气层厚度等物理条件。热岛效应强度与大气层厚度呈正相关关系,与风速呈负相关关系。多年来,科学家们研究导致城市热岛效应的原因,

表 1.1　拟议中的城市热岛的起因

改变能量平衡,导致正的热异常	作为能量平衡变化基础的城市化特征
A. 冠层	
1. 增加吸收短波辐射	冠几何体——增加表面面积和多项反射
2. 增加来自天空的长波辐射	空气污染——较多地吸收和再发射
3. 减少长波辐射损失	冠几何体——减小天空视野因子
4. 来自人类活动的热源	建筑物和交通运输的热损耗
5. 增加感热储存	建筑材料——增加热导率
6. 减少蒸发蒸散	建筑材料——增加"防水性"
7. 减少总的湍流热输送	冠几何体——减少风速
B. 边界层	
1. 增加吸收短波辐射	空气污染——增加大气气溶胶的吸收
2. 来自人类活动热源	烟囱和炉身的热损失
3. 增加从下面输入的感热	冠状热岛——增加冠层和顶部热通量
4. 增加从上面输入的感热	热岛,粗糙度——增加湍流输送

资料来源:Oke,1982。

一般认为,城市热岛主要是植被减少引起蒸发冷却效应减弱和对流效能造成的,另外还包括建筑物、街区以及其他几何结构体储存的热量高于植被和土壤,人为热能排放的增加及地表反照率的改变等。而 Zhao 等(2014)对城市热岛效应的主要因素(辐射、对流、蒸发、热储量以及人为热源)的作用进行了量化分析,发现对流是造成白天热岛现象的主要原因,特别是在潮湿气候背景中的城市热岛现象会被加剧。

二、城市热岛量测方法

城市热岛效应被人们关注以来,很多学者从两个方面入手进行热岛形成机制研究,即观测实验和数值模拟。城市热环境的观测作为基础性的工作,国际国内开展了相应的观测计划,也基于此创建了一系列的数值模拟方法。

传统的气象站点观测为我们提供了丰富的资料,但是就机制研究而言,首先要理解辐射和能量的传输及转换过程,因此辐射分量和能量通量等因子的观测研究就显得尤为重要。随着观察手段和观察水平的不断提高,在全球具有代表性的主要气候区均进行过陆面过程野外观察实验。例如,20 世纪 80 年代在法国西南部进行的水文大气实验(HA-PEX-MOBILHY),主要就水热交换和区域水文效应加以观测分析(Schmugger,1991)。美国在堪萨斯州(Kansas)中部开展第一次国际卫星陆面气候学计划试验(FIFE),对水热交换等气象、生态开展观测(Sellers et al.,1988)。90 年代,欧洲的沙漠化陆面研究计划(BEFDA-ECHIVAL),主要关注半干旱区水热交换陆表过程研究(Bolle et al.,1993)。此外还有巴西的亚马孙河流域大尺度生物圈-大气圈试验(LBA)、美国的全球能量和水循环陆面尺度观测试验(GCIP)、加拿大的全球能量水分循环计划试验(MAGS)等(王秀丽,2011)。

稍晚于国际上的这些试验计划,国内一些学者自 20 世纪 80 年代末以来联合遥感、气象、生态等学科开展了一系列野外科学试验。例如,著名的黑河地区地气相互作用野外观察试验(HEIFE project)及其后续试验(AECMP),以干旱区水热交换、区域水文、绿洲、戈壁、沙漠作用机制及内边界层变化、生物气象及遥感等为主要的目的研究(胡隐樵等,1994;马耀明等,2004)。GEWEX 亚洲季风试验——青藏高原试验(GAME Tibet),主要对寒区高原地面能量和水循环、陆气相互作用以及边界层和云、辐射等气象因素进行观测研究(王介民,1999)。河北白洋淀地区进行的地表通量与大气边界层过程的基础试验研究,主要就水陆非均匀边界层结构和湍流通量进行合理的参数化(甄灿明,2007;黄鹤,2007)。除了这些一定规模的研究计划之外,基于单个气象站点,单个野外台站也开展了诸多的观察试验。

就目前研究来看,观察试验正从自然生态系统、单一生态系统朝向复杂生态系统观测进行。虽然不多,但是对城市的气象、遥感和生态观测的一系列试验也正在逐渐形成规模。在欧洲及美国等很多城市都在城市中开展了相应的观测试验和计划,甚至形成了全球城市通量观测网络(图 1.6)(White et al.,1978;Christen and Vogt,2004;Grimmond et al.,2011)。

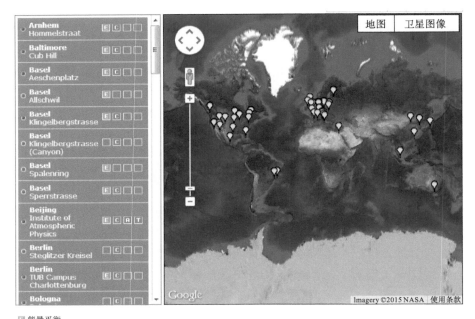

E 能量平衡
C 二氧化碳通量
A 气溶胶通量
T 其他微量气体通量

数据库由英属哥伦比亚大学地理系组织的城市气候国际协会提供。

2.999z

图 1.6　全球城市通量观测网络分布示意图

（资料来源：http://ibis.geog.ubc.ca/urbanflux/）

第二章　城市地表结构与热环境量测方法

城市复杂地表与大气交互作用对局地气候产生重要影响,城市地表结构、大气环境以及人为热排放是形成城市热岛的主要原因。精准刻画和表征城市等级空间结构和地表辐射及热通量各分量是实现城市地表热环境生态调控的关键内容。本章节剖析了城市地表等级结构基本原理,从城乡边界、功能区、覆盖组分/材质构造角度融合国产和国外多源遥感信息建立了等级尺度城市空间结构遥感信息获取方法。对城市地表热环境形成的地表温度、辐射和通量参数开展了遥感地面同步观测实验,建立了城市地表过程定量遥感反演参数本地化方案,研发了等级尺度城市结构和地表热环境的科学量测方法体系。

第一节　城市生态服务等级尺度地表结构原理

城市生态服务功能既包括区域景观尺度的环境服务功能,也涉及全球尺度的过程——城市生态系统的物质和能量循环过程,建立了人类生存所必需的环境条件。环境服务功能包括植被对大气的降温作用、吸附大气污染物的作用以及调节局地气候的能力等。为了描述生态系统的复杂性和非线性特征,理论生态学家们借鉴了复杂系统等级理论(hierarchical theory)(O'Neill et al.,1988),并将其同景观生态学用来描述空间格局复杂性的斑块动态理论相结合,发展了复杂系统等级斑块动态理论(Wu,1999)。该理论成为描述和分析城市生态系统复杂性的重要方法。城市生态系统等级尺度斑块动态过程如下:

1) 将城市生态系统的结构组成和过程依照其尺度和功能性质分解为一系列嵌套的功能等级(如区域、景观、生态系统、群落等级)。每个等级尺度都有相应的关键生态过程(dominant ecological processes)以及人类控制和干扰相互作用。

2) 城市系统的空间异质性由斑块动态来模拟。每个斑块属于一定等级但具有特定的属性。例如,市区属于城市生态景观等级,草坪和城市森林都属于生态系统等级且有不同的属性。

3) 低等级(尺度更小)的斑块构成高等级斑块的子系统。高等级斑块所表现的功能可以通过对子系统过程机制的分析进行量化总结。高等级生态过程动态限制和影响低等级斑块的生态过程(如人类活动导致的热岛效应会影响生态系统斑块的生产力)。

4) 最基层的生态过程机制与自然系统相同,但要受到来自更高等级的人类干扰的控制。

基于此框架,依据影响城市地表热环境的等级尺度地表结构作用机制,形成地理区位论与地表辐射能量平衡理论相耦合的监测、评价、控制单元的模型体系,依托等级尺度城市地表结构设置相应等级的监测与评价单元,建立城市生态服务热环境调控相关的城市地表等级结构作用指标参数(图 2.1)。

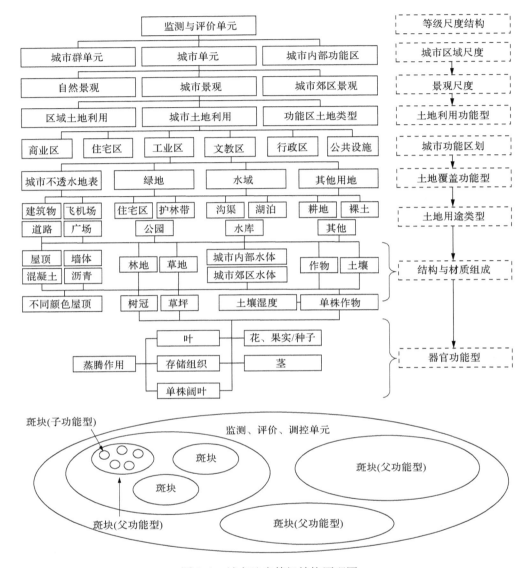

图 2.1　城市地表等级结构原理图

　　结合城市地表结构与热环境监测方法构建城市区域尺度、景观尺度、土地利用功能、城市功能区划、土地覆盖功能、土地用途类型、结构与材质组成、器官功能类型的等级尺度结构评价体系。研究区域被划分为若干模拟单元(城市功能区),单元内共享土地覆盖(不透水地表、绿地、水域、裸土等)、土壤属性和区域气候驱动因子。在模拟单元内包括父功能型及子功能型。子斑块内还可嵌含更低等级功能型的斑块,一直到植物器官等级尺度。模拟单元和各个斑块可以有不规则的形状大小。除了最低等级的斑块外,每个斑块的生态功能都是其包含的子斑块的生态功能的总和。模型输入参数主要基于斑块主体与多源信息嵌套集成生成,构建等级结构评价单元、等级结构多源信息融合及等级信息融合与分析一体化的方法体系(图 2.2)。

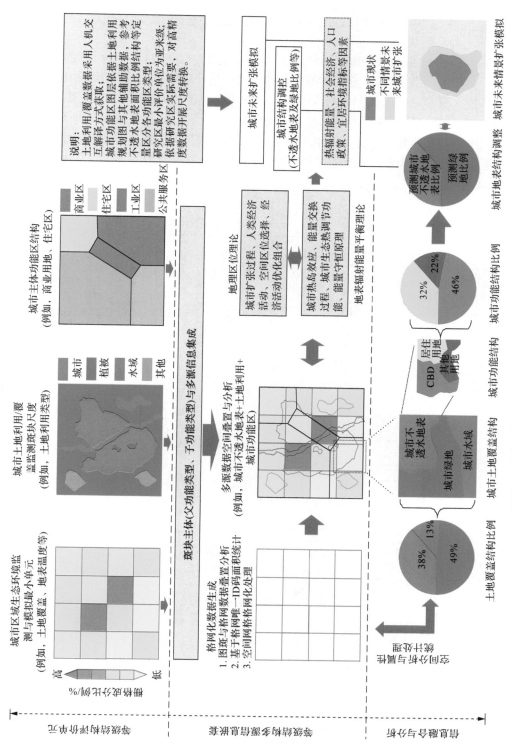

图 2.2　城市地表等级结构斑块与多源信息嵌套集成

第二节 城市土地利用与功能区遥感信息生成

基于多源遥感数据获取城市不同尺度土地利用与功能区信息,在空间尺度上划分为景观类型、功能区类型,以多源空间数据融合的方法快速获取城市土地利用和功能区空间信息,具体技术流程见图2.3。在景观尺度上,基于 Landsat TM 遥感影像,采用人机交互式的方式获取耕地、林地、草地、水域、建设用地与未利用地信息,服务于城市土地利用监测;功能区类型在获取城市边界基础上,采用高分辨率遥感数据、城市规划图件作为制图基本数据源,利用面向对象的图斑分割方法提取城市内部的工业区、住宅区、商业区、公共设施区等类型,为城市总体规划与城市详细规划提供详细的空间信息。

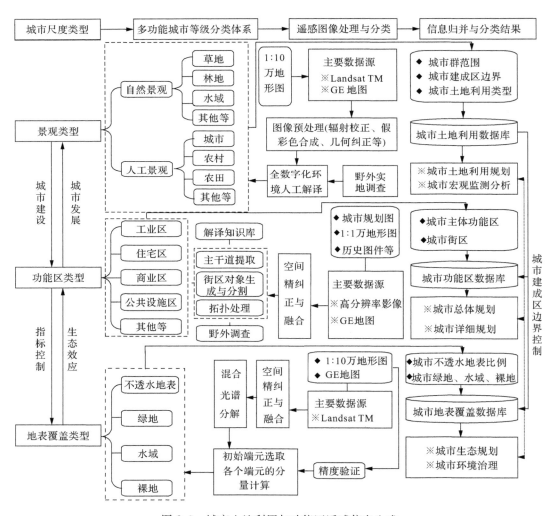

图2.3 城市土地利用与功能区遥感信息生成

一、城市土地利用变化监测方法

基于土地利用/覆盖变化遥感时空信息平台,建立了 20 世纪 80 年代末期以来中国 1:10 万比例尺的 6 个一级类型 25 个二级类型土地利用数据库。利用 90 年代末期获取的陆地卫星 Landsat TM 影像,将 1:10 万比例尺土地利用数据库进行全面更新,产生 90 年代末期中国土地利用数据;以 80 年代末期获取的陆地卫星 Landsat TM 影像为主要信息源,恢复或重建 80 年代末全国土地利用状况,并生成土地利用动态变化信息(图 2.4);以 2005 年陆地卫星 Landsat TM/ETM 影像为主要信息源与中巴卫星(CBERS)数据重建 21 世纪初期 5 年土地利用动态信息,以 2010 年 HJ-1A、Landsat TM 为遥感信息源,生成 2005～2010 年土地利用动态信息,并加以定性与集成(图 2.5)。详细内容见刘纪远等(2005)的专著《20 世纪 90 年代中国土地利用变化的遥感时空信息研究》。

图 2.4　20 世纪 80 年代末北京市 Landsat TM 遥感图像(1984 年 8 月 16 日)

应用 20 世纪 80 年代末到 2010 年每隔 5 年中国土地利用动态变化空间信息分析 80 年代末期以来城市以及独立工矿用地时空变化特征以及驱动机制,进一步深入分析城市功能区、城市内部土地覆盖时空特征。

图 2.5　2010 年北京市 Landsat TM 遥感图像(2010 年 9 月 04 日)

二、城市功能区制图方法

考虑城市功能区制图中需要精准的空间定位,为提高系列空间数据叠置的定位精度与分类精度,本研究综合运用遥感解译法、地物名称判别法、辅助信息参考法和城市土地调查法,通过遥感分层分类法首先对基准年份城市功能区分类(表 2.1)。城市功能区变化主要是以城市外延式扩张和内部旧城区改造为主,采用面向"对象分割"的方法对其他时段城市功能区分类,详细内容见匡文慧(2012)的专著《城市土地利用时空信息数字重建、分析与模拟》。

表 2.1　SPOT5 真彩色遥感影像城市功能区分类解译标志

类型代码	空间分布	影像特征			
		形态	色调	纹理	实例
11 商业用地	城市中心区与城市主干道直接相连集聚分布	沿圆形广场或主干道呈规则方格状排列、带有较长的阴影	白色、蓝紫色、夹杂紫色	规则地排列、结构粗糙	

续表

类型代码	空间分布	影像特征			
		形态	色调	纹理	实例
12 工业用地	城市边缘区与城市主干道直接相连集聚分布	呈规则的块状分布	白色、黄色、紫色交错分布	块状结构、纹理均一	
13 公共设施	城市主城区与主干道直接相连	与主干道相连呈圆形或规则排列、无阴影	白色、白蓝色夹杂	规则地排列、结构复杂	
14 公共建筑	各圈层均有分布、与主干道直接相连	与主干道连接、部分带有圈状跑道与规则方格建筑镶嵌分布	棕黄色斑状、蓝色夹杂	规则地排列、结构复杂	
15 住宅用地	城市中间圈层到边缘均有分布	规则地方格状排列	白色斑状、白蓝色夹杂	规则地排列、结构粗糙	
16 道路用地	从城市中央呈散射状分布	由圆形广场相连的条带状网状分布	紫蓝色、夹杂深紫色	影像结构粗糙	
17 绿地	道路两侧、公园内部、河流两侧	带状分布、大块状与水域镶嵌分布	绿色、黄绿色、深绿色	有立绒状纹理	
18 水域	城区河流、公园水域	带状、自然近圆形态	深蓝色、蓝色	影像结构细腻、均一	
19 其他用地	城市边缘区	条块状分布、被道路分割	绿色、黄绿色、白绿色	有明显纹理与条带状	

　　1999 年我国中巴地球资源卫星（ZY-1 资源 1 号）的发射成功，结束了我国没有较高空间分辨率遥感资源卫星的历史。此后陆续发射了如北京 1 号、中巴资源 02B、资源 2 号、遥感 2～9 号、环境与灾害监测预报小卫星 A 星和 B 星等遥感卫星，以及近几年发射的天绘 1 号、遥感 10～13 号、资源 1 号 02C、资源 3 号、高分一号等卫星；资源 3 号是我国首颗民用高分辨率光学立体测绘卫星，最高分辨率达到 2.1m，通过资源 1 号 02C 和资源

3 号卫星的应用,积累了高分辨率成像、处理及分发能力,将使我国自主的遥感图像逐步具备商用能力;高分一号在提高分辨率的基础上,更进一步填充和弥补国产高分信息源的不足(表 2.2)。

表 2.2　国产高分陆地观测卫星信息产品

名称	发射日期(年.月)	简介	应用领域
中巴资源 02B	2007.9	中国、巴西两国政府联合研制的第三颗传输型地球资源卫星,数据包含高分辨率(2.36m)全色谱段相机(HR)、19.5m 多光谱及全色 CCD 相机的数据,具有高、中、低 3 种空间分辨率的对地观测卫星	国土资源、城市规划、环境监测、减灾防灾、农业、林业、水利等领域
天绘 1 号	2010.8	第一颗传输型立体测绘卫星,实现无地面控制条件下全球 1:50 000 比例尺地形图测绘,最高分辨率达到 2m	科学研究、国土资源普查、地图测绘等诸多领域
遥感 12 号和天巡 1 号	2011.11	一箭双星	军事侦察/试验
遥感 13 号	2011.11		科学试验、国土资源普查、农作物估产及防灾减灾等领域
资源 1 号 02C	2011.12	全色光谱和全色高分辨。一台 10m 分辨率的 P/MS 多光谱相机;两台 2.36m 分辨率的 HR 相机	国土资源调查与监测、防灾减灾、农林水利、生态环境、国家重点工程领域
资源 3 号	2012.1	首颗民用高分辨率光学立体测绘卫星。可连续监测提供 5～10m 空间分辨率的卫星影像,可用于 1:2.5 万等更大比例尺地形图部分要素的更新,正视相机分辨率达 2.1m,前后视相机 3.5m,多光谱相机 5.8m	为测绘制图、国土资源调查与监测、防灾减灾、农林水利、生态环境、城市规划与建设、交通、国家工程等领域的应用提供服务
天绘一号 02 星	2012.5	数据包括 10.0m 分辨率多光谱数据、2.0m 高分辨率数据和 5.0m 分辨率三线阵数据	主要用于科学研究、国土资源普查、地图测绘等诸多领域的科学试验任务
高分一号	2013.4	高分辨率对地观测系统国家科技重大专项的首发星,配置了 2 台 2m 分辨率全色/8m 分辨率多光谱相机,4 台 16m 分辨率多光谱宽幅相机	国土资源、农业、环境、海洋和气候气象观测、水利和林业、城市和交通、疫情评估与公共卫生应急、科学研究

国产卫星的数据已经为我国农业、林业、水利、地质矿产、能源、土地、海洋、环境保护、测绘、城乡规划、灾害监测等众多国民经济领域提供了不同层次的服务,在各个行业得到了实际应用,逐步发挥着社会和经济效益。国产遥感卫星数据可以提供亚米级空间信息,为城市功能区数字制图提供重要信息源,极大地提高了城市土地利用遥感监测能力(图 2.6 和图 2.7)。

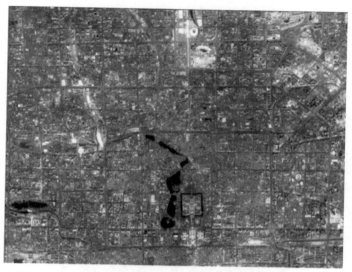

图 2.6　北京主城区资源 3 号卫星图像（2012 年 10 月 11 日）

图 2.7　北京主城区高分一号卫星图像（2013 年 5 月 1 日）

三、遥感验证与精度评价

精度验证是遥感信息获取的土地利用数据产品在定性评价的基础上进行的定量分析，是通过野外采样数据（图 2.8）和高精度数据，如 Google Earth 图像，对土地利用产品质量进行评定的过程。评价土地利用分类数据质量的方法可采用混淆矩阵方法，该方法是通过统计参考点与验证点位置所对应的土地利用类别个数，并构成一个 $n \times n$ 矩阵，其中对角线上的统计个数为验证后正确分类的样点数。基于混淆矩阵方法评价总体及各类别精度的相关指标，包括总体分类精度（OA）、产品精度（PA）、用户精度（UA）和 Kappa 系数。

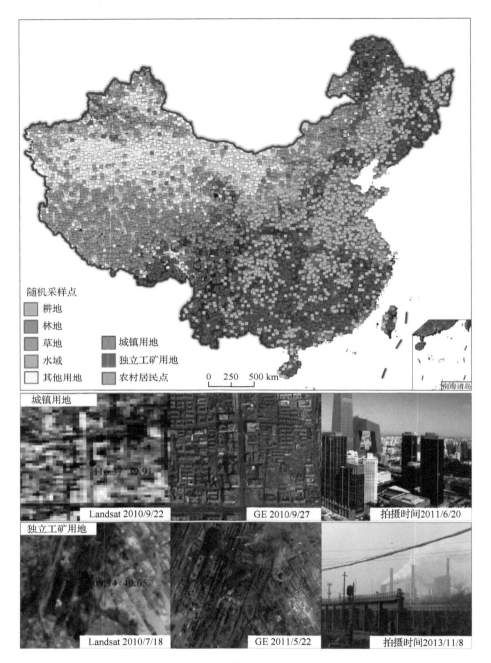

图 2.8　土地利用公里格网数据精度评价各类型随机抽样分布

　　对 2010 年中国土地利用/覆盖数据开展精度验证与评价。精度验证采用分层与分类随机抽取方法,在 ArcGIS 平台中采用 Random 模块,按照土地利用公里格网类型分别计算各类型抽样个数,根据设定各类型抽样数随机选取相应的样本数;精度验证共选取有效样点 7875 个。基于 Google Earth/野外采样数据的土地利用分类精度混淆矩阵见表

2.3。2010 年土地利用数据分类精度较高,总体精度为 89.43%,除草地、农村居民地、其他用地类型以外其他类型产品精度均在 90% 以上,其中,城市用地和独立工矿用地的产品精度分别为 94.31% 与 91.91%。建设用地、耕地、水域等土地利用类型在人机交互解译过程中相对容易判别与区分,解译判读准确率高;而林地、草地等天然植被为主的类型受季节和地类界线不明显等因素的影响,总体准确率相比较低。

表 2.3　基于 Google Earth/野外采样数据的土地利用分类精度混淆矩阵

类型	采样与精度评价								采样点个数	用户精度/%
	耕地	林地	草地	水域	城市用地	农村居民地	独立工矿用地	其他用地		
耕地	1410	21	67	1	2	1	2	26	1530	**92.16**
林地	33	1697	83	4	4	2	3	34	1860	**91.24**
草地	49	132	1880	5	6	7	4	67	2150	**87.44**
水域	1	0	8	158	0	0	0	3	170	**92.94**
城市用地	3	0	5	0	281	2	1	8	300	**93.67**
农村居民点	5	2	5	1	1	176	1	4	195	**90.26**
独立工矿用地	1	0	2	1	0	1	156	9	170	**91.76**
其他用地	31	18	101	2	4	3	3	1338	1500	**89.20**
合计	1533	1870	2151	172	298	192	170	1489	7875	
产品精度/%	**91.98**	**90.75**	**87.40**	**91.86**	**94.30**	**91.67**	**91.76**	**89.86**		

第三节　城市不透水地表覆盖信息提取

城市不透水地表(urban impervious surface)被认为是评价城市土地覆盖时空变化及生态水文效应的关键指标之一(Arnold and Gibbons,1996),该指标在评价城市环境影响与城市生态系统健康,特别是在城市热岛、城市环境污染研究方面具有重要的理论与现实意义。美国地质调查局(USGS)与美国国家海洋和大气管理局(NOAA)基于夜间灯光指数发展了第一个全球 1km 建设用地不透水地表数据集,表明中国具有全球面积最大的不透水地表面积,美国、印度、日本、中国和欧洲国家流域由于不透水地表增长受到了不同程度的毁坏(Elvidge et al.,2007)。北京市不透水地表与城市热岛效应具有高度的相关性(Xiao et al.,2007)。在中国东南部城市居民地提取中应用 MODIS NDVI 与夜间灯光指数(DS)建立了居民地(settlement)指数,通过高分辨率 Landsat TM 建立回归模型,很好地提高了居民地制图精度(Lu et al.,2008)。Ridd(1995)构建了基于遥感信息的 V-I-S(vegetation-impervious surface-soil)模型,该模型将城市土地覆盖分为绿地植被、不透水地表与裸土,模型建立在提高城市功能结构对生态环境影响方面的研究具有重要意义。

已有研究表明:当流域内城市不透水地表比例为 0～10%,将对城市环境造成一定的压力;当城市不透水地表比例为 10%～25%,将对城市环境造成一定影响;当城市不透水地表比例大于 25%,将导致城市环境严重退化(Elvidge et al.,2007)。

一、基于 Landsat TM 的城市不透水地表信息提取

城市地物覆盖的复杂性,导致中低分辨率遥感影像在像元尺度上不是简单的纯净像元,而是存在混合像元。从遥感图像上获取的绝大多数像元值不仅包括城市建筑和道路等不透水地表,而且也包括镶嵌在内部的绿地、水域和裸土等类型,混合像元分解方法可以有效区分城市内部结构特征。为提高地物分类精度,提出基于线性光谱混合像元分解模型(LSMA 方法),将像元在某一光谱波段的反射率假定为是由构成像元的基本组分的反射率占像元面积比例为权重系数的线性组合。因此,能很好地解决复杂地物组分混合导致的分类结果出现高估或低估现象。

以 Landsat TM 影像作为研究数据,在做不透水地表信息提取时采用基于亚像元的线性光谱混合分解模型(LSMA)(图 2.9)。用线性光谱混合像元分解模型的方法处理混合像元的分解包括了图像数据降维、端元提取与后处理 3 个步骤。其中,选择合适的端元是保证提取不透水地表精度的前提,基于 V-I-S(vegetation-impervious surface-soil)概念模型,将城市土地覆盖分为绿地植被、不透水地表与裸土,并以这 3 种地类发展"高反射地物-低反射地物-植被-裸土"模式作为光谱混合分解端元类型,不透水地表表现为高反射率地物与低反射率地物类型之和。为了减小影像数据维数与波段的相关性的影响,使用最小噪声分离变换(minimum noise fraction,MNF)进行数据降维,降低波段相关性,提高分解精度。选取数据降维后的前 3 个主成分进行端元提取,进行最小二乘法分解,并剔除其中分解结果的水域与植被信息,水域剔除采用改进的归一化水域指数(modified normalized difference water index,MNDWI)。植被剔除采用归一化植被指数(normalized differential vegetation index,NDVI)。

(一)线性光谱混合像元分解模型

线性光谱混合像元分解模型是光谱混合分析中最常用的方法,可操作性较强。其定义为像元在某一波段的反射率是由构成像元基本组分的反射率以及其所占像元面积的比例为权重系数的线性组合。

$$D_b = \sum_{i=1}^{N} m_i a_{ij} + e_b \qquad (2.1)$$

式中,D_b 为波段 b 的反射率;N 为像元端元数;a_{ij} 为第 i 端元在第 j 波段的灰度值;m_i 为第 i 端元在像元内部所占的比例;e_b 为模型在波段 b 的误差项。该模型应同时符合以下两个限制条件:

$$\left. \begin{array}{l} \sum_{i=1}^{N} m_i = 1 \\ m_i \geqslant 0 \end{array} \right\} \qquad (2.2)$$

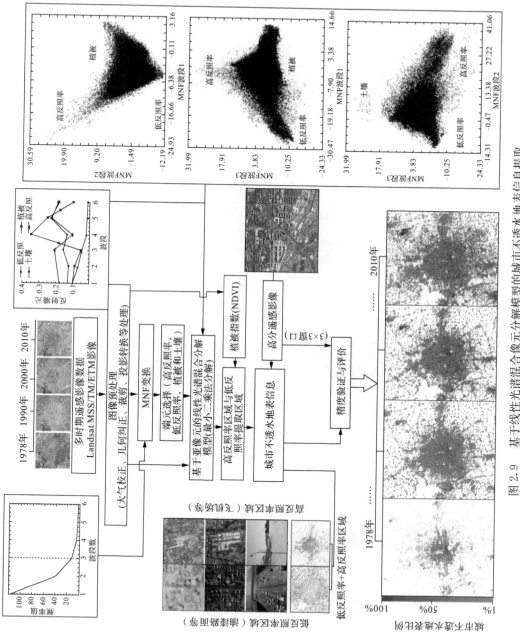

图2.9 基于线性光谱混合像元分解模型的城市不透水地表信息提取

（二）初始端元选取

MNF 变换是一种用于判定图像数据内在的波段数、分离数据中的噪声、减少计算需求量的工具，它可以有效地消除噪声，降低图像的维数。反射率影像经 MNF 变换后分解的 6 个主成分中前 3 个主成分空间纹理比较清晰，特征值占原始影像的贡献率总计为81.3%。因此，在选取端元时只选取前 3 个主成分两两进行线性组合。

由于端元一般分布在三角形的特征空间的顶点，越往边缘纯度越高，通过将特征空间各个顶点上的点与实际影像进行比较，可以看出 Landsat TM 影像的反射光谱采用 4 个端元的线性光谱混合像元分解模型可以很好地表达，分别是高反照率（high albedo）、低反照率（low albedo）、植被与土壤。

这样，经过初始端元选取、端元搜集、筛选就可以得到 4 个端元的光谱特征，即每个端元在 Landsat TM 影像 6 个波段上的光谱反射率，如图 2.10 所示。其中高反照率端元在6 个波段上的光谱反射率都是最大的，低反照率端元则都是最小的，植被和土壤介于中间，其中植被在第 4 波段上的反射率要明显高于其他波段。

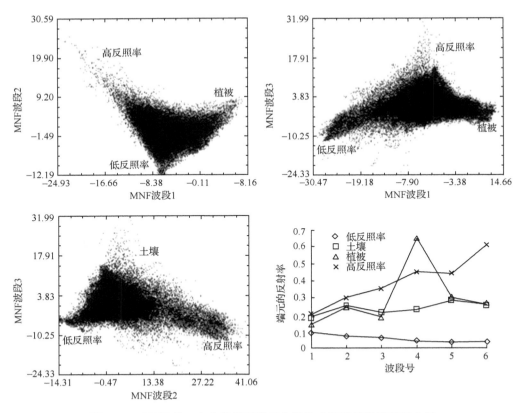

图 2.10　MNF 前 3 个分量端元特征空间散点图及其光谱特征曲线

（三）各个端元的分量计算与不透水地表信息的提取

利用优化选取的端元，通过最小二乘法求解具有限制条件的 4 个端元线性光谱混合模型，得到各个端元盖度的影像图。通过分析不透水地表与 4 个端元之间的关系，发现在特征空间中，高、低反照率端元对不透水地表贡献率最大，而土壤、植被对不透水地表贡献率非常小，因此不透水地表覆盖度被认为是高、低反照率覆盖度之和，公式（2.3）是城市不透水地表覆盖度的计算模型：

$$R_{(imp,b)} = f_{low} R_{(low,b)} + f_{high} R_{(high,b)} + e_b \tag{2.3}$$

式中，$R_{(imp,b)}$ 为第 b 波段的不透水地表反照率；$R_{(low,b)}$、$R_{(high,b)}$ 分别为第 b 波段的低反照率和高反照率；f_{high}、f_{low} 表示高、低反照率端元所占的比例，$f_{high} \times f_{low} > 0$ 且 $f_{high} + f_{low} = 1$；e_b 为模型残差。

在进行不透水地表盖度计算之前，必须消除水域和阴影的影响，因为水域和阴影都表现为低反照率的特征。在计算不透水地表盖度之前将水域做了掩膜处理。阴影影响尚未做处理。最后，将高反照率盖度与低反照率盖度相加后得到不透水地表的盖度。

为了减小影像数据维数与波段的相关性的影响，使用最小噪声分离变换（minimum noise fraction，MNF）进行数据降维，降低波段相关性，提高分解精度。选取数据降维后的前 3 个主成分进行端元提取，进行最小二乘法分解，并剔除其中分解结果的水域与植被信息。水域剔除采用改进的归一化水域指数（MNDWI），植被剔除采用归一化植被指数（NDVI）。

二、基于 MODIS 的区域不透水地表遥感反演

城市土地利用数据主要来源于中国土地利用/覆盖数据集，分别基于 2000 年 Landsat TM 与 2008 年 Landsat TM 和中巴地球资源卫星（CBERS）人工数字化解译获取（Liu et al.，2003）；2000 年和 2008 年 MODIS NDVI 与 DMSP-OLS 分别来源于 USGS 与美国国家地球物理数据中心（NGDC）。流域界线主要来源于 USGS 1km DEM 信息提取的子流域数据（sub-drainage）以及中国科学院资源环境科学数据中心获取的中国二级流域界线。北京市 2008 年航空像片与天津、河北 2008 年 SPOT5（彩色和全色波段合成 2.5m）为收集影像；流域内 4 个河流监测站点资料来源于中国环境保护部数据中心 2005～2010年国家地表水水质自动监测数据。

区域尺度不透水地表信息提取方法是通过 MODIS NDVI 与 DMSP-OLS 遥感信息建立的城乡建设用地不透水地表指数嵌入人工数字化解译的城乡建设用地高精度空间信息，实现与中国土地利用/覆盖数据同期动态更新的城乡建设用地不透水地表信息提取。

在 GIS 的支持下建立京津唐城市群 1:10 万、城市内部结构 1:1 万方里网以及覆盖研究区 250m 空间网格并进行投影转换生成具有统一坐标系统的城市基础地理空间定位系统。应用 2000 年与 2008 年中国土地利用/覆盖现状矢量数据，提取城乡建设用地类型（包括城市、农村与独立工矿用地），对其独立工矿用地中盐田等水域部分进行剔除，然后

生成 250m×250m 空间栅格数据集。应用 2000 年与 2008 年 MODIS NDVI 16 天 250m 数据进行拼接并提取 4～10 月最大值;对 DMSP-OLS 1km 进行重采样为 250m×250m 空间分辨率数据。根据 Lu 等(2008)提出的提取不透水地表空间信息算法,具体公式如下:

$$ISA_{pri} = \frac{(1 - NDVI_{max}) + OLS_{nor}}{(1 - OLS_{nor}) + NDVI_{max} + OLS_{nor} \times NDVI_{max}} \quad (2.4)$$

式中,ISA_{pri} 为初步计算的不透水地表指数;$NDVI_{max}$ 为 MODIS NDVI 1 年中 4～10 月最大值;OLS_{nor} 为归一化灯光指数(0～1)。在研究区内随机选择 203 个采样点将初步计算的不透水地表指数与航空影像和 SPOT 影像人工数字化解译的样本提取的不透水地表真实值进行回归参数校正,具体公式如下:

$$ISA_{cal} = 0.657 + 0.241 \times \ln(ISA_{pri}) \quad (2.5)$$

式中,ISA_{cal} 为校正后的不透水地表指数。

　　不透水地表是指城乡不透水地表,具体包括城市、农村与独立工矿用地(除去水域部分)空间范围内,通过校正后的不透水地表指数与城乡建设用地空间信息进行地图代数运算求交集产生,具体公式如下:

$$ISA_{index} = ISA_{cal} \bigcap UR_{mask} \quad (2.6)$$

式中,ISA_{index} 为最终计算的不透水地表指数,为 250m×250m 网格不透水成分比例数据(1%～100%);UR_{mask} 为 250m×250m 城乡建设用地掩码。

　　通过上述技术方法获取 2000 年、2008 年海河流域和中国范围内不透水地表数据集,不透水地表精度验证采用城市-乡村梯度带随机采样 206 个样本点,对每个样本点选择 3×3 像元窗口作为精度评价单元。将航空像片与 SPOT5(彩色和全色波段合成 2.5m)进行准确的空间定位,对网格内不透水地表信息数字化交互解译,进行精度验证与精度评价。由于嵌入人机交互判读的城乡建设用地信息,城乡建设用地判读准确率在 95% 以上,不透水地表比例误差幅度在 15% 以内,而且 80% 的网格误差幅度控制在 5% 以内,满足区域尺度不透水地表评估精度要求。

三、遥感验证与精度分析

　　为了验证不透水地表信息提取精度,选取研究区 6 个城市提取的不透水地表数据以及相近时段高分辨率影像数据,计算均方根误差 RMS、残差项 e_b 与相关系数 R 作为精度验证指标。由于受高分辨率影像本身的时序特征以及高分辨率影像数据获取途径限制,因此选用 1 期不透水地表数据对比高分辨率数据进行验证,以验证方法的可行性与结果的可信度。高分辨率影像选用 Google Earth 2010 年前后 1m×1m 的卫星影像,用以分别检验中美 6 大城市 2010 年不透水地表信息提取精度。检验的具体流程:将提取的 30m×30m 不透水地表数据与 Google Earth 影像进行空间配准,并将不透水地表数据重分类为 10 个等级(1～10,10～20,…,90～100),按照 3×3 像元大小(90m×90m)在不透水地表数据中随机分层选择验证样本。对应参考影像中相同范围地表区域,目视解译不透水地表面积比例,作为其实测值。按照重分类等级,每个等级选择 10 个检验样本,考虑到不透水地表实际分布的不确定性,适当增加总体样本数,每个研究区分别选择 130 个检验样本参与精度检验。

残差(residual sum of squares):

$$e_b = \frac{1}{N}\sum_{j=1}^{N} X - \bar{X} \tag{2.7}$$

均方根误差(root mean square error,RMS error):

$$RMS = \left[\frac{1}{N}\sum_{j=1}^{N}(X-\bar{X})^2\right]^{1/2} \tag{2.8}$$

相关系数:　$r = \dfrac{\sum(X-\bar{X})(Y-\bar{Y})}{\sqrt{\sum(X-\bar{X})^2}\sqrt{\sum(Y-\bar{Y})^2}} = \dfrac{L_{XY}}{\sqrt{L_{XX}}\sqrt{L_{YY}}} \tag{2.9}$

式中,N 为验证样本像元总数;X、Y 分别为 3×3 像元遥感反演与地面采样高分辨率遥感解译获取不透水地表面积比例(%);$\bar{X}$、$\bar{Y}$ 分别为遥感反演与地表采样不透水地表面积统计平均值(%)。

为验证不透水地表信息提取精度,选用 1 期不透水地表提取数据对比高分辨率数据进行验证,计算均方根误差(RMS)、残差项(e_b)与相关系数(R),作为精度验证的指标。高分辨率影像选用 Google Earth 2010 年前后分辨率为 0.61m×0.61m 的卫星影像。

首先,将提取的分辨率为 30m×30m 的不透水地表数据与分辨率为 0.61m×0.61m 的 Google Earth 影像进行空间配准,按照 3×3 像元大小(90m×90m)在不透水地表信息中随机分层选择检验样本,对应参考影像中相同范围的地表区域,通过目视解译其不透水地表面积比例,作为实测值。计算结果表明不透水地表提取精度总体较高,RMS 为 0.004434,远小于 0.01;e_b 为 −0.08312,R 达到 0.921(图 2.11),具体每个城市反演的不透水地表精度如图 2.12 和表 2.4 所示。

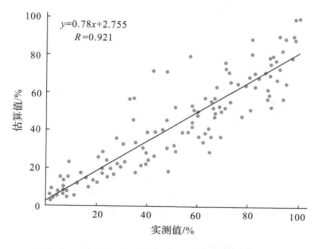

图 2.11　不透水地表估算值与实测值线性回归图

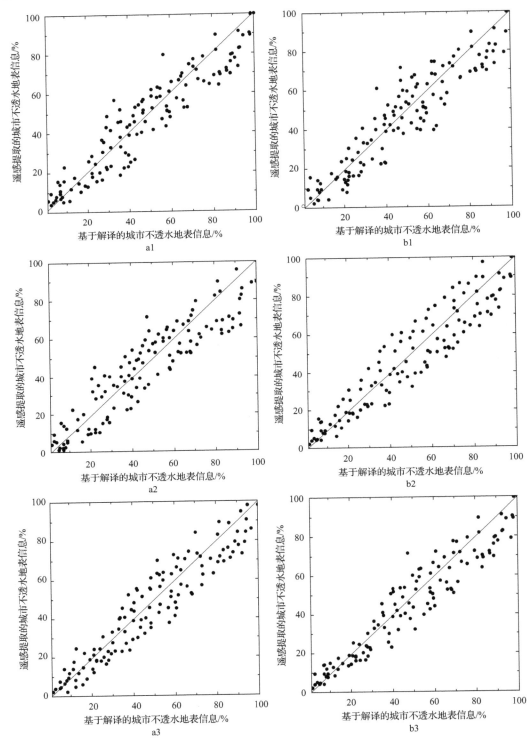

图 2.12　中美六大城市不透水地表提取精度验证

a1,a2,a3 代表北京市、上海市和广州市;b1,b2,b3 代表芝加哥、洛杉矶和纽约

表 2.4　基于 2010 年 Landsat TM 图像的六大城市中的城市不透水精度评价

研究区	均方根误差	系统误差	相关系数
北京市	0.151	−0.085	0.954
上海市	0.175	−0.113	0.949
广州市	0.154	−0.095	0.959
芝加哥	0.159	−0.087	0.943
洛杉矶	0.155	−0.096	0.954
纽约	0.170	−0.107	0.943

第四节　地表过程遥感地面同步观测实验

一、地表温度同步观测实验

为了揭示不同地表类型下垫面的地表温度差异特征,验证遥感数据反演的地表温度信息,分别对典型城区、近郊不同年代城市扩展区、城市绿地与农田等进行大样本地表温度测定。观测目标按照不同土地覆被类型分为建筑物、柏油路、裸土、草地、林地、水域 6 种类型,每种类型取 30 个以上的样点测量其表面温度,进而进行遥感地面同步验证,具体方案见图 2.13。

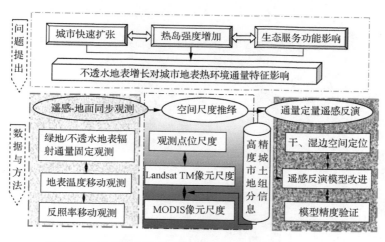

图 2.13　城市地表温度、辐射通量遥感地面同步实验方案

在秋季晴朗天气(无云)使用手持红外测温仪(MX4),在卫星过境时刻(2011 年 9 月 22 日 10:43)前后半小时对不同下垫面类型的地表温度进行了实地观测,实现了遥感影像过境与地表实测的同步进行。在城区与郊区进行同步观测,城市内部区域的地表温度观测点主要设在北京市中国科学院大气物理研究所铁塔周边、朝阳区风林绿洲周边区域和奥林匹克森林公园周边区域;城市郊区范围主要选取小汤山周边、北京国际机场 2 号航站楼周边及密云水库区域,观测点分布如图 2.14 所示。

　　中国科学院大气物理研究所周边的观测点主要利用手持红外测温仪同步观测建筑和周边公园不同类型下垫面的地表辐射温度,观测所使用的仪器是德国 Raytek 公司制造的 MX4 手持红外测温仪,该测温仪的测量精度是 0.1℃,仪器反应时间是 250ms,观测温度的范围是 -30℃~900℃,仪器正常测量温度范围是 0~50℃,其分辨率为 60:1,测量光谱范围是 8~14μm。进行测量的时候,观测者需将手持测温仪远离身体并以垂直地面向下的方向测量目标物,同时需保证仪器距地面正上方 0.5m,仪器会在 1~3s 后达到稳定状态,此时方可读取并记录数据。实验主要观测对象为草地、树木(树冠)、道路、屋顶等;风林绿洲周边主要观测对象为草地、树木(树冠)、道路、屋顶等;奥林匹克公园观测点主要观测城市绿地;在小汤山主要观测农田、道路等;北京国际机场 2 号航站楼主要观测不透水地表,沥青路面等;密云水库主要观测水域温度及周边耕地、林地等地类地表温度。在观测结束后将记录的数据存入计算机,并与地图和遥感图像进行匹配。观测时间为上午 10:30~12:00、中午 12:00~1:30 不间断观测。观测时要在每个观测点位重复读取并记录 10 组温度数据,数据分析时需对采集的数据进行平均处理。

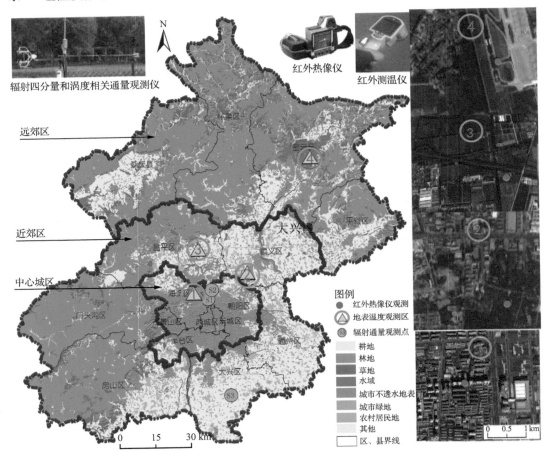

图 2.14　研究布设的地表温度、辐射通量参数观测

二、涡度相关实验观测

获取 2009 年 9 月 22 日全天城市地表辐射四分量和通量观测实验数据，利用以下标准对观测实验的数据进行筛选：①依据北京市日照时间，选用早 6：00 至晚 6：00 时段的数据；②对应时刻涡度相关仪正常运行。辐射通量数据采用研究组观测和收集的北京市架设的辐射通量仪实测数据，采用了 8 个地表辐射通量观测系统，由城市中心典型区到城市边缘区至城市郊区呈空间梯度分布，在典型城区人工下垫面（北京市朝阳区科学园南里、中国科学院生态环境研究中心屋顶、中国科学院大气物理研究所铁塔）与城市边缘区林草植被覆盖下垫面（奥林匹克公园、北京植物园）以及城市郊区（密云、大兴）架设的地表辐射通量观测系统，通过该系统直接获取卫星过境时的地表反照率、地表长波辐射、地表短波辐射、地表净辐射通量等地表通量参数，获取的数据满足质量精度验证需求。

实验观测仪器包括自动气象站、辐射四分量、涡度相关仪（Eddy covariance flux tower sites）等，均架设在 31.5m 高的铁塔上。自动气象站包括风速、风向、气温、湿度、地表辐射温度及气压等观测。辐射仪器为 NR01 四分量仪，涡度相关仪包括超生风速（CSAT3，Campbell）和 H_2O/CO_2 红外分析仪（LI-7500，LI-COR）等，数据采集器为 CR5000（CampbellII），采集频率为 10Hz，数据输出为 30min 的平均值。

涡度相关仪的通量原始资料采用英国爱丁堡大学开发的 EdiRe 软件进行后处理，包括野点值剔除、坐标旋转处理、空气密度效应修正（WPL 修正）等，输出 30min 的平均数据。

研究组开展的实验观测位置位于北京市朝阳区科学园南里屋顶和奥林匹克森林公园的草地。其中不透水地表观测点位于科学园南里，北临科学园南里东街，南临中国科学院科学园小区，东、西为商业居住混合区，建筑屋顶面积为 321.34m²，包含屋顶东西两侧高为 3.95m 的房屋占地面积，屋顶距地面距离为 18m，屋顶处盛行风向为西北风。科学园南里观测点涡度相关通量系统测量仪器位于 39°59′N，116°22′E，根据实地测量仪器距屋顶的北边界 5.25m、南边界 5.20m、屋顶东面房屋 13.7m，西面房屋 13.4m。科学园南里观测点 EC150 CO_2/H_2O 分析仪距屋顶高度为 283cm；NR01 四分量净辐射传感器距屋顶距离为 150cm；HMP155 温度湿度传感器距屋顶高度为 283cm。HFP01 土壤热通量传感器共 4 个，每个传感器的长为 38cm，宽为 30cm，由东向西 4 个传感器之间的距离分别为 230cm、261cm、190cm。

公园绿地观测以奥林匹克森林公园为观测点。奥林匹克森林公园位于北京城中轴线北端，是北京奥林匹克公园的重要组成部分。公园占地 680hm²，是北京最大的城市公园，以五环为界，观测仪器位置在奥林匹克森林公园的北园大面积草地上，位于 40°01′N、116°24′E。仪器周围环境以草地和树木为主，仪器西北方为面积 523.24m² 的树林，周围有零星树木包围，其余均为草地。EC150 CO_2/H_2O 分析仪距地面高度为 163cm；NR01 四分量净辐射传感器距地面距离为 163cm。HMP155 温度湿度传感器距地面高度为 200cm。经过实地测量，仪器到西北树林的距离为 21.75m；仪器到东南草坪边界的距离为 47.85m。

除此之外,研究组收集了2009年9月22日其他6个观测站点辐射四分量和涡度相关观测数据,包括中国科学院生态环境研究中心生态中心站(S3)和教学植物园站(S6)(Cui et al.,2012),中国科学院大气物理研究所47m大气所站(S4)和香河站点(S8)(Miao et al.,2012),北京师范大学密云站(S5)和大兴站(S7)(Liu et al.,2013),其中5个观测站点分布在建成区内,3个站点分布在郊区。根据观测站点下垫面类型分析,其中3个站点代表不透水地表建筑类型,2个站点代表开敞公园绿地,其余3个站点分布代表农田、草地和林地类型,见图2.15和表2.5。

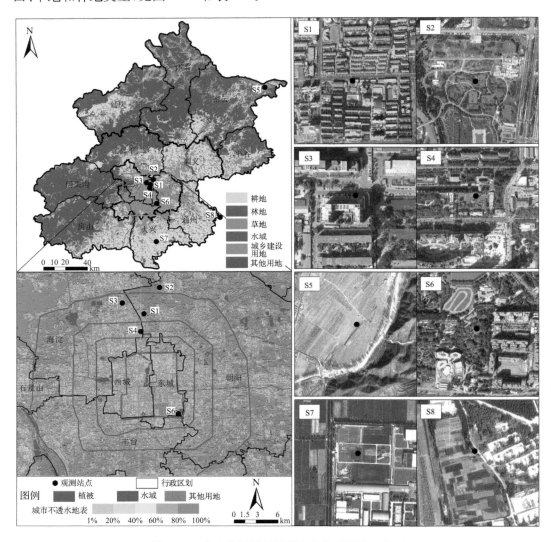

图2.15　北京市辐射通量涡度相关观测实验布置

S1. 科学园南里观测站点;S2. 奥林匹克公园观测站点;S3. 生态中心观测站点;S4. 大气物理研究所铁塔观测站点;
S5. 密云观测站点;S6. 植物园观测站点;S7. 大兴观测站点;S8. 香河观测站点

表 2.5　实验观测站点情况

站点	经纬度	高程/m	典型地表类型
密云站(S5)	117.3233°E/40.6308°N	350	园地
奥林匹克公园(S2)	116.4002°E/40.0288°N	41	草地
生态中心站(S3)	116.3428°E/40.0092°N	52	城市屋顶
大气所观测站(S4)	116.3709°E/39.9744°N	46	城市建筑区
科学园南里(S1)	116.3764°E/39.9962°N	54	城市屋顶
教学植物园站(S6)	116.4302°E/39.8738°N	40	草地
大兴站(S7)	116.4271°E/39.6213°N	20	耕地
香河观测站(S8)	116.9500°E/39.7830°N	11	林地

三、城市气象观测资料

北京市气象数据采用北京市气象站点实时观测数据(表2.6),2009年9月22日实验观测时段天气晴空无云,风速除10:50时大于2m/s外,其余风速均小于2m/s,平均风速为1.45m/s,满足实验观测数据的需要,风速随时间的变化略有波动,风向为西北风,气温逐渐升高,由22.97℃升高到24.41℃,平均气温为23.76℃。水汽压随着温度的升高,整体呈下降趋势,平均值为1.08kPa。空气湿度呈整体下降趋势,平均值为36.96%。

表 2.6　2009 年 9 月 22 日实验观测时期实时气象数据

时刻	气温/℃	水汽压/kPa	湿度/%	风速/(m/s)	风向
10:00	22.97	1.139	40.63	1.600	西北
10:10	23.25	1.121	39.31	1.264	西北
10:20	23.58	1.167	40.12	0.803	西北
10:30	23.84	1.119	37.88	1.307	西北
10:40	24.12	1.054	35.09	1.569	西北
10:50	24.17	0.992	32.91	2.117	西北
11:00	24.41	1.001	32.75	1.497	西北

第五节　城市地表过程定量遥感反演模型

一、城市地表温度遥感反演

Landsat TM/ETM 影像进行地表温度反演的方法主要有 3 种,分别是单窗算法、单通道算法、辐射方程算法。单窗算法是一种可靠性较高的反演方法,尤其是在具备实时大气资料的基础上,其反演精度相对较高;单通道算法同样具备较高的反演精度,但需要预估基本的大气参数;辐射方程算法的使用范围较为狭窄,因为在反演时需要依靠卫星过境时的大气数据。

根据 Landsat TM 单窗算法,地表温度反演计算公式如下:

$$T_s = \{a \times (1-C-D) + [b \times (1-C-D) + C + D] \times T_6 - D \times T_a\} \quad (2.10)$$

式中,a、b 为常数,$a = -67.355351$,$b = 0.458606$;C、D 为中间参数;T_6 为影像亮度温度(K);T_a 是大气平均温度(K)。

$$C = \tau \times \varepsilon \quad (2.11)$$
$$D = (1-\tau) \times [1 + \tau(1-\varepsilon)] \quad (2.12)$$

式中,τ 为大气透过率;ε 为地表比辐射率。

1. 大气参数

结合当时北京地区的气象数据,得到近地表大气平均温度为 17℃,大气平均温度由大气剖面气温分布和大气状态决定。

$$T_a = 19.2704 + 0.91118 T_0 \quad (2.13)$$

式中,T_a 为大气的平均温度;T_0 是近地表大气温度(K)。

另外一个主要的大气参数是大气透射率,是指光在传播的过程中大气中的介质对光的吸收、散射、漫射等衰减后的辐射通量与入射通量的比值。计算大气透射率要依据大气剖面数据,但是由于大气介质中存在很多不确定因素,如大气温度、大气水分含量、大气压强等,这会在一定程度上削弱大气中地表热辐射的传导,因此这类数据很难准确地计量。很多文献中提出大气水分含量的改变会直接影响大气透射率的变化,而气温、压强等大气因素不会对大气透射率产生较大影响。因而在计算大气透射率的时候需考虑大气水分含量。大气透过率 τ 的计算方法如表 2.7 所示。

表 2.7　大气透射率计算

大气剖面	水蒸气(w)/(g/cm²)	透射率公式	标准差
高气温	0.4~1.6	$\tau_6 = 0.974290 - 0.08007w$	0.002368
	1.6~3.0	$\tau_6 = 1.031412 - 0.11536w$	0.002539
低气温	0.4~1.6	$\tau_6 = 0.982007 - 0.09611w$	0.003340
	1.6~3.0	$\tau_6 = 1.053710 - 0.14142w$	0.002375

注:w 为大气水汽含量,大部分文章多采用单一的气象观测数据来计算,精度较低。本节采用同期的 MODIS 遥感影像数据,用比值法反演大气水汽含量。考虑到 MODIS 遥感数据源分辨率(1km)与 Landsat TM 数据分辨率(30m)存在差异,故利用空间数据重采样的方法,将 MODIS 影像反演的大气水汽含量进行重采样,重采样的子像元为 30m×30m,最终得到研究区域的水汽含量。

2. 比辐射率

比辐射率是指物体在特定温度波长下的辐射出射度与同条件下完全吸收时发射体的出射度的比值。比辐射率是城市热岛效应研究中的一个重要参数,地表粗糙程度、地表结构等因素会干扰该参数的大小。在反演地表温度的过程中,地表比辐射率可以根据温度比率和绿地比例的关系进行计算,计算公式如下:

$$\varepsilon = P_v R_v \varepsilon_v + (1 - P_v) R_m \varepsilon_m + \mathrm{d}\varepsilon \quad (2.14)$$

式中，P_v 为绿地面积比例；ε_v 和 ε_m 为在热红外波段下的绿地表面和建筑表面的比辐射率（用建筑表面代替裸土表面），$\varepsilon_v = 0.986$，$\varepsilon_m = 0.970$；R_v 和 R_m 分别代表绿地和建筑的表面温度比率，$R_v = 0.9332 + 0.0585P_v$，$R_m = 0.9886 + 0.1287P_v$；dε 为修正值，当 $P_v <$ 0.5 时，d$\varepsilon = 0.0038P_v$；当 $P_v > 0.5$ 时，d$\varepsilon = 0.0038(1 - P_v)$；当 $P_v = 0.5$ 时，d$\varepsilon =$ 0.0019；当$P_v = 0$ 时，d$\varepsilon = \varepsilon_m$；当 $P_v = 1$ 时，d$\varepsilon = \varepsilon_v$。

　　比辐射率作为参数可以计算地表温度，由于手持测温仪测量的是地表的辐射温度，在将地表辐射温度换算成地表真实温度的过程中需要利用比辐射率参数，一般采用的比辐射率 $\varepsilon = 0.95$，但是因为被测目标的土地覆盖类型不同，还需要分类计算，如地表覆盖绿地时比辐射率 $\varepsilon = 0.985$，地表为裸土时比辐射率 $\varepsilon = 0.973$，地表覆盖沥青路面时比辐射率 $\varepsilon = 0.968$，水的比辐射率 $\varepsilon = 0.995$。

3. 亮温计算

　　Landsat TM 数据均以灰度值（DN 值）表示，DN 值的大小代表了卫星高度传感器所接受的辐射能量的强度。为了反演地表温度，应将辐射强度值转化为对应的亮度温度。

$$T_6 = K_2 / \ln(1 + K_1 / L_6) \tag{2.15}$$

式中，T_6 为 Landsat TM 数据第 6 波段的亮度温度；K_1、K_2 为常量系数（$K_1 = 60.776$，$K_2 = 1260.56$）；L_6 为热辐射亮度值，计算公式为

$$L_6 = 0.055\,157 \times DN_6 + 1.238 \tag{2.16}$$

式中，DN_6 为 Landsat TM 数据第 6 波段的像元灰度值。

4. 精度分析与验证

　　基于混合像元覆盖组分类型，首先根据卫星过境时间前后半小时内所测的地表温度得到各个地物类型对应的点温度数据；进而根据地物类型把点温度数据归到各个土地利用类型上；然后利用 30m 分辨率的各地物类型面积比例栅格图，在 30m×30m 的栅格内利用面积比例加权计算出各个栅格的温度，与反演的地表温度进行对比验证。结果表明，反演的地表温度精度较好，R^2 达到 0.75（图 2.16）。

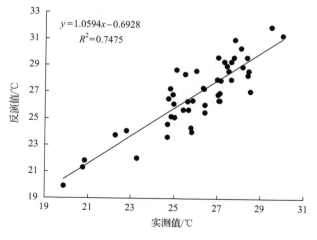

图 2.16　地表温度遥感反演与实测值线性回归图

二、地表湍流辐射遥感反演

选取天气晴好状况下卫星过境时的遥感图像,采用美国 USGS 提供的 Landsat TM 5 遥感影像,获取时间为 2009 年 9 月 22 日 10 时 43 分,影像行列号为 123 行 32 列。多光谱波段空间分辨率为 30m,热红外波段空间分辨率为 120m。陆地卫星 Landsat TM 遥感影像数据由于地面分辨率较高已经得到了非常广泛的应用,共分为 7 个波段,该数据的热红外波段用来分析陆地表面的热辐射和温度的区域差异,波段的波长范围为 10.45～12.5μm。同时利用 NASA 提供的同期 TERRA/MODIS 遥感影像(MOD021、MOD03 数据),时间为 2009 年 9 月 22 日 12 时 00 分,多光谱空间分辨率为 250m,热红外波段空间分辨率为 1km。

(一) 基于 Landsat TM 湍流辐射遥感反演

1. 地表净辐射计算

在大气辐射传输方案中,城市地表净辐射通量的算法包括短波辐射(0～3.4μm)和长波辐射(4.0～100μm)算法(Niemel et al.,2001;Offerle et al.,2003)。根据地表湍流辐射平衡方程,计算公式如下:

$$R_n = R_S^* + R_L^* = R_{Sd} - R_{Su} + R_{Ld} - R_{Lu} \qquad (2.17)$$

$$R_n = (1 - \alpha)R_{Sd} - R_{Lu} + R_{Ld} \qquad (2.18)$$

式中, R_n 为地面净辐射; R_S^* 为净短波辐射; R_L^* 为净长波辐射; R_{Sd}、R_{Su} 分别为下行和上行短波辐射; R_{Ld}、R_{Lu} 分别为下行和上行长波辐射; α 是地表反照率。

$$R_{Sd} = G_{sc} \times \text{con}(\theta) \times d \times \tau \qquad (2.19)$$

$$R_{Ld} = \varepsilon_\alpha \times \sigma \times T_a^4 \qquad (2.20)$$

$$R_{Lu} = \varepsilon \times \sigma \times T_s^4 \qquad (2.21)$$

式中, $G_{sc} = 1367 \text{w/m}^2$ 和 $\sigma = 5.6704 \times 10^{-8} \text{W/(m}^2 \cdot \text{K}^4)$。$G_{sc}$ 为太阳常数, θ 为太阳天顶角; τ 为单向大气透过率; d 为太阳-地球距离; ε_α 为大气比辐射率, σ 为 Stefan-Boltzmann 常数; T_a 为近地表大气温度; ε 为地表比辐射率; T_s 为地表温度,见图 2.17。

2. 短波辐射获取

(1) 大气透过率的校验

城市大气环境污染,包括二氧化碳、气溶胶等污染因子影响城市大气透过率,进一步影响城市的辐射能量收支。对 Landsat TM 的大气透过率的计算,大部分采用单一的气象观测数据来计算区域的大气透过率,本节采用同期的 MODIS 遥感影像数据,根据已有的研究采用比值法反演大气水汽含量。考虑到 MODIS 遥感数据源分辨率(1km)与 Landsat TM 数据分辨率(30m)存在差异,利用空间数据重采样方法,将 MODIS 影像反演的大气水汽含量进行重采样,重采样像元分辨率为 30m×30m。

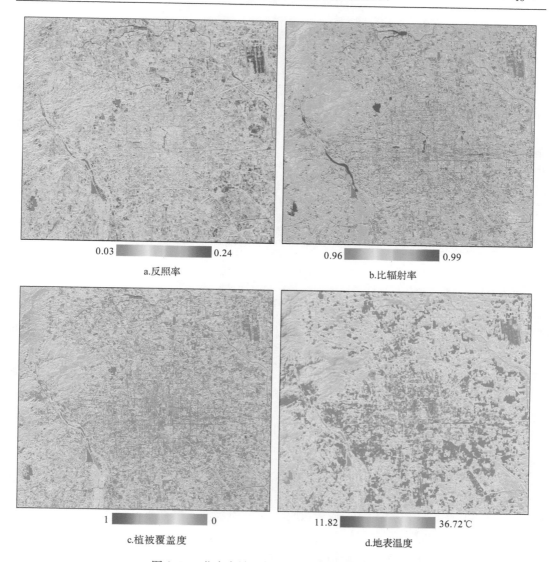

图 2.17 北京主城区热辐射和植被覆盖参数图

利用两波段比值方法获得大气水汽含量,公式如下:

$$w = \left\{ \alpha - \frac{\ln\left(\dfrac{\rho_{19}}{\rho_2}\right)}{\beta} \right\}^2 \qquad (2.22)$$

式中,w 为大气水汽含量;ρ_{19} 和 ρ_2 为 MODIS 遥感影像的 19 和 2 波段。对于不透水地表覆盖类型,$\alpha=0.02$,$\beta=0.651$;对于植被像元和裸土像元,$\alpha=0.012$,$\beta=-0.040$。

依据地表实验观测数据,对大气透过率进行参数本地化改进,具体改进公式如下:

$$\tau = f(w) + f(p,d) \qquad (2.23)$$

式中,$f(w)$ 为水汽含量影响下的大气透射率;$f(p,d)$ 为微粒影响下的大气透射率,其与城市的中心距离有关。

重采样大气中水汽含量来获取参数 $f(w)$，计算公式如下：

$$f(w) = \begin{cases} (0.982007 - 0.09611w) & w \in (0.4, 1.6) \\ (1.053710 - 0.14142w) & w \in (1.6, 3.0) \end{cases} \tag{2.24}$$

充分利用下行短波辐射与实地测量计算大气透过率参见方程(2.24)，然后分析观察到的大气和实测的区别，即 $M - f(w)$。

同时，构建了大气透过率和距离的差异，是距城市中心区域每 30m 的欧几里得距离的线性回归关系。公式如下：

$$f(p,d) = f(M - f(w), d) = kd + \alpha \tag{2.25}$$

线性回归公式如下：

$$f(p,d) = -6 \times 10^{-7} \times d + 0.1966 \tag{2.26}$$

式中，M 为观测到的大气透射率；d 为距城市中心的欧几里得距离；k 和 α 是常数。本节中，$k = -6 \times 10^{-7}$ 和 $\alpha = 0.1966$。

最后，基于上述结果，如果考虑到城市中心的距离导致大气透射率的差异，可以得到更精确的大气透过率。

（2）地表反照率校验

地表反照率是决定地表吸收太阳短波辐射的关键参数，是研究城市热辐射收支的重要影响因素。地表反照率随地表植被、土壤、积雪等覆盖类型及其结构的变化而变化。因此，准确获取地表的反照率信息是了解城市能量收支的基础，许多学者研究了不同传感器下的地表反照率的定量模型，通过卫星空间站观测系统定量反演地表反照率（Liang，2000；Kvalevåg et al.，2010），包括 ASTER、CERES、MODIS、NOAA/AVHRR、Landsat TM 等，为空间上大范围地研究陆地表面和大气之间的能量传递提供了重要的定量手段，推动了区域和全球气候建模的工作。但是上述方法适用于大尺度空间的反照率反演。前人研究的地表反照率算法的验证站点地表覆被类型多为地表均一的土壤、农作物和自然植被，城市地表覆盖类型的遥感反演验证工作相对较少。

研究中，覆盖类型分为城市、草地、森林、农田和水域。根据不同的覆盖类型，地表反照率的参数校验与实地测量相结合。

未经校验的地表反照率公式如下：

$$\alpha = 0.356\alpha_1 + 0.130\alpha_3 + 0.373\alpha_4 + 0.085\alpha_5 + 0.072\alpha_7 - 0.0018 \tag{2.27}$$

针对不同覆盖类型校验的地表反照率公式如下：

$$\alpha_{\text{TM}}^* = \begin{cases} 0.769\alpha_1 + 0.281\alpha_3 + 0.806\alpha_4 + 0.183\alpha_5 + 0.156\alpha_7 - 0.0039 & \text{（覆盖类型为城市）} \\ 0.413\alpha_1 + 0.151\alpha_3 + 0.433\alpha_4 + 0.097\alpha_5 + 0.084\alpha_7 - 0.0021 & \text{（覆盖类型为草地）} \\ 0.317\alpha_1 + 0.116\alpha_3 + 0.332\alpha_4 + 0.076\alpha_5 + 0.064\alpha_7 - 0.0016 & \text{（覆盖类型为森林）} \\ 0.306\alpha_1 + 0.112\alpha_3 + 0.321\alpha_4 + 0.073\alpha_5 + 0.062\alpha_7 - 0.0015 & \text{（覆盖类型为农田）} \\ 0.242\alpha_1 + 0.088\alpha_3 + 0.254\alpha_4 + 0.058\alpha_5 + 0.049\alpha_7 - 0.0012 & \text{（覆盖类型为水域）} \end{cases} \tag{2.28}$$

式中，α_{TM}^* 为改进后的反照率；α_1、α_3、α_4、α_5、α_7 为 Landsat TM 相应波段地表反射率产品。

3. 长波辐射的获取

利用 Landsat TM 提取的相关参数,计算下行/上行长波辐射通量(Qin,2002a)。计算公式如下:

$$R_{Ld} = 1.34(-\ln\tau)^{0.265}\sigma T_a^4 \tag{2.29}$$
$$R_{Lu} = \varepsilon\sigma T_s^4 \tag{2.30}$$

式中,$\sigma = 5.6704 \times 10^{-8}\,W/(m^2 \cdot K^4)$;$R_{Ld}$、$R_{Lu}$ 分别为下行和上行长波辐射;τ 为大气透过率;ε 为比地表辐射率;T_s、T_a 分别为地表和大气温度。

长波净辐射代表着经过辐射传输过程储存在大气中的表面能量,是净表面辐射能的重要组成部分,是地表能量平衡与物质交换的重要驱动力,是城市气候与辐射能量研究中的重要影响因子。反演的结果精度依赖于地表温度、地表比辐射率、大气透过率的精确计算。基于野外观测实验,许多学者利用实验观测长波辐射资料和遥感数据建立估算净长波辐射的经验模型。地表比辐射率采用 Qin 等(2002c)的方法进行计算,地表温度采用 Qin 等(2001)的单窗算法计算,分别计算长波下行辐射通量和上行辐射通量后,再进一步计算长波净辐射。对近地面空气温度 T_a,收集北京市 20 个气象站点近地面空气温度,同时构造数字高程与近地面温度的线性回归方程,然后用空间插值方法来获得整个区域表面附近的空气温度,用于计算下行长波辐射。

4. 地表辐射通量遥感反演验证

气象观测站的实测湍流地面辐射通量,能表示一个相对较小的源区域(Rigo et al.,2006)。获得农村和城市地面辐射通量(长波、短波辐射)以及地表净辐射观测值。基于城市地表覆盖特征,对 Landsat TM 的热红外图像进行像素 30m×30m 的重采样,基于像元尺度的 Landsat TM 与地表通量验证相对更科学(Bastiaanssen et al.,1998)。本节基于点像素校正 Landsat TM 的辐射通量算法,包括上行/下行长波/短波辐射和地表净辐射。

(二)基于 MODIS 湍流辐射遥感反演

1. 技术方案

基于地表辐射能量平衡原理,采用同步地面观测数据和 MODIS 卫星影像相结合的方法,应用地表热平衡方程反演地表潜热、显热等热通量参数,通过实地观测数据对遥感反演的地表温度和热通量参数进行比较验证。将研究区不同土地利用类型与地表热通量反演的参数进行空间叠加,从而分析城市不同土地利用类型与遥感反演的地表温度和地表热通量之间的关系,应用传统地面观测手段和遥感手段相结合的方法将地表热平衡通量反映在城市区域上,进一步揭示城市热岛空间分布特征。

2. 遥感反演算法

采用劈窗算法反演城市不同下垫面地表温度,具体表达式为

$$T_s = \alpha\left[C_{32}(B_{31}+D_{31}) - C_{31}(D_{32}+B_{32})\right]/(C_{32}A_{31}-C_{31}A_{32})+\beta \tag{2.31}$$

式中，$\alpha = 0.7554$，$\beta = 7.5146$；T_s 为地表辐射温度，大气透过率和地表反射率是 MODIS 地表温度反演的两个重要参数，A_{31}、A_{32}、B_{31}、B_{32}、C_{31}、C_{32}、D_{31}、D_{32} 是由大气透过率和地表反射率等因子确定的中间参数；α、β 为遥感反演与地面观测拟合系数。

$$A_{31} = 0.13834 \times \varepsilon_{31} \times \tau_{31} \tag{2.32}$$

$$B_{31} = 0.13834 \times T_{31} + 31.80148 \times \varepsilon_{31} \times \tau_{31} - 31.80148 \tag{2.33}$$

$$C_{31} = (1 - \tau_{31}) \times [1 + (1 - \varepsilon_{31}) \times \tau_{31}] \times 0.13834 \tag{2.34}$$

$$D_{31} = (1 - \tau_{31}) \times [1 + (1 - \varepsilon_{31}) \times \tau_{31}] \times 31.80148 \tag{2.35}$$

$$A_{32} = 0.11952 \times \varepsilon_{32} \times \tau_{32} \tag{2.36}$$

$$B_{32} = 0.11952 \times T_{32} + 26.80148 \times \varepsilon_{32} \times \tau_{32} - 26.80148 \tag{2.37}$$

$$C_{32} = (1 - \tau_{32}) \times [1 + (1 - \varepsilon_{32}) \times \tau_{32}] \times 0.11952 \tag{2.38}$$

$$D_{32} = (1 - \tau_{32}) \times [1 + (1 - \varepsilon_{32}) \times \tau_{32}] \times 26.80148 \tag{2.39}$$

式中，ε_{32} 为 32 通道的反射率；τ_{32} 为 32 通道的大气透过率。ε_{31} 为 31 通道的反射率；τ_{31} 为 31 通道的大气透过率。

（1）地表比辐射率估计

地表比辐射率主要取决于地表的物质结构、传感器的波段区间及像元大小。地球表面不同区域的地表结构虽然很复杂，但是由于 MODIS 影像分辨率较低，MODIS 像元大体可以看成由水面、植被和裸土 3 种地物类型构成，故利用 NDVI 门槛值法计算地表比辐射率，公式如下：

$$\varepsilon = P_w \times R_w \times \varepsilon_w + P_v \times R_v \times \varepsilon_v + (1 \times P_w - P_v) R_s \times \varepsilon_s \tag{2.40}$$

式中，ε 为混合像元的平均比辐射率；ε_w、ε_v、ε_s 分别为水域、植被、土壤的比辐射率。R_v、R_s、R_m 为温度比率，在 5～45℃，$R_v = 0.9924$，$R_s = 1.00744$，$R_w = 0.99565$。P_v、P_w、P_s 利用 NDVI 和植被覆盖度 PV 指数进行计算得到。

（2）大气透过率估算

在地表参数反演过程中，大气透过率是地表辐射能（反射能）透过大气到达传感器的能量与地表辐射能量的比值。本节采用两通道比值法直接从遥感影像上反演大气的水汽含量，再利用大气水汽含量与大气透过率的关系推算出大气透过率。计算大气水汽含量的公式如下：

$$W = [(\alpha - \ln\rho_{19}/\rho_2)/\beta]^2 \tag{2.41}$$

式中，W 为大气水汽含量；ρ_{19} 为 MODIS 第 19 波段；ρ_2 为 MODIS 第 2 波段；α、β 为回归参数，分别取 $\alpha = 0.02$，$\beta = 0.651$。

利用大气水汽含量计算大气透过率 τ，针对 MODIS 遥感影像，当水汽含量值为 [0.4～2.0]时，MODIS 影像的 31 波段大气透过率为 $\tau_{31} = 0.99513 - 0.08082W$，MODIS 影像的 32 波段大气透过率 $\tau_{32} = 0.99376 - 0.11369W$，通过计算从而得到大气透过率的值。

（3）亮度温度 T_i 反演

亮度温度的反演采用 Planck 方程，计算公式如下：

$$T_{31} = 1\ 304.413\ 871/\ln[1 + (729.541\ 636/\rho_{31})] \tag{2.42}$$

$$T_{32} = 1\ 196.978\ 785/\ln[1 + (474.468\ 478/\rho_{32})] \tag{2.43}$$

式中，T_{31} 和 T_{32} 为 31 波段和 32 波段的亮度温度值；ρ_{31} 和 ρ_{32} 为 31 波段和 32 波段的辐射亮度值。

（4）地表净辐射反演

地表净辐射量的表达式为

$$R_n = (1-\alpha)R_{S_\downarrow} - R_{L_\uparrow} + R_{L_\downarrow} \tag{2.44}$$

式中，α 为地表反照率；$R_{S_\downarrow}$ 为到达地表的太阳下行短波辐射；$R_{L_\downarrow}$ 为下行长波辐射；$R_{L_\uparrow}$ 为上行长波辐射。

$$R_{S_\downarrow} = G_{sc} \times \cos(\theta) \times \tau_{sw}/dr^2 \tag{2.45}$$

式中，G_{sc} 为太阳常数，值为 1367W/m²；θ 为太阳天顶角；τ_{sw} 为大气单向透射率；dr 为日地距离。

$$R_{L_\downarrow} = \varepsilon_a \sigma T_a^4 \tag{2.46}$$

式中，ε_a 为大气比辐射率；σ 为 Stefan-Boltzmann 常数，值为 5.6704×10^{-8}W/(m² · K⁴)；T_a 为空气温度(K)。

$$\varepsilon_a = 1.18(-\ln\tau_{sw})^{0.265} \tag{2.47}$$

式中，τ_{sw} 为大气单向透射率。

$$T_a = 16.0110 + 0.926\,21 T_{air} \tag{2.48}$$

式中，T_{air} 为由气象站点测得的近地面平均气温(K)。

$$R_{L_\uparrow} = \varepsilon \times \delta \times T_s^4 \tag{2.49}$$

式中，ε 为地表比辐射率；δ 为常数，$\delta = 5.6696 \times 10^{-8}$J/(m² · K⁴ · s)；$T_s$ 为地表温度(K)。

三、基于 PCACA 模型的地表热通量分割方法

地表净辐射通量表达式为：

$$R_n = (1-\alpha) \times R_{sd} + \varepsilon \times R_{ld} - \varepsilon \times \sigma \times T_s^4 \tag{2.50}$$

式中，R_n 为地表净辐射通量；α 为地表反照率；ε 为比辐射率；R_{ld} 为下行的长波辐射；R_{sd} 为下行的短波辐射。应用 Niemelä 等(2001a/b)短波辐射和长波辐射通量比较结果，下行短波辐射 R_{sd} 和下行长波辐射 R_{ld} 采用如下计算方法：

$$R_{sd} = G_{sc} \times \cos(\theta) \times d \times \tau \tag{2.51}$$

$$R_{ld} = 1.08 \times (-\ln\tau)^{0.265} \times \sigma \times T_a^4 \tag{2.52}$$

式中，G_{sc} 为太阳常数(1367W/m²)；θ 为太阳天顶角；d 为日地距离；τ 为大气透过率；T_s 为地表温度；T_a 为近地表大气温度(K)；σ 为 Stefan-Boltzmann 常数，$\sigma = 5.6704 \times 10^{-8}$ W/(m² · K⁴)。

从 Landsat TM 数据反演地表宽波段反照率，采用梁顺林提出的从窄波段到宽波段反照率的转换公式计算地表反照率(Liang,2000)，替换公式中的 α，表达式为

$$\alpha_{short} = 0.356\alpha_1 + 0.130\alpha_3 + 0.373\alpha_4 + 0.085\alpha_5 + 0.072\alpha_7 - 0.0018 \tag{2.53}$$

大气透过率 τ 和地表反照率 α 对于不同城市具有较大差异，在城乡之间具有更大的不确定性，我们应用 8 个站点的上行和下行短波辐射分别对城市和乡村进行校正。

土壤热通量计算采用经验公式(Bastiaanssen,2000)：

$$G = T_s/\alpha \times (0.0038\alpha + 0.0074\,\alpha^2) \times (1 - 0.98 \times NDVI^4) \times R_n \tag{2.54}$$

式中，T_s 为地表温度；α 为地表反照率；R_n 为地表净辐射通量；NDVI 为植被覆盖度。

通过上述公式的计算将得到有效能量（显热和潜热），利用 Zhang（2005）研发的 PCACA 模型，通过准确的有无植被的干点、湿点对地表温度和植被覆盖度进行梯形算法定位从而进行热通量分割。PCACA 模型的理论算法如下：

$$(1 - C_r)\left[R_{sd}(1-\alpha) + \sigma\varepsilon_a R_{ld} - \sigma\varepsilon_s T_{SD}^4\right] = \frac{\rho C_p(T_{SD} - T_a)}{r_{SD_2}} \tag{2.55}$$

式中，C_r 为地下传导能量占净辐射通量比例的经验值；T_{SD} 为干裸地表面温度；T_a 为气温；ρ 为空气密度；C_p 为定压比热；r_{SD_2} 为干裸地上空的空气动力学阻力；α 为地表反照率；R_{sd} 为下行短波辐射；R_{ld} 为下行长波辐射；σ 为斯蒂芬－波尔兹曼常数；ε_s 为地表比辐射率；ε_a 为大气比辐射率。

应用张仁华（2009）研发的 PCACA 模型，对有效能量进行能量分割，得到显热通量和潜热通量的值，进而得到研究区的波文比（图 2.18）。

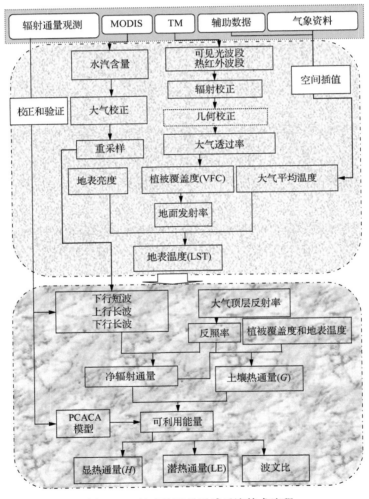

图 2.18　地表热通量遥感反演技术流程

$$\beta = H/LE \tag{2.56}$$

式中，β 为波文比；H 为显热通量；LE 为潜热通量。

基于 5 个点所观测的 VFC、LST、波文比（β）值（表 2.8），结合极干点（水泥地测量的均值＝39.5℃）和极湿点（水域测量的平均值＝16℃），对 PACAC 模型所推导出的等式进行多元非线性拟合，拟合 R^2 达到 0.896，拟合效果较好。

表 2.8 观测点地表温度、植被覆盖度和波文比

位置	地表温度(LST)/℃	植被覆盖度(VFC)	波文比(β)
科学园南里(屋顶)	31.0	0.2	2.3084
奥林匹克公园(草地)	24.38	0.75	0.5058
密云(果园、李子树)	20.35	0.65	0.3664
大兴(农田、玉米)	25.54	0.7	0.8986
河北香河(农田)	25.0	0.8	0.8041

如图 2.19 所示，蓝十字为基于遥感反演的 LST 和 VFC，并选取横跨北京市南北100m 宽的 29 539 个像元样带。红点为 5 个有波文比测量的实验点（表 2.8）的分布。

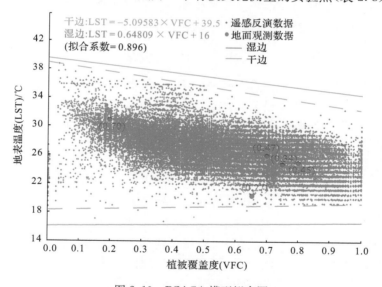

图 2.19 PCACA 模型拟合图

地表温度计算公式：

$$LST = k_1 \times VFC + (k_2 - k_1) \times VFC \times V - (39.5 - 16) \times V + 39.5 \tag{2.57}$$

其中：

$$V = 1/(1 + \beta) \tag{2.58}$$

V 为潜热比；k_1，k_2 分别为干边和湿边拟合系数；β 为波文比。

第三章　生态城市 EcoCity 模型发展

耦合城市地理学"空间结构理论"和城市气候学"地表能量平衡原理",提出了等级尺度城市地表结构与热环境调控新理念,揭示了等级城市空间结构与地表热环境之间的互馈机制,自主研发了生态城市模型(EcoCity)。本章详细论述了 EcoCity 模型基本原理与功能模块、模型的参数化方案和算法、用户界面设计和系统操作环境。EcoCity 模型可以为城市热环境生态调控提供可操作、界面友好的运行系统。

第一节　EcoCity 模型原理与功能

生态城市建设已经成为 21 世纪城市可持续发展的明确目标,而以何种方式、理念与手段促进其健康发展是亟待解决的重要问题,如何综合性定量评价与规划生态城市成为科学研究的重要方向。随着城市化进程的加快,城市生态环境的不断恶化和区域生态环境支撑能力的持续衰退,建设生态城市成为当代城市发展的一种新理念追求。

一、模型结构与框架

利用遥感技术并结合地理信息空间分析手段,以地理区位论与地表能量平衡原理为理论依据,研发 EcoCity V1.0 模型。模型耦合城市生态系统热调节服务各要素层、结构层和功能层,发展了土地覆盖遥感监测、城市等级空间结构、地表通量遥感反演、城市扩张未来情景模拟、城市规划生态调控应用五大功能模块(图 3.1)。

二、模型基本原理

EcoCity 模型充分考虑城市发展与可持续制约因素,构建多要素空间函数关系,实现城市结构空间优化配置以及地表热环境生态调控。在制定城市发展规划中实现空间结构调控,必须考虑到"两者"或"三者"之间的互相制约关系。城市等级空间结构是城市各组成要素间及要素内部诸特征的组合关系;地理区位理论是关于人类活动的空间分布及其空间中的相互关系的学说;地表能量平衡理论是解释城市热岛与热环境形成的理论基础,是地表接收到的太阳辐射能与同一时期从地表反射及辐射到太空的能量所达到的平衡;三者形成了结构-区位-能量之间的关系。城市内在结构和外部环境决定城市物质能量的功能输出与状态演化,城市作为一个多元复合系统,认识结构-功能-能量之间的联系,是模型实现城市规划指导与生态调控的关键;同时,城市组成要素间"函数关系与空间配置"是链接各因素关系的"中枢"(图 3.2)。

城市发展与建设过程中需要城市内部与外部结构的合理优化配置,在满足商业、住宅、工业、交通、公共设施等用地的基础上,通过功能结构调整、生态斑块与生态廊道建设,以及地表能量平衡调控,增加生态系统的地表水热调节功能。因此,生态城市的发展与平衡需要结构-功能-能量三者有序地调控和相互支撑。

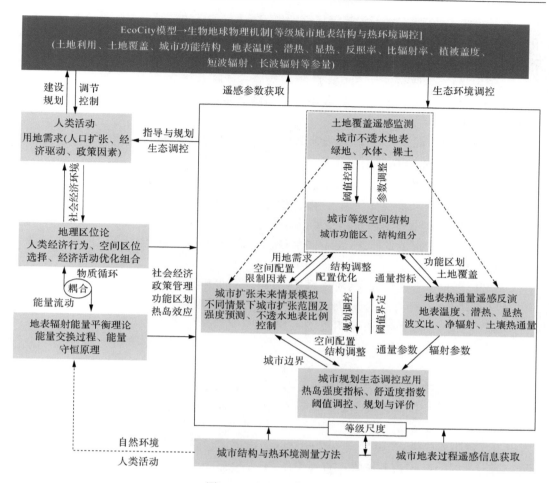

图 3.1　EcoCity 模型结构

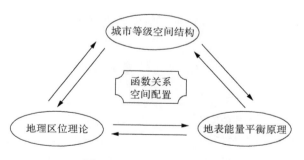

图 3.2　EcoCity 模型原理

三、模型功能模块设计

　　EcoCity 模型整体功能完整,模块结构优势互补,整合先进模型算法,通过长期的观测数据与实验数据,进行参数本地化,提高模型模拟与预测精度。模型对不同分辨率遥感原始数据源加工处理,建立不同等级尺度的地表结构与过程的衍生数据,耦合城市用地需求(政策、人口、经济、投资)、空间配置、制约条件等因素,来挖掘系统内部信息并进一步开展模拟与预测,服务于生态城市建设规划生态调控的目的。

EcoCity模型主要包括如下模块:

1)土地覆盖遥感监测模块:提取城市土地覆盖类型,包括不透水地表比例、绿地、水域及其他用地;

2)城市等级空间结构模块:提取城乡边界信息,城市功能区信息,统计不同功能区城市不透水地表和绿地比例及面积;

3)地表通量遥感反演模块:基于遥感-地面同步观测数据参数本地化,定量反演城市大气短波、长波辐射和地表显热通量、潜热通量、土壤热通量、波文比、人为热源等高精度时空信息,提取城市地表温度及相关参量各项指标;

4)城市扩张未来情景模块:在不同情景的设定下,模拟与预测未来城市扩张范围及空间扩张强度以及内部土地覆盖状态;

5)城市规划生态调控模块:对模型中众多变量间相互作用关系进行综合分析,开展城市人居环境指标评价,发掘城市地表热环境生态调控阈值。

该模型系统的设计遵循以下几个方面要求:

1)数据规范性:遥感数据应满足城市规划要求的空间分辨率;基础数据与辅助数据应符合地理信息规范(坐标系一致性、格式标准化等);

2)功能全面性:以土地利用/覆盖遥感监测与辐射热通量平衡为方法论,以多源遥感数据为基础,充分挖掘城市规划结构布局的有效信息,反演与模拟关键参数,生成城市精细尺度数据产品,以满足城市生态调控应用与城市规划不同层次的需求;

3)功能可操作性:该模型系统设计充分考虑遥感信息提取采用界面操作方式,优化模型功能结构模块,使得系统操作直观简便,可视化程度高,模型参数输入、数据维护通过人机交互的方式实现。

第二节　模型算法与参数化方案

一、模型参数输入输出

模型系统基本功能设计主要包括输入与输出功能、可视化人机交互操作功能、系统通用功能。模型系统输入与输出功能包括数据输入、数据另存、文件格式转换、数据投影转换;可视化人机交互操作功能包括图像处理子模块、专题图制作、空间属性检索查询;模型系统通用功能包括影像纠正、辐射定标、图像融合、图像裁剪、缓冲区分析、波段运算、空间插值、栅格统计、矢量统计、动态变化分析、监督分类、非监督分类、线性光谱混合模型、矢量栅格化处理功能。同时,模型系统涉及五大功能模块,通过模型的参数输入、模型系统模块的操作实现模型结果的输出(图3.3)。

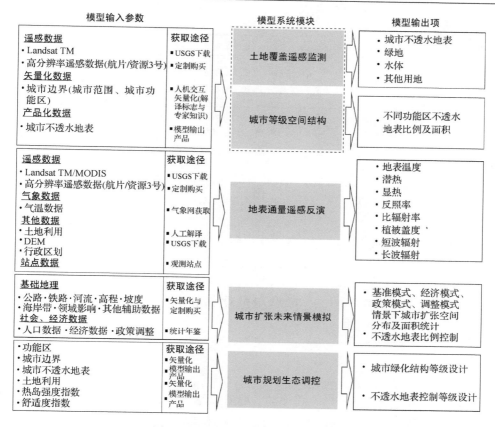

图 3.3　EcoCity 模块输入与输出框架

1）城市等级结构模块。包括土地覆盖遥感监测和城市等级空间结构模块。输入参数：城乡边界、城市功能区、城市不透水地表和公共绿地信息；输出参数：不同功能区不透水地表和绿地面积以及比例。

2）地表通量遥感反演。输入参数：Landsat TM、MODIS，气象观测、土地利用数据；输出参数：地表温度、辐射、通量各项指标。

3）城市扩张未来情景。输入参数：用地需求（政策、人口、经济、投资），空间配置（空间概率回归），土地利用现状，限制性因素，不透水地表现状；输出参数：不同情景未来城市扩张不透水地表和绿地比例控制。

4）城市规划生态调控模块。输出参数：城市内部以及不同功能区不透水地表比例调控阈值、热岛强度指标（波文比）、舒适度指数（潜热比）（表 3.1）。

表 3.1　模型系统模块输入与输出信息

模块名称	子模块名称	输入项	输出项
城市等级结构模块	土地覆盖信息提取	Landsat TM、高分一号、资源 3 号、Quickbird 等	城市不透水地表、绿地、水域和其他用地
	城市等级空间结构	城市边界、城市功能区、城市不透水地表	不同功能区不透水地表、绿地等面积比例及面积；城市内部不透水地表比例

模块名称	子模块名称	输入项	输出项
地表通量遥感反演		Landsat TM、MODIS、气象观测、土地利用数据等	地表温度、潜热、显热、土壤热通量、波文比、人为热源、反照率、短波辐射、长波辐射等
城市扩张未来情景	基准模式	距城市中心距离、距城市副中心距离、距海岸带距离（备选项）、公路、铁路、河流、高程、坡度、邻域影响、其他辅助数据、各模式参量（基准、经济、政策、调整）	不同情景未来城市扩张空间范围及强度统计；内部不透水地表、绿地覆盖类型比例
	经济模式		
	政策模式		
	区域调整模式		
城市规划生态调控模块		城市边界、功能区、土地利用、不透水地表比例、热岛强度指标	城市地表热环境调控不透水地表、绿地调控阈值指标；人居环境规划舒适度指标

二、模型参数化与算法

（一）土地覆盖遥感监测模块

1. 功能说明

土地覆盖遥感监测是 EcoCity 模型的重要组成部分。土地覆盖遥感监测模块集成遥感影像通用操作模块，包括遥感影像校正、遥感图像增强、遥感图像专题分类等。

（1）遥感图像校正

在遥感成像时，由于各种因素（地形、传感器角度、大气等）的影响，遥感图像存在一定的几何畸变和辐射量的失真现象。因此，在对土地覆盖提取时需要对所获得的遥感图像进行校正。遥感图像校正分为辐射校正和几何校正两个方面，充分考虑地形、大气折射等因素，利用定量计算对遥感图像进行校正。

（2）遥感图像增强

在遥感图像分类过程中，一般图像融合后目视效果和有用信息不突出，需要对影像进行图像增强处理。集成的遥感图像增强主要包括辐射增强、空间增强和光谱增强功能。辐射增强是通过单个像元的运算从整体上改善图像的质量，空间增强以重点突出图像上的特征为目的。

（3）遥感图像专题分类

1）城市不透水地表信息提取。模型系统集成"线性光谱混合像元分解模型"对影像进行不透水地表信息提取。通过高反照率、低反照率、植被及土壤 4 类光谱端元的线性组合来分解不同城市土地覆盖类型。"线性光谱混合像元分解模型"有效地避免了遥感分类中混合像元所带来的精度损失，按照 30m×30m 格网内比例信息表征不透水地表面积比例信息，分类精度相对较高。

2）水域信息提取。水域信息提取以 Landsat TM、资源 3 号与高分一号遥感数据源为基础,利用模型系统对遥感影像数据进行校正处理,然后再进行相应的数据预处理操作,结合遥感卫星数据波段的特点,运用归一化水域指数（NDWI）和人工解译改进的方法,提取水域信息。

基于遥感参数提取方法,采用面向对象的遥感分类提取方法。首先,在输入多光谱遥感数据基础上,通过计算归一化水域指数（NDWI）获得水域的增强信息;其次,对 NDWI 数据进行分割,初步获得水域与其他覆盖类型的分离,然后在分割图像上进行水域与其他样本信息的自动选择,加入更多图像波段,采用分类器进行图像分类,获得水域信息;再次,在水域信息提取的基础上,通过对水域单元的搜索获得工作单元的局部空间位置,并通过对各个单元进行缓冲区分析,选择确定局部（水库、沟渠、河流分别选取）信息提取的各个区域;最后,在各个局部区域内,不断重复图像（按照县域行政单元）分割和分类的过程,逐步逼近精细信息提取结果要求。

3）植被信息提取。向模型系统输入多光谱数据,首先提取 NDVI;其次,利用"线性光谱混合像元分解模型"获取植被信息;最后,在 NDVI 与"线性光谱混合像元分解模型"获取植被信息基础上进行人机交互方式对植被信息进行判断和筛选,保证信息提取的精度。

2. 输入数据

1）卫星数据源:Landsat TM（波段 1、波段 2、波段 3、波段 4）;
2）基础数据源:遥感解译标志数据及研究区范围（行政区划等）。

3. 计算过程

1）输入 Landsat TM 数据,利用系统通用功能对数据进行预处理（融合、辐射纠正等）。
2）通过线性光谱混合像元分解模型对 Landsat TM 进行处理,利用人机交互的方式选取端元特征值（高反照率、低反照率、植被、土壤）,进而获取城市不透水地表、植被等信息;利用 NDWI 与 NDVI 指数获取水域信息（图 3.4）。

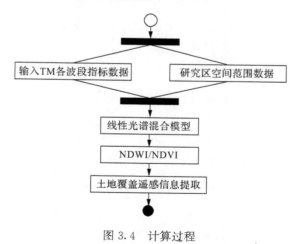

图 3.4 计算过程

4. 模型算法

（1）线性光谱混合像元分解模型

线性光谱混合像元分解模型是光谱混合像元分解中最常用的方法，可操作性较强。其定义为像元在某一波段的反射率是由构成像元基本组分的反射率以及其所占像元面积的比例为权重系数的线性组合。线性光谱混合像元分解模型如表达式（3.1）所示：

$$D_b = \sum_{i=1}^{N} m_i a_{ij} + e_b \tag{3.1}$$

式中，D_b 为波段 b 的反射率；N 为像元端元数；a_{ij} 为第 i 端元在第 j 波段的灰度值；m_i 为第 i 端元在像元内部所占的比例；e_b 为模型在波段 b 的误差项。该模型同时符合两个限制条件：

$$\sum_{i=1}^{N} m_i = 1 \tag{3.2}$$

$$m_i \geqslant 0 \tag{3.3}$$

（2）不透水地表信息提取

基于线性光谱混合像元分解模型，获取土壤、植被、高反照率和低反照率信息，高反照率与低反照率覆盖度之和为城市不透水地表信息，计算模型见公式（3.4）：

$$R_{(\text{imp},b)} = f_{\text{low}} R_{(\text{low},b)} + f_{\text{high}} R_{(\text{high},b)} + e_b \tag{3.4}$$

式中，$R_{(\text{imp},b)}$ 为第 b 波段不透水地表比例；$R_{(\text{low},b)}$、$R_{(\text{high},b)}$ 分别为第 b 波段低反照率和高反照率覆盖度；f_{high}、f_{low} 表示高、低反照率端元所占的比例，f_{high}、$f_{\text{low}} > 0$ 且 $f_{\text{high}} + f_{\text{low}} = 1$；$e_b$ 为模型残差。在进行不透水地表覆盖度计算之前，必须消除水和阴影的影响，因为水和阴影会与低反照率相混淆，影响不透水地表信息提取的精度。植被和土壤对不透水地表信息影响作后期处理。

（3）水域信息提取

水域在各个波长的波谱特性并不相同，通常从可见光到中红外波段，水域的反射率逐渐减弱，尤其是在近红外和中红外波长范围内其吸收更强。根据水域的波谱特性，采用比值运算建立并发展了对水域信息进行增强的水域指数，本节采用其中被认为是最经典的归一化水域指数（NDWI），其计算公式如下：

$$\text{NDWI} = \frac{\text{GREEN} - \text{NIR}}{\text{GREEN} + \text{NIR}} \tag{3.5}$$

式中，GREEN 为绿色波段；NIR 为近红外波段。NDWI 的计算，抑制了陆地植被等信息而突出了水域信息，同时可有效与阴影等信息进行区分。另外，在 NDWI 计算过程中，统一对 NDWI 数值进行了拉伸，可使不同传感器、不同成像条件的影像获得具有可比较的、相近统计特性的 NDWI 影像波段，便于后续建立统一的信息提取模型。同时，为了避免漏提水域信息，利用 NDVI 指数补充 NDWI 指数的不足与缺陷，计算公式如下：

$$\text{NDVI} = \frac{\text{NIR} - \text{R}}{\text{NIR} + \text{R}} \tag{3.6}$$

式中，NIR 为近红外波段；R 为红外波段。$-1 \leqslant \text{NDVI} \leqslant 1$，负值表示地面覆盖为云、水、雪等，对可见光高反射；0 表示有岩石或裸土等，NIR 和 R 近似相等；正值表示有植被覆盖,且随覆盖度增大而增大。

（4）土地覆盖类型统计

1）土地覆盖类型占比统计（以城市不透水地表为例）。

城市不透水地表比例 ＝（城市不透水地表面积／城市总面积）×100%　　（3.7）

2）土地覆盖类型相对变化率。

以获取的城市不透水地表类型某一阶段内相对变化率为例进行说明：

用单一城市不透水地表相对变化率反映城市变化的区域差异,计算公式为

$$R = \frac{|K_b - K_a| \times C_a}{K_a \times |C_b - C_a|}$$　　（3.8）

式中,K_a、K_b 分别为区域某一特定城市不透水地表监测期初及监测期末的面积；C_a、C_b 分别为研究区某一特定城市用地类型监测期初及监测期末的面积。

3）土地覆盖类型变化速率。

以城市不透水地表变化速度为例说明：

城市不透水地表变化的速度用城市不透水地表类型动态度表示,以表达区域一定时间范围内某种城市不透水地表的数量变化情况,表达公式为

$$K = \frac{U_b - U_a}{U_a \times T} \times 100\%$$　　（3.9）

式中,U_a、U_b 分别为监测期初及监测期末某一种城市不透水地表面积的数量；T 为研究时段长。当 T 单位设定为年时,K 为研究时段内某一城市不透水地表面积的年变化率。

5. 输出产品

1）城市不透水地表；
2）绿地；
3）水域；
4）其他用地。

（二）城市等级空间结构模块

1. 功能说明

基于模块空间分析技术,采用行政区划图、总体规划市域规划图、土地利用总体规划图,结合高分辨率遥感卫星影像,经"土地覆盖遥感监测"模块获取城市不透水地表、绿地、水域三大土地覆盖类型,与城市功能区信息量加以处理,对城市等级尺度下地表结构进行分析。

在模型等级尺度逻辑框架的基础上,首先以行政区划叠加城市总体规划市域规划图、城市不透水地表信息等要素确定行政区划范围内功能区划,进而统计分析不同功能区不透水地表、绿地等面积及比例。

2. 输入数据

1）城市边界；
2）城市功能区；

3）城市不透水地表、绿地等信息。

3. 计算过程

1）输入城市边界、城市功能区、城市不透水地表和绿地等三大功能要素数据；

2）提取评价单元的城市功能结构；

3）通过城市边界控制下城市功能结构与城市不透水地表数据叠置分析，计算不同功能区不透水地表、绿地面积及比例（图 3.5）。

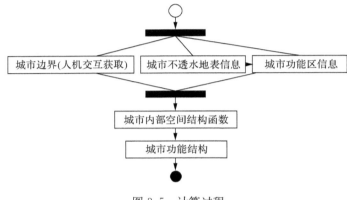

图 3.5　计算过程

4. 模型算法

城市内部空间结构是不同功能区土地覆盖组分配置的结果。EcoCity 模型利用"土地覆盖遥感监测模块"获取城市不透水地表、绿地、水域和其他用地（耕地、裸土等）；将功能区划分为商业用地、住宅用地、工业用地、公共设施用地、生态用地及其他用地（商居混合用地）。假设在满足划定城市功能区约束条件（城市各功能区无明确的界线，体现主导功能类型）、在准确利用遥感手段提取土地覆盖类型组分的基础上建立函数：

$$l = d \sum_{i=1}^{n} F_n L_n \qquad (3.10)$$

式中，l 为城市内部结构；d 为距城市中心距离；n 为城市功能区类型数；F_n 为城市功能区系数；L_n 为城市土地覆盖类型结构比例。城市区位与内部土地覆盖组分模式说明：靠近城市中心的不透水地表比例比远离城市中心的大，且土地覆盖类型相对简单，即 CBD 的城市不透水地表比例大，其他土地覆盖类型所占比例小；住宅用地城市不透水比例相对较高，绿地覆盖也占有一定比例；工业用地受用地结构影响，内部保有较多的原有植被或裸土地等，不透水地表比例相对较低。

5. 输出产品

不同功能区不透水地表比例及面积。

（三）地表通量遥感反演

1. 功能说明

利用系统模块，基于遥感、气象观测、土地利用/覆盖、辐射通量观测数据反演城市地表温度、潜热、显热、波文比、土壤热通量、反照率、比辐射率、植被覆盖度、短波辐射、长波辐射等参数。

2. 输入数据

1）Landsat TM；
2）MODIS；
3）气象观测；
4）土地利用/覆盖；
5）通量观测数据。

3. 计算过程

1）数据准备：确定遥感反演数据时间，获取相应 Landsat TM 及 MODIS 遥感数据，收集辐射通量、气象观测数据及 DEM 等数据；
2）地表温度反演：结合地表亮度温度、植被覆盖度及大气平均温度等参数获取地表温度信息产品；
3）可利用能量分解：利用 PCACA 模型对可利用能量进行分割，进而产生显热、潜热及波文比等参量信息产品；
4）统计分析及制图：对制作的各要素参数与统计范围进行叠加，统计各参量信息（图 3.6）。

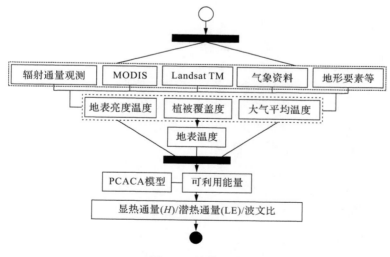

图 3.6 计算过程

4. 模型算法

EcoCity 模型地表通量遥感反演基于 PCACA 模型(参见本书第二章第五节)。

5. 输出产品

1) 遥感反演参数:地表温度、潜热、显热、波文比、土壤热通量、反照率、比辐射率、植被盖度、短波辐射、长波辐射;

2) 城市地表参数统计:对城市地表参数进行统计分析给出参数最大值、最小值、平均值等一般统计量;

3) 城市地表参数频率直方图绘制:绘制地面温度等参数频率直方图;

4) 城市热岛确定与分级:以城市地表温度、波文比频率直方图和城市地表温度、波文比分布图以及城市与周围郊区的界线叠量分析,计算地表热力场强度及城区与郊区温度的差值,确定城市热岛范围。

(四) 城市扩张未来情景模拟

1. 功能说明

根据城市用地需求(政策、人口、经济、投资)和利用空间配置(空间概率回归),预测未来不同情景下城市扩张状态及不透水地表、绿地面积比例。

2. 输入数据

距城市中心距离、距城市副中心距离、距海岸带距离(备选项)、公路、铁路、河流、高程、坡度、邻域影响、其他辅助数据、各模式参量(基准模式、经济模式、政策模式、调整模式)。

3. 计算过程

计算过程见图 3.7。

4. 模型算法

基于空间分析与人工神经网络(ANN)相结合的模型,充分考虑城市扩张模式、城市不透水地表、绿地面积比例结构、城市功能区、人口、地形与地貌、交通、限制因子(河流、地形等)及生态环境等要素,构建城市扩张与不同影响因子空间相互关系,预测城市扩张的空间分布及不透水地表、绿地面积比例。

$$U(t) = \frac{D_p}{D_t}(F_n \times \text{ISA}_p) \times A(t) \times S_z \tag{3.11}$$

式中,$U(t)$ 为研究区将来某一时期增加的城市土地数量;$\dfrac{D_p}{D_t}$ 为相应时期内不同情景增加的人口数量;F_n 为城市功能区系数;ISA_p 为城市不透水地表面积比例;$A(t)$ 为增加单位人口需要占用的城市土地面积;S_z 为综合要素指数(交通、河流、地形地貌等要素)(图 3.7)。

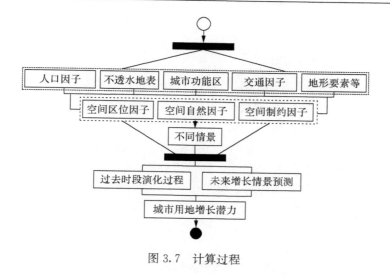

图 3.7　计算过程

5. 输出产品

1) 不同情景未来城市扩张(基准、经济、政策、调整);
2) 不透水地表、绿地比例控制。

(五) 城市规划生态调控模块

1. 功能说明

利用其他模块产生的不同功能区不透水地表、绿地面积比例、热岛强度指标(显热比)等参数,构建生态调控模块,主要包括城市热岛变化信息等级计算、城市绿化等级及不透水地表控制等级等指标。

获取两期城市热岛显热比数据,使用空间叠加分析功能,得到城市热岛强度变化数据,并利用城市热岛强度变化数据,依据不同等级热岛强度面积变化率、面积年变化率公式进行相应计算;同时,利用单位植被盖度潜热通量统计分析绿化工程"非常有效、有效、低效"等区域,定量对城市绿化工程进行评价;依据城市功能区、热岛效应、绿化工程效应等综合指标确定城市不透水地表、绿地比例调控阈值。

2. 输入数据

1) 城市边界;
2) 功能区结构;
3) 土地利用/土地覆盖;
4) 不透水地表、绿地比例;
5) 热岛强度指标(波文比)。

3. 计算过程

1）选择前期、后期同月份城市热岛数据；

2）叠加分析，提取同一像元在前、后两期城市热岛数据中对应的显热比强度；

3）比较两期热岛强度类型，确定热岛强度变化范围和变化类型；

4）生成城市热岛变化类型数据；

5）统计城市热岛空间范围总面积、城市热岛平均强度、城市热岛面积比例、城市热岛范围和强度年度面积变化率；

6）利用植被覆盖度与潜热参数获取单位盖度潜热比，评估城市绿化工程的"非常有效、有效和低效"的热调节强度（图 3.8）。

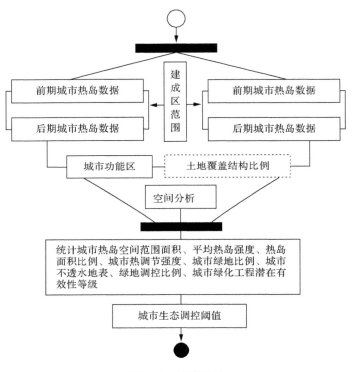

图 3.8　计算过程

4. 模块算法

（1）城市热岛强度变化信息等级

计算城区地表温度与郊区地表温度的差值，按照地表温度的差值将热岛效应分为 3 级：

强热岛区：

$$T_d \geqslant 5 \tag{3.12}$$

次强热岛区：

$$3 \leqslant T_d < 5 \tag{3.13}$$

热岛区：

$$3 > T_d \geqslant 1 \tag{3.14}$$

式中，T_d 为城区地表温度与郊区地表温度的差值，单位为℃。

（2）城市热岛范围年变化率

$$H_i = 100 \times (T_{i2} - T_{i1})/T_{i1} \tag{3.15}$$

式中，H_i 为单位时间类型 i 的城市热岛范围面积相对变化率，单位为百分比/a；T_{i1}、T_{i2} 分别为类型 i 的城市热岛在初始时间及结束时间点的面积。

（3）城市绿化生态调控阈值界定

$$\partial = \frac{LE}{VFC} \tag{3.16}$$

式中，∂ 为城市热调节强度（W/m²）；LE 为潜热（W/m²）；VFC 为植被覆盖度。

5．输出产品

1）城市热岛强度变化信息等级；

2）不透水地表、绿地生态调控阈值；

3）城市潜在绿化工程有效等级。

三、空间尺度推绎方法

尺度效应是影响城市规划空间信息的关键问题，特别对模型参数的输入与输出影响较大。本模型在系统研发过程中充分考虑了模型参数输入与输出的物理结构与逻辑结构问题，减小尺度效应带来的模型模拟精度影响。基本原理：在模型顶层设计上分为区域尺度、局地尺度、功能区尺度及建筑尺度；输入数据源分辨率按照尺度特征分为 500m～1km、250m～500m、15m～30m、0.5m～2.5m；按照不同尺度空间特征分国家、城市群、城市、城市内部、样点；模型在宏观尺度上解决区域尺度相应问题，在微观尺度实现模拟结果在城市规划建筑设计上应用。技术上以遥感信息为主要数据源，快速获取城市下垫面结构特征信息；同时，开展同步野外地面观测，在参数上解决遥感模型不确定性问题；分别在观测点与像元上开展尺度推绎，进而实现针对不同尺度空间信息的可获取性；在观测点与像元尺度上，遵循转换基本规律（能值守恒、误差最小化）构建尺度推绎物理函数，实现遥感模型参数尺度推绎（图 3.9）。

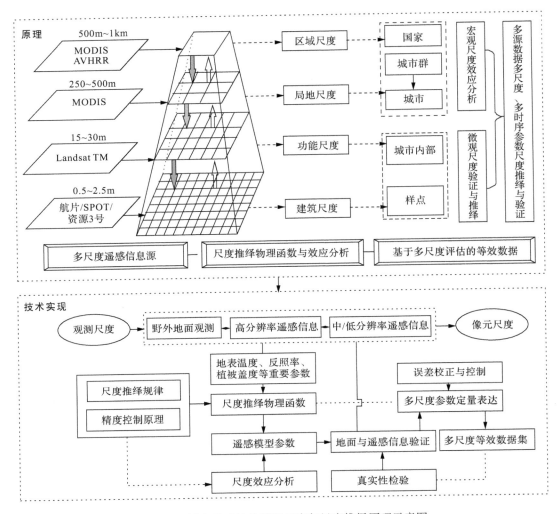

图 3.9　城市地表结构等级尺度与尺度推绎原理示意图

　　土地利用/覆盖数据是模型模拟的重要参数,不同尺度的数据转换在城市结构与城市扩张模拟过程中尤为重要。以土地利用矢量或栅格空间数据为例,针对土地利用数据矢量到栅格或不同分辨率栅格之间尺度推绎的面积精度损失以及空间布局不守恒问题,实现了一种面向亚区面积守恒的土地利用空间尺度推绎方法;同时,为地表辐射能量平衡问题实现像元贡献率拆分。具体包括将土地利用类型现状或动态变化数据进行矢量到栅格成分比例数据的自动化转换;各亚区内不同土地利用现状或动态变化面积统计分析;土地利用现状或动态空间数据的多尺度网格转换;土地利用空间预测与模拟亚区面积守恒控制与空间配置方法(图 3.10),土地利用尺度转换结果如图 3.11。

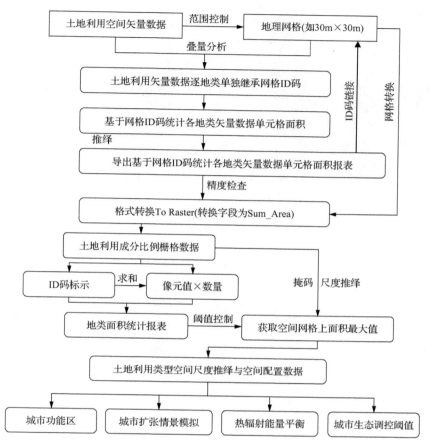

图 3.10　土地利用/覆盖数据尺度推绎技术流程

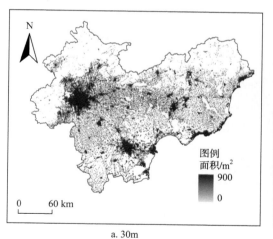

a. 30m

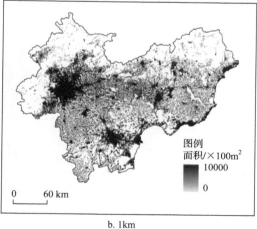

b. 1km

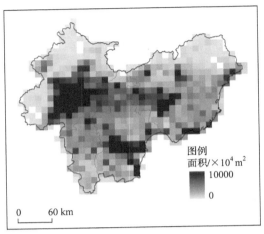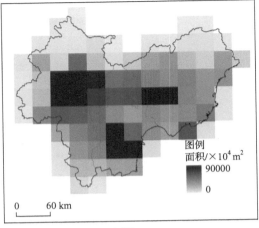

c. 10km　　　　　　　　　　　　　　　d. 30km

图 3.11　京津唐城市群城市不透水地表尺度推绎

第三节　模型运行环境与用户界面

一、模型运行环境

1. 系统开发工具软件

Arc Engine 10.2

Visual Studio 2010

2. 系统运行环境

Windows XP/Windows 7

. NET：Microsoft . NET Framework 3.5

ArcEngine Runtime 10.2

Office 2010

3. 硬件环境

模型运行软硬件环境见表 3.2。

表 3.2　模型运行的软硬件配置

类型	名称	详细信息
硬件	CPU	Intel/AMD 主频不小于 2G
	内存	不少于 2G，推荐 10G
	硬盘	不少于 256G
软件	操作系统	Windows 7
	支持软件	ArcSDE 10.2 for Oracle、ArcGIS10.2 Desktop

4. 关键点

系统设计遵循工程技术标准以及模型模块设计的技术要求,按照"分层设计、模块构建"的思想进行分项设计和实现。

1) 系统架构的层次包括:用户界面层、业务逻辑层、数据存储层、参数项输入层;可根据实际需要增加业务支撑层。

2) 采用组件模式,保持业务逻辑层或业务支撑层功能组件的"松耦合",且具有被封装为不同粒度"服务"的可能。

3) 对涉及参数本地化流程的模块,采用自动化与参数界面输入的工作流程,确保具有灵活的业务流程管理功能。

4) 采用数据持久化技术,且能够支持多种类型的数据库管理系统,实现多源数据"耦合"过程。

5. 关键技术

(1) 大数据量处理动态交换技术

随着遥感传感器技术和计算机存储技术的发展,国外与国产卫星影像的空间分辨率逐步提高,导致同一地区卫星影像的数据量呈几何级数增长。在地面使用处理时,计算机内存的容量便成了瓶颈。该模型模块将编写先进的大数据量动态处理技术,分块读写大数据量的卫星遥感影像数据,充分利用现有计算机的性能水平,使数据处理速度和效率得到大大提高。

(2) 自动化、流程化的数据处理技术

自动化、流程化是计算机人工智能发展的趋势,该模型将采用先进技术,在数据处理流程中智能触发下一级的操作,自动记录用户的最终操作结果(城市不透水地表、城市地表温度、实地观测本地化参数等),自动加载相关数据,减少人工操作和人工干预,提高了数据处理的速度和效率。

(3) 多源多格式数据协同遥感反演技术

在模型模拟与评价过程中,为了准确获取反演结果,必须引入多源数据。这些数据包括遥感影像(全色、多光谱、高光谱)、社会经济统计数据、地面监测数据和野外调查数据等。不同来源的数据有各自不同的存储格式,如遥感影像常见格式包括 GeoTiff、Erdas Img、Envi Img、Grid、HDF,社会经济统计资料常采用 Excel 等。因此,为了能在遥感反演过程中使用这些数据,该系统提供了上述格式的读取功能,以及部分格式的写入功能;同时,参数本地化采用界面输入交互式实现。

6. 约束条件

1) 数据本地化校验需实地观测为该系统的运行提供参数化数据源;

2) 硬件和软件应满足运行环境中所陈述的最低配置要求;系统作业人员应熟悉计算机的基本操作,并对城市生态环境、遥感业务有一定的了解。

7. 描述约定

本模型系统所涉及各项模块简称如下(表 3.3)。

表 3.3　系统通用工具、专题产品的简称

序号	名称	简称
1	生态城市模型	EcoCity
2	土地覆盖遥感监测	LCRSM
3	城市等级空间结构	CGSS
4	地表通量遥感反演	SFRSI
5	城市扩张未来情景模拟	CEFSS
6	城市规划生态调控	CUEC
7	通用工具	TYGJ
8	专题产品	ZTCP

二、系统用户界面

1. 界面设计原则

该模型系统界面设计应遵循以下原则:

1) 界面采用半开放式。设计时参数化采用半开放式(界面系数输入),必须获取的参数数据可手工输入,运行结果直接输出到用户界面。

2) 风格一致的设计。即所有系统界面,包括控件、信息提示、界面配色等都遵循统一标准,做到风格一致。所有具有相同含义的术语保持一致,且易于理解。

3) 拥有良好的直觉特性,逻辑结构强。采用逻辑结构式实现系统运行,运行每一步会提示下一步操作。

4) 系统运行具有较快的响应速度。

5) 专业用户与非专业用户均可使用。

2. 设计策略

在对功能需求及模型运算需求充分理解的基础上,对系统功能及模型处理流程进行了梳理,形成了总体设计策略,主要包括:

1) 以数据为中心,围绕着数据操作对界面进行设计,包括对菜单栏的划分、对工具栏的设置以及主操作界面的布局。突出了数据操作的直观性、便捷性等特点。

2) 以模型运算为主线,通过读取模型库动态生成各项子系统需求参数的界面,实现各项子系统的依附性与整体性。

3) 需求驱动,界面设计中考虑到系统以需求为驱动的特点,将需求模块(五大功能模块)列表放置在主界面中,便于直观方便地对系统任务状态进行了解及操作。

3. 界面总体结构

该系统采用 ArcGIS 的操作界面风格,兼顾其他遥感软件的操作特点,提供给用户友

好、方便、易于操作的人机交互界面。

　　该系统主界面从总体上可分为如下几部分,如图 3.12～图 3.14 所示。

图 3.12　系统主界面

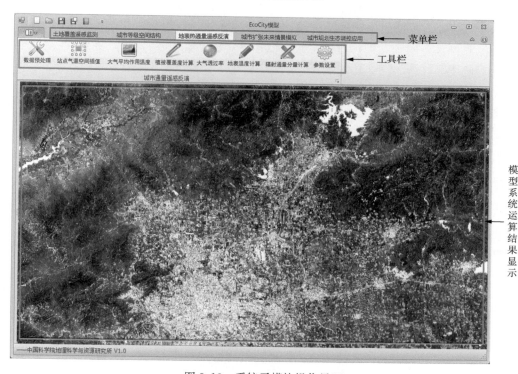

图 3.13　系统子模块操作界面

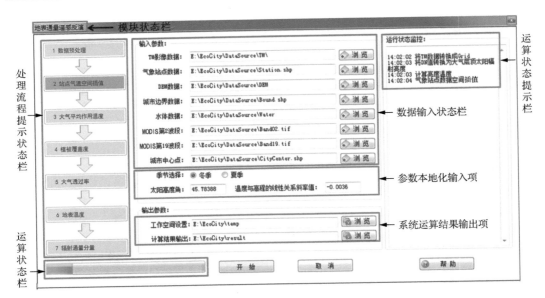

图 3.14　地表通量遥感反演系统界面

1）菜单栏：分类列出系统功能，提供下拉式的功能选项供用户调用。

2）工具栏：提供系统常用工具，可以点击右键选择要加载的工具栏。

3）子系统模块：显示子系统模块，单击加载各项子模块系统。

4）主视图区：数据的主要显示区域，分为两种模式，数据模式和制图模式，分步用来显示数据和制作专题图。用户可以在数据模式下对数据进行各种操作、处理，在制图模式下生成专题图。

5）模块状态栏：显示系统正处于模块系统状态。

6）数据处理状态栏：此区域显示系统等待执行和正在执行的任务，可以显示任务的具体状态；包括系统运算流程、运算状态栏、运算状态提示栏。

7）数据输入与输出项：包括模型参数输入与输出。

第四章   城市土地利用格局及覆盖组分时空分析

城市化和工业化是驱动城市快速向外扩张、加速自然生态用地向人工用地转换的重要因素,也是城市地表热环境加剧的主要原因。因此,如何有效地统筹布局好现有和潜在城市用地,实现城市内部生活空间、生产空间、服务空间和生态空间格局优化组合,事关国家整体城市化发展的质量。本章基于等级尺度城市地表热环境调控空间结构理论,应用国产和国外多源遥感信息源,刻画和表征城市和工矿用地扩张时空变化特征、城市内部不透水地表、绿地组分以及城市功能区内覆盖组分时空差异,进而揭示国家尺度、城市群尺度、城市尺度时空变化的基本规律以及不同社会制度背景下存在的差异。

第一节   中国城市与工矿用地扩张时空特征

改革开放以来,中国经历了快速的城市化和工业化过程,1990~2010 年城市人口比率从 26.4% 增长到 49.9%,增长了约 23.5%。截至 2012 年,居住在城市的人口已超过总人口的 50%。快速的城市化过程导致城市与工矿用地呈现大规模增长趋势。20 世纪 90 年代以来,中国城市用地以同心圆、飞地、轴向以及多极核 4 类的组合模式增长了 8235km²。在此过程中,人口、经济和土地管理法规是主要驱动力。21 世纪之交,中国实施了"西部大开发""东北振兴""中部崛起"国家发展战略,导致在最初 10 年间中国人工建设用地当中,高密度不透水地表城市用地以每年约 3540km² 的速度对外扩张,是 20 世纪 90 年代扩张速度的 2.15 倍。十八大召开以来,新一代领导集体提出新型城镇化战略,倡导提升城镇化质量,优化城市生活空间、生产空间、服务空间和生态空间格局,推进生态文明建设,预计约 2 亿人口在 10 年内将进入城市,这势必对国家范围的城市与工矿用地增长产生重大影响。中国 21 世纪以来城市高速连绵式蔓延态势也引起了科学家的关注与担忧,认为中国 21 世纪正呈现"冒进式增长"或"大跃进"等城市化现象,提出要对其城市和工矿用地扩张范围、程度和形态表现应用遥感和调查手段给予及时准确的监测,同时加强对其生态环境和全球气候变化影响的科学评估,进而提出科学的应对策略及相应的调控措施(陆大道,2007;Liu et al.,2010;匡文慧,2012;Kuang et al.,2013)。

2013 年 1 月以来,中国中东部地区,尤其是北京,出现 10 次以上近 52 年以来最严重的雾霾天气,给大气环境、群众健康、交通安全带来了严重危害。这一极端天气现象或与中国近 20 年来快速的城市和工矿用地扩张密切相关。城市和工业化是驱动社会经济发展和造成环境污染的"双刃剑",两者密不可分。基于连续遥感观测对近 20 年中国城市和工矿用地转换开展持续动态更新,揭示国家尺度 20 世纪和 21 世纪之交城市化和工业化驱动下的城市和工矿用地 20 年扩张的时空特征、程度与国家主要的政策、经济发展之间的关系,会对中国国家范围内快速城市和工矿用地扩张与中国加剧的环境影响之间的关系的理解提供重要的科学基础。

一、中国城市与工矿用地面积变化分析

中国城市和工矿用地面积从 1990 年的 $4.85 \times 10^4 \, km^2$ 增长到 2010 年的 $9.08 \times 10^4 \, km^2$，20 年间总计增长了 $4.23 \times 10^4 \, km^2$。其中，城市用地面积增长了 $2.59 \times 10^4 \, km^2$，约为 1990 年面积的 0.76 倍；工矿和交通用地面积增长了 $1.64 \times 10^4 \, km^2$，约为 1990 年面积的 1.16 倍。从时间变化分析，21 世纪城市用地扩张速度平均约每年 $3540km^2$，20 世纪平均每年 $1647km^2$，其中速度最快的为 21 世纪前 5 年，其次为 21 世纪第二个 5 年，然后是 1990～1995 年，速度最慢的时段为 1995～2000 年(图 4.1)。工矿和交通用地扩张速度呈现

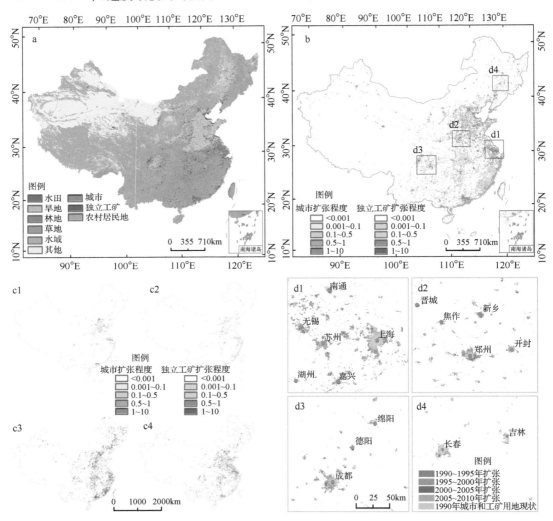

图 4.1　中国城市和工矿用地扩张时空格局分布图

a. 土地利用/覆盖现状；b. 中国城市和工矿用地扩张强度；c1、c2、c3、c4 分别是 1990～1995 年、1995～2000 年、2000～2005 年、2005～2010 年城市和工矿用地扩张强度；d1、d2、d3、d4 分别代表东部、中部、西部、东北典型城市和工矿用地扩张强度

逐渐增加趋势,1990～1995 年平均每年增长约 241km²,2005～2010 年平均每年增长约 1838km²。21 世纪工矿和交通用地呈现大规模增长,增长面积为 $1.40×10^4$ km²,约为 20 世纪的 5.79 倍。中国国家范围高精度遥感监测表明,21 世纪以来,中国人工建设用地增长呈现显著增强态势,对于城市发展、工矿交通用地两种类型,呈现不同的时空差异特征。

二、中国城市与工矿用地区域差异分析

中国城市和工矿用地增长呈现显著的区域差异特征。过去 20 年间东部沿海地区只有 10％的国土面积,集中了城市、工矿用地总增长面积的 59.32％;其中城市扩张和工矿用地增长面积分别为 $1.51×10^4$ km² 和 $1.01×10^4$ km²。总体上海岸区呈现 21 世纪初 10 年显著高于 20 世纪 90 年代特征,增长速度分别为每年 1874km² 和 635km²。海岸区 21 世纪前 5 年城市扩张速度高于后 5 年,但是工矿和交通用地增长速度低于后 5 年。城市用地增长面积最大的省份依次为广东省、山东省和江苏省,增长面积分别为 3303km²、2897km² 和 2462km²。工矿用地增长面积最大的省份依次为河北省、山东省和福建省,增长面积分别为 2177km²、1964km² 和 1576km²。结合图 4.1d1 空间增长动态程度分析,沿海地区京津唐、长三角、珠三角城市群快速增长,特别是长三角城市群增长速度最快。但是京津唐城市群首位城市北京市和长三角城市群首位城市上海市,20 世纪 90 年代呈现快速的城市扩张,21 世纪初 10 年由于超大城市资源环境约束,产业不断向周边城市转移,城市增长速度一定程度放缓,而城市群周边如京津唐城市群天津、唐山等城市增长速度显著增强。其次为中部地区,1990～2010 年城市和工矿用地增长面积为 $0.92×10^4$ km²,其中城市用地增长面积最大的省份为河南省和安徽省,增长面积分别为 1786km² 和 1045km²。工矿用地增长面积最大的省份为河南省和山西省,增长面积分别为 1082km² 和 1073km²。沿海地区 21 世纪前 10 年与 20 世纪 90 年代比较,城市用地和工矿用地显著增长。西部地区相对于 20 世纪 90 年代,21 世纪城市和工矿用地呈现持续快速增长,总增长面积为 $0.83×10^4$ km²(图 4.1d3);21 世纪初 10 年和 20 世纪 90 年代城市和工矿用地增长速度分别为每年 660km² 和 168km²,21 世纪增长速度约为 20 世纪 90 年代的 4 倍。西部地区城市用地增长面积最大的省份为四川省、云南省和重庆市,增长面积分别为 974km²、761km² 和 485km²(图 4.1d3)。西部地区工矿用地增长面积最大的省份为新疆维吾尔自治区、广西壮族自治区和内蒙古自治区,增长面积分别为 673km²、629km² 和 535km²。相对而言东北地区作为中国传统老工业基地,城市和工矿用地增长速度最慢,仅为每年 88km²,20 年总计增长了 $0.177×10^4$ km²。

三、中国城市与工矿用地类型转换分析

过去 20 年来中国城市和工矿用地扩张主要以占用耕地为主,导致耕地面积损失 $2.80×10^4$ km²(占城市与工矿用地扩张面积的 66％)。20 世纪后 10 年和 21 世纪初 10 年城市和工矿用地分别占用耕地面积 $0.83×10^4$ km² 和 $1.97×10^4$ km²,导致全国耕地面积损失 1.90％(图 4.2b)。海岸区省份是我国因建设用地增加而耕地面积减少最显著的

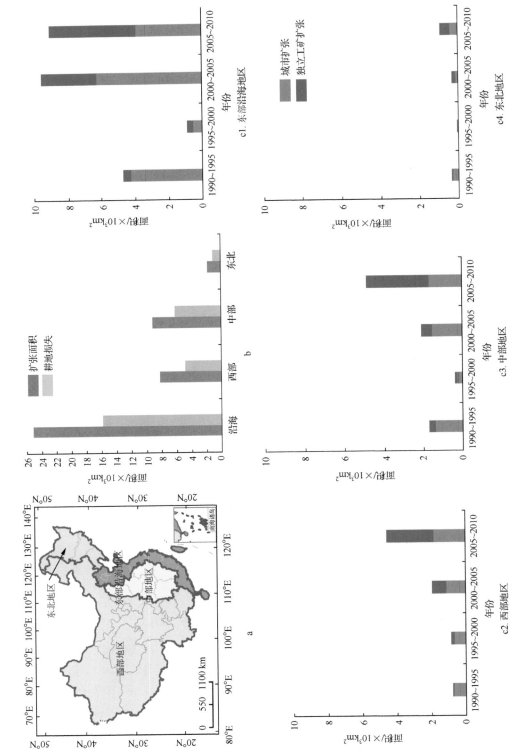

图 4.2　不同分区不同时段城市和工矿用地扩张面积比较

区域,过去 20 年东部沿海地区耕地损失面积占全国耕地损失总面积的 56.63%。黄淮海平原、长江中下游平原和华南国家粮食主产区集中了东部沿海地区京津唐、长三角和山东半岛城市群、珠三角城市群,由于城市快速扩张导致耕地大面积减少,与 20 世纪 90 年代相比较,2000～2010 年耕地占用情况更为严重。其次为中部地区和西部地区。中部地区,20 世纪 90 年代和 21 世纪初 10 年分别以每年 179km² 和 441km² 的规模占用耕地,过去 20 年共计占用耕地面积为 0.62×10⁴km²,其中 21 世纪占用耕地速度是 20 世纪占用耕地速度的 2.46 倍。西部地区共计占用耕地面积为 0.62×10⁴km²,其中占用耕地的 70% 发生于 21 世纪初 10 年。四川盆地是城市和工矿用地增长导致耕地损失的集中分布区,而东北老工业区城市扩张和工矿业开发占用耕地面积相对较少。从时间过程分析,21 世纪以来,在国家宏观政策的驱动下,城镇周边大量耕地资源被吞噬,主要集中于沿海地区和四川盆地高产量优质农田区域。在快速的城市化和工业化驱动下,城市周边区位条件优越、基础设施完备的大量优质农田被侵占,特别是一年多熟高产水田也被大面积占用。我国耕地面积变化正呈现由 20 世纪的受人工建设占用单个因素影响以东部区域减少为主,向 21 世纪人工建设用地占用和生态退耕两个因素影响全国范围内大面积减少转变,并在 21 世纪呈现面积急剧下降的趋势。中国人均耕地 1.35 亩,不到世界平均水平的 1/2,排在世界各国 126 位以后。根据国土资源部第二次土地调查数据,截至 2009 年 12 月 31 日,我国耕地面积为 20.31 亿亩。随着人口不断向城市集聚,对粮食消费需求的增加,城市化和工业化对粮食安全的影响受到国际社会的广泛关注。

四、中国城市与工矿用地扩张的驱动因素分析

(一)政策驱动

人工建设用地增长巨大的时空差异与中国过去 20 年国家宏观发展战略和土地利用政策法规密切相关。为了揭示区域发展战略与城市和工矿用地之间的直接作用关系,在土地利用变化区域差异分析中采用与区域发展政策相一致的分区范围。1978 年改革开放以来,中国进入了城市和工业快速发展新历程。随着 1984 年社会主义市场经济制度的试点,经济加速发展,城市和工矿业开始进入快速的增长阶段。由此,1990～1995 年,全国范围内兴起了"房地产热""开发区热",城镇空间迅速扩张,直接导致大量耕地被建设用地占用。国家和地方为阻止这一势头,相继出台了一系列保护耕地的法律法规。其中,国土资源部出台的《土地利用年度计划管理办法》,提出切实保护耕地特别是基本农田,运用土地政策参与宏观调控,促进经济增长方式转变,提高土地节约集约利用水平。根据全国范围遥感监测表明,20 世纪 90 年代中国城市和工矿用地增长速度由前 5 年 787km²/a 下降到后 5 年 278km²/a,耕地保护政策的实施对于调控我国城市和工矿业过度发展起到了积极的作用。21 世纪以来,我国加入 WTO 组织后,进入了新一轮高速的城市化与工业化进程。2000 年中央实施"西部大开发"战略、2004 年实施了"东北振兴"战略、2006 年实施了"中部崛起"区域发展战略。遥感评估表明,受这些政策的影响,21 世纪我国城市和工矿用地呈现显著的增强态势,特别是西部地区 21 世纪初与 20 世纪末比较,城市和工矿用地呈现显著加强态势。由图 4.3 可以总结发现,具有两类城市和工矿用地增长影响因

素,一类是 1993 年修改《土地管理法》和 1998 年颁布《基本农田保护条例》对城市和工矿用地增长起到抑制作用(绿点标示),第二类是"西部大开发"战略等国家区域发展战略对城市和工矿用地增长起到催化作用。

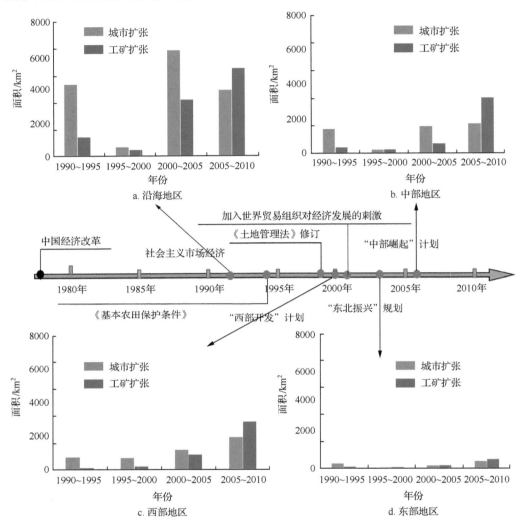

图 4.3　城市扩张政策因素影响时间变动图

(二) 人口经济投资驱动

城市人口增长、经济发展被认为是城市扩张的主要驱动力。分别根据城市扩张和工矿用地增长不同性质特征,分析其每隔 5 年 4 个时段中国 34 个省级城市扩张面积与非农人口变化,工矿用地增长面积与第二产业产值变化和工业固定资产投资变化之间的相关关系。由表 4.1 相关系数和 Sig 检验值分析表明,非农人口增长,也就是乡村人口不断向城市集中,与城市扩张高度相关,但是在 1995~2000 年相关性不显著,主要与该时段国家耕地保护政策有关。GDP 增长对城市扩张作用明显,1995~2000 年相关性不显著,特别是在 21 世纪初 5 年间国家经济高速发展驱动城市扩张作用特征明显,其次为 20 世纪 90 年代初 5 年间。由表 4.1 可见,工矿用地扩张与工业产值和工业固定资产投资之间相关显著性不强,相对而言 21 世纪初 5 年作用较明显。从工矿用地增长区域差异分析表明,西部山西、内蒙古、河北等省(自治区)具有较高的增长速度,由此可见,工矿用地增长与重大交通设施建设和地区矿产资源开采状况具有更直接的关系。

表 4.1　城市和工矿用地增长与城市人口增长及经济发展的关系

变量	1990~1995 年 城市扩张	1995~2000 年 城市扩张	2000~2005 年 城市扩张	2005~2010 年 城市扩张
非农人口变化	0.829(0.00)	0.666(0.00)	0.81(0.00)	0.80(0.00)
GDP 变化	0.773(0.00)	−0.181(0.307)	0.815(0.00)	0.602(0.00)
变量	1990~1995 年 工矿扩张	1995~2000 年 工矿扩张	2000~2005 年 工矿扩张	2005~2010 年 工矿扩张
工业产值增加值	0.557(0.01)	0.418(0.014)	0.598(0.00)	0.483(0.004)
固定资产投资	0.493(0.003)	0.487(0.003)	0.536(0.001)	0.495(0.003)

注:$n=34$,系数为 Pearson 相关系数,( )为 Sig. 重要性检验,0.00 为高度相关。

(三)驱动因素定性分析

根据城市和工矿用地增长与不同时段国家发展战略和人口经济相关定量分析,综合诊断 4 个亚区 10 个以上省份实地调研情况,评定过去 20 年 4 个时段国家战略和土地政策、人口经济等因素对城市扩张和工矿用地增长影响的贡献程度等级。表 4.2 表明,1990 年以来社会主义市场经济制度对城市扩张和工矿用地增长起到积极的作用,具有重要驱动作用。基本农田保护法规对 1995~2000 年城市和工矿用地增长起到重要的抑制作用。对于城市增长而言,城市人口增长和经济发展是影响其增长的重要驱动力。能源、铁路、公路、港口、机场和水利等重大基础设施项目建设用地需求,对工矿用地扩张驱动作用明显。概括而言,20 世纪 90 年代前 5 年由于经济快速发展和工业区新建导致城市和工矿用地快速增长,后 5 年国家基本农田保护制度实施对扭转城市和工矿用地快速扩张趋势起到重要作用。进入 21 世纪,国家经济高速发展和一系列重大工程实施促进了城市和工矿用地快速增长,特别是西部开发战略导致西部地区城市和工矿用地与 20 世纪 90 年代相比较,增长速度明显加快。东北振兴战略对城市和工矿业发展也有一定程度影响。

表 4.2　1990~2010 年城市和工矿用地扩展的影响因素

时段	1990~1995 年	1995~2000 年	2000~2005 年	2005~2010 年
社会主义市场经济	++	−	++	++
基本农田保护规划	+	++	+	+
城市人口增长	++(U)	−(U)	++(U)	++(U)
工业固定资产投资	+(I)	−(I)	+(I)	+(I)
经济发展刺激	++	−	++	++

续表

时段	1990~1995 年	1995~2000 年	2000~2005 年	2005~2010 年
重大工程建设	+	－	++	++
西部开发战略			++(W)	++(W)
中部崛起战略				+(C)
东北振兴战略				+(N)

注：++为产生重要驱动作用，+为产生一定驱动作用，－为几乎没有影响；W 代表西部地区；C 代表中部地区；N 代表东北区域；U 代表主要针对城市扩张，I 代表工矿用地增长。

第二节　不透水地表格局变化时空特征分析

一、中国不透水地表增长格局以及时空特征分析

(一) 中国不透水地表增长格局空间分析方法

人工建设用地、城市用地以及不透水地表增长区域差异分析应用土地利用动态度模型，表达式为

$$S = \left\{ \sum_{ij}^{n} (\Delta S_{i-j}/S_i) \right\} \times (1/t) \times 100\% \tag{4.1}$$

式中，S_i 为监测开始时期人工建设用地、城市用地与不透水地表总面积（km²）；ΔS_{i-j} 为由监测开始至监测结束时段内从 i 类型用地转换到人工建设用地、城市用地与不透水地表的增长面积（km²）；t 为时间段（年）；S 为人工建设用地、城市用地与不透水地表增长动态度（%）。

不透水地表信息遥感调查以及生态环境影响观测实验研究，发现流域内不透水地表面积比例与生态系统潜在健康状况存在显著的相关性。Bierwagen 等（2010）评价未来城市不透水地表增长会影响流域水生态系统健康以及水环境的潜在状况。不透水地表面积增加将加速地表径流，将污染物直接以径流的形式带入河流，对河流水生态系统造成严重影响，加剧流域水生态系统的脆弱性。当流域内不透水地表面积比例小于 1%，对流域水生态系统无影响（unstressed）；当流域内不透水地表面积比例为 1%~5%，造成轻微影响（lightly stressed）；当不透水地表面积比例为 5%~10%，造成中度影响（stressed）；当不透水地表面积比例为 10%~25%，造成重度影响（impacted）；当流域不透水地表面积比例大于 25%，将产生严重影响（damaged）。

子流域不透水地表指数模型公式为

$$\mathrm{WIS}(\beta)_{\mathrm{index}} = \left(\sum_{n=1}^{m_\beta} P_{\beta,n} \times A_{\beta,n} \right)/S_\beta \times 100\% \tag{4.2}$$

式中，$\mathrm{WIS}(\beta)_{\mathrm{index}}$ 为第 β 个子流域内不透水地表指数（%）；P_n、A_n 为子流域第 n 个单元网格不透水地表比例（%）与像元面积（km²）；m_β 为第 β 个子流域像元总数；S_β 为第 β 个子流域总面积（km²）。流域内不透水面积比例不同阈值等级对流域生态系统健康状况产生

的潜在影响具体公式如下:

$$\mathrm{WIS}\,(\beta)_{\mathrm{index}} \in \begin{cases} 0 \sim 1\% & \text{无影响} \\ 1\% \sim 5\% & \text{轻度影响} \\ 5\% \sim 10\% & \text{中度影响} \\ 10\% \sim 25\% & \text{重度影响} \\ 25\% \sim 100\% & \text{严重影响} \end{cases} \tag{4.3}$$

　　基于 2000 年与 2008 年不透水地表空间信息(图 4.4),中国 21 世纪初 8 年间不透水地表面积增长了 17 697.88km²,其中城市不透水地表面积增长 10 790.80km²,占不透水地表面积增长的 60.97%。从增长速度来看,不透水地表以 2212.24km²/a 的速度增长,其中城市不透水地表以 1348.85km²/a 的速度增长。从增长比例来看,21 世纪初 8 年间中国人工建设不透水地表与城市不透水地表增长分别占 2000 年不透水地表与城市不透水地表面积的 28.02% 和 53.30%。从 2000~2008 年,中国不透水地表面积占人工建设用地的平均比率从 36.42% 增长到 41.08%。城市不透水地表面积占城市用地平均比率从 61.50% 增长到 65.91%。由此可见,城市建成区中不透水地表密度远远高于由农村居民地以及交通独立工矿用地组成的人工建设用地中不透水地表的密度。从全国范围总体情况来看,人工建设用地与城市用地的人工硬化地表建筑密度略有升高。特别是,城市内部的建筑屋顶、道路路面、硬化广场等不透水地表面积比例增加,反而绿地、水域等生态用地以及被包围的裸土、农田等面积比例下降。21 世纪初 8 年间,随着城市化、工业化进程加快,不仅不透水地表面积高速增长,而且城市内部人工硬化建筑地表的密度也呈现增加的态势。

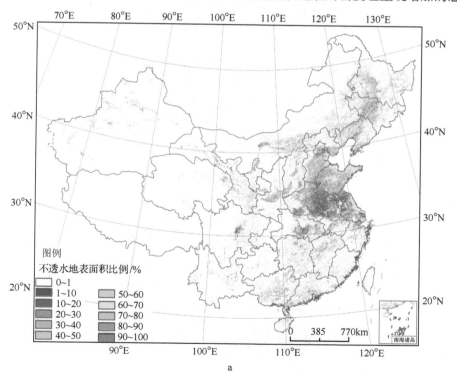

a

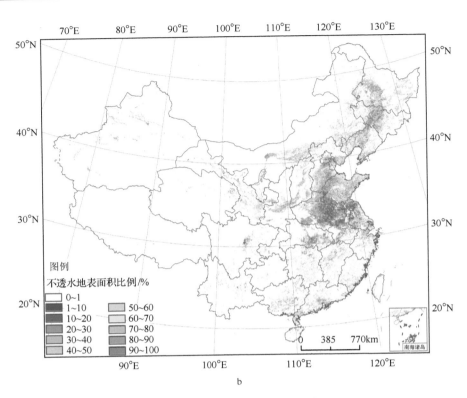

图 4.4　中国不透水地表空间分布图

a. 2000 年；b. 2008 年

　　不透水地表增长的整体空间特征与人工建设用地增长的态势基本相似。2000～2008
年广东、江苏、浙江、山东 4 省人工建设不透水地表增长面积均超过 1000km²，广东省不透
水地表面积增加了 1940.98km²，仅次于长三角区域内的江苏省（增长面积 1980.10km²）。
河北、上海、安徽、福建、河南、四川、新疆人工建设不透水地表增长面积超过 500km²，陕
西、甘肃、宁夏等增加面积基本上保持在 200km² 左右。从增长的幅度来看，不透水地表增
长速度最快的是浙江与福建两省，增长幅度均超过了 10%。从增长的面积来看，珠江
三角洲、长江三角洲、京津唐城市群同为我国社会经济发展的三大增长极，不透水地表
面积增长较快（图 4.5）。由于西部大开发战略的实施，西部部分地区不透水地表增速
明显，重庆、西藏、宁夏、四川等省（自治区、直辖市）保持较高的动态度（6%～10%）。
增幅最大的是新疆，增加面积达到 533.90km²。我国的东部地区不透水地表面积增长
速度相对较慢。

　　城市不透水地表面积增长存在显著的区域差异，分析可知，江苏、山东、广东 3 省城市
不透水地表增长面积均超过 1000km²；城市不透水地表增长面积为 500～1000km² 有 2 个
省份，为浙江省与河南省；海南、贵州、西藏、青海、香港城市不透水地表增长面积不到
100km²。21 世纪初 8 年间城市不透水地表增长速度最快的是浙江、江苏、福建等沿海省
份；中部的江西省、安徽省以及西部宁夏回族自治区，城市不透水地表增长的动态度均大
于 10%；其次为西部地区四川省、西藏自治区、重庆市，城市不透水地表增长的动态度均

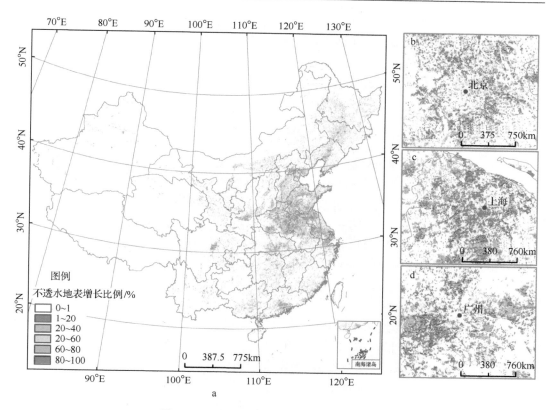

图 4.5　21 世纪初 8 年不透水地表增长格局

a. 中国 1km×1km 栅格内不透水地表增长比例；b. 北京城市 250m×250m 栅格内不透水地表增长比例；c. 上海
城市 250m×250m 栅格内不透水地表增长比例；d. 广州城市 250m×250m 栅格内不透水地表增长比例

为 9%～10%；再次为中国中部的湖南、湖北、河南等省份；我国的黑龙江省、吉林省等东部地区城市不透水地表动态程度相对较低。8 年间城市不透水地表增长的总体趋势是，长三角、珠三角与京津唐城市群以及西部部分省份增长速度较快，其中长三角城市群增长的速度最快，其次为珠三角城市群。

　　受城市形成的自然地理基础、城市形态和城市规划等因素的影响，各省份城市不透水地表的覆盖比例差异较大。西部地区由于受到地形地貌的影响以及布局相对紧凑，不透水地表密度相对较高。东南部多数城市依山傍水，建成区内受河流分割等的影响，不透水地表比例相对较低。分析可知，中国城市内部空间结构组成的基本规律为城市面积越大，不透水地表比例相对越高；低纬度城市（东南方城市）比高纬度城市（西北方城市）的不透水建筑密度要低。由图 4.5 发现，城市不透水地表主要沿着城市边缘增长。特大城市相对中小城市具有更高的不透水地表面积比例。

　　通过中国人工建设与城市不透水地表增长分析表明，21 世纪初 8 年间沿海省份以及传统的三大城市群不透水地表面积增长较快，尤其是长三角城市群不透水地表增长速度最快。但是，三大城市群的首位城市，由于资源环境压力，城市的发展重心呈现由特大中心城市向周边城市转移，如北京、上海等城市总体增长的动态程度放缓，反而其周边城市不透水地表的增长速度大幅增加。受西部大开发战略的影响,西部主要城市的不透水地表增长动态程度显著增加。人工建设不透水地表的快速增长在一定程度上增加了我国沿海地区以及西部地区的生态环境脆弱性。我国东北与中部省份尽管21世纪初受到东北老工业基地振兴以及中部崛起等国家国土开发战略的影响,但是,总体上不透水地表增长速度缓慢。

(二)中国子流域不透水地表面积比例阈值等级分布特征分析

根据中国流域单元划分包括长江、黄河、珠江、淮河、辽河、海河、松花江7个一级流域和西南、西北、东南诸河3个内陆河流域,全国共计79个二级流域以及2768个子流域。基于2000年与2008年不透水地表空间信息与中国子流域界线叠置分析(图4.6),并结合表4.3分析可知,2000年中国不透水地表面积比例高于1%的子流域总面积为117.96万km²,占土地总面积的12.43%。其中,不透水地表面积比例在1%～5%与5%～25%的子流域面积分别占到土地总面积的10.55%与1.85%;不透水地表面积比例大于25%的子流域面积为2845km²,占土地总面积的0.03%,主要分布在海河流域。2000～2008年中国不透水地表面积比例高于1%的流域增长了18.83万km²,到2008年占土地总面积的14.42%,其中不透水地表面积比例大于25%的子流域面积增长了7409.58km²,与2000年相比增加了2.6倍,主要集中于海河流域、长江和珠江流域。由图4.6可以发现,子流域不透水地表面积比例大于25%(高密度分布区)以及8年间不透水地表面积集中增长的子流域主要分布在我国沿海人口相对密集、耕作条件较好的农区。

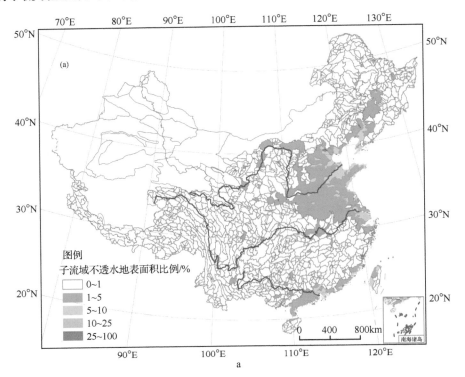

图例
子流域不透水地表面积比例/%
0～1
1～5
5～10
10～25
25～100

0　400　800km

南海诸岛

a

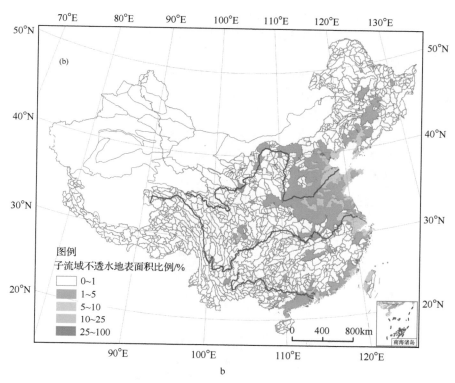

b

图 4.6　中国各等级不透水地表子流域空间分布图

a. 2000 年；b. 2008 年

表 4.3　中国各流域不透水地表各等级比例子流域面积

流域	2000 年子流域面积/km²				2008 年子流域面积/km²			
	1%～5%	5%～10%	10%～25%	25%～100%	1%～5%	5%～10%	10%～25%	25%～100%
长江流域	127 662	8 057	10 397	2	149 689	38 128	17 365	2 292
黄河流域	167 785	14 458	0	325	204 601	18 734	582	325
珠江流域	104 708	9 252	8 031	191	112 651	3 552	12 274	3 559
松花江流域	53 479	1 276	676	19	65 315	1 730	676	19
辽河流域	72 403	21 119	114	12	69 934	27 112	115	12
淮河流域	256 082	46 340	3 357	15	221 356	82 562	9 283	23
海河流域	159 096	30 067	8 643	2 168	152 987	48 165	10 057	3 901
西北诸河	15 236	0	0	0	15 592	0	0	0
西南诸河	1 642	0	0	0	1 642	0	0	0
东南诸河	43 084	13 846	20	113	57 832	30 484	5 277	125
总计	1 001 177	144 415	31 238	2 845	1 051 599	250 467	55 629	10 256

除西南与西北诸河外，8 年间受不透水地表快速增长的影响，中国其他流域呈现子流域不透水地表面积比例等级不同程度的加重态势，集中分布在淮河、海河、黄河、长江与珠江五大流域（图 4.7）。8 年间导致部分子流域不透水地表面积比例加重 2 个等级，主要包

括子流域不透水地表面积比例从 0%~1% 到 5%~10%,从 1%~5% 到 10%~25% 或从 5%~10% 到 25%~100%,共有 65 个子流域,约 19.79 万 km²;子流域不透水地表面积比例加重 1 个等级,如从 10%~25% 到 25%~100%,共有 79 个子流域,约 17.30 万 km²。由此可见,21 世纪以来,随着中国快速的城市化、工业化,人工建设用地的高速增长,我国七大流域均受到人工建设不透水地表分布带来的压力与影响,其中海河、淮河、长江、黄河以及珠江流域最为严重。8 年间出现子流域不透水地表面积比例大于 25% 阈值等级的流域由 1 个增长到 3 个,其中长江流域与珠江流域增长最快。我国沿海三大城市群——长三角、珠三角以及京津唐城市群是人工建设不透水地表增长最快的区域,也是子流域不透水地表高密度集中分布的区域。

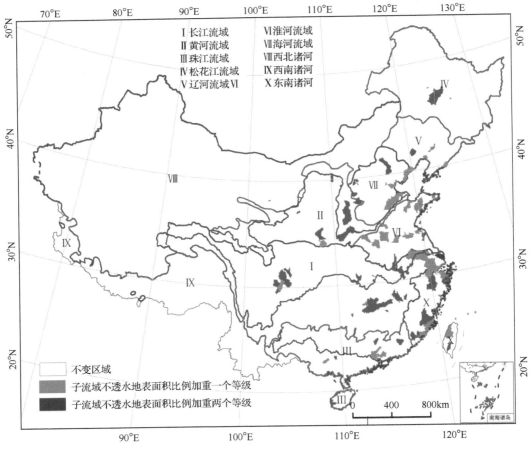

图 4.7　中国 21 世纪初 8 年间子流域不透水地表面积阈值等级加重分布图

二、城市群不透水地表时空格局分析

基于遥感解译的中国土地利用/覆盖数据分析表明,2000~2008 年京津唐城市群城乡建设用地面积总计增长了 1384.53km²,以每年 173.07km² 的速度增长。其中城镇用地增长是其主要增长类型,占总增长面积的 65%,8 年间城镇用地面积增长了 899.95km²,增长面积是 2000 年城镇用地总面积的 44%;农村用地增长占总增长面积的 11%,城镇以外的厂矿、大型工业区、交通道路、机场等独立工矿用地增长面积占总增长面积的 24%。城乡建设用地不透水地表增长遥感信息分析表明,8 年间城乡建设用地不透水地表增长了 1160.22km²,以每年 145.03km² 的速度增长,城镇不透水地表面积占总增长面积的 55.45%,农村不透水地表面积占总增长面积的 21.97%,城乡工矿用地面积占总增长面积的 34.17%(图 4.8)。研究区 8 年间城镇不透水地表面积从 1579.59km² 增长到

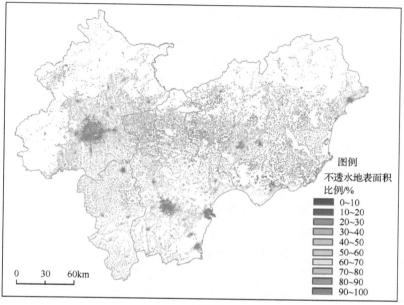

a. 2000年

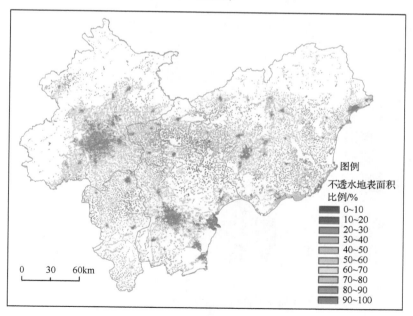

b. 2008年

图 4.8 京津唐城市群不透水地表空间信息

2222.95km², 总计增长了 643.36km², 以每年 80.42km² 的速度增长。总体上, 京津唐城市群在 21 世纪初 8 年间受国家新一轮国土大开发的影响, 作为中国三大城市群新的增长极, 城乡建设用地大规模增长, 城市呈现快速的向外蔓延态势。

　　京津唐城市群由于北京、天津以及河北(唐山、廊坊、秦皇岛)3 市的城市性质、规模、职能的不同呈现不均衡的发展态势, 2000~2008 年城乡建设用地以及不透水地表增长呈现明显的区域差异特征。比较分析 2000 年与 2008 年北京、天津以及河北 3 市城乡建设用地不透水地表占城乡建设用地的比例, 发现北京市不透水地表密度最高, 其次为天津市; 河北唐山、廊坊与秦皇岛城市不透水地表面积比例最低。21 世纪初 8 年间京津唐城市群的城乡不透水地表快速增长, 北京市作为城市群的首位城市, 不透水地表面积以每年 41.61km² 的速度增长了 332.84km², 增长比例占 2000 年不透水地表面积的 26.64%; 天津市作为城市群的第二大城市, 不透水地表以每年 39.49km² 的速度增长了 315.91km², 不透水地表增长的比例占 2000 年不透水地表面积的 36.66%; 河北 3 市不透水地表以每年 63.93km² 的速度增长了 511.47km², 比例占 2000 年不透水地表面积的 39.62%。其中河北唐山、廊坊与秦皇岛 3 市以及天津市城乡不透水地表面积增长比例相对而言比北京市更快。这与北京特大城市人口-资源-环境的压力和区域发展战略以及土地利用政策调整的影响、21 世纪城市群发展重心呈现由特大中心城市向周边城市转移、京津唐城市群经济结构调整以及天津滨海新区快速发展密切相关。由于为迎接 2008 年奥运会, 北京城市绿化工程建设力度增加, 北京五环路到六环路沿线绿化工程成效显著, 而且北京城镇用地不透水地表面积基数较大, 不透水地表增长比例与天津、河北 3 市相比较小(图 4.9)。

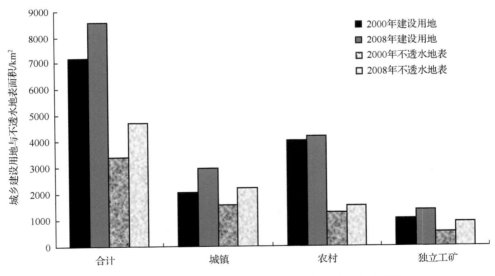

图 4.9　京津唐城市群城乡建设用地不透水地表面积变化图

城市-乡村不透水地表时空变化的空间梯度分析对于认识由人工建筑景观到乡村自然景观过渡的时空效应具有重要意义。基于 GIS 欧几里得(Eucdistance)空间分析功能，以北京、天津与唐山城市中心到乡村划分为城市核心区、城市边缘区、城市近郊区以及乡村地区，将其欧几里得距离与 2000 年、2008 年不透水地表进行空间叠置分析，计算在 0～60km 内每隔 10km 的城乡不透水地表面积比例(图 4.10)，并分别对各梯度带反映的城市不透水地表景观特征、建设用地密度进行对应的分析。分析表明，北京城市不透水地表比例大于 50% 的高密度分布区位于城市中心外围的 20km 以内，而天津与唐山位于城市中心到外围的 10km 以内。

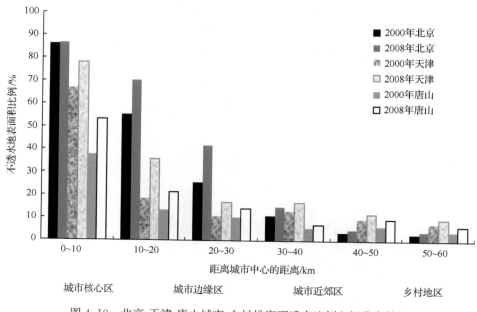

图 4.10 北京-天津-唐山城市-乡村梯度不透水比例空间分布特征

根据距离城市中心到边缘区不透水地表分布比例可知，距离城市中心在 10km 之内，北京主要以高密度的居住用地、道路以及商业、公共建筑镶嵌为主。距离城市中心 10～30km 属于北京城市边缘区，是 2000～2008 年城市不透水地表面积集中增长区域；而对于天津与唐山属于城市的近郊区，城市不透水地表主要以外围工业发展为主呈现一定的增长。距离城市中心 30km 以外区域以乡村自然景观为主，城乡建设用地不透水地表比例小于 20%，8 年间不透水地表面积比例略有增长。结果表明，北京、天津与唐山由于城市规模的大小以及城市发展速度的不同，城市-乡村在空间梯度城市核心区、边缘区、近郊区以及乡村地区的不透水比例增长的分布特征以及增长速度具有很大的差异性，也反映了不同空间梯度上人类活动的作用强度。

海河流域主要有海河与滦河两大水系，海河水系由漳卫河、子牙河、大清河、永定河、潮白河、北运河等组成；滦河水系包括滦河和冀东诸河。京津唐城市群主要位于海河流域滦河及冀东沿海、海河北系和海河南系 3 个二级流域。由于城市不透水地表增长会增加地表径流,降雨携带大量污染物,直接以径流的形式进入河流,对流域地表水环境产生重要影响。依据子流域内不透水地表面积不同阈值范围,将不透水分布对地表水环境影响依次分为无影响、轻度影响、中度影响、重度影响与严重退化。充分考虑京津唐城市群所在流域完整性,基于 GIS 空间分析方法,统计与制图 2000 年与 2008 年海河流域各子流域不透水地表面积比例以及对地表水环境影响的程度。

由 2000 年海河流域不透水地表影响空间分布图 4.11a 分析可知,京津唐城市群所在子流域是海河流域地表水环境影响最为严重的区域。2000 年京津唐城市群涉及严重退化子流域 1 个,面积 1790km²;重度影响子流域主要涉及 3 个,总计面积 5072km²;中度影响子流域主要涉及 4 个,总计面积 11 896km²;城市群内大部分区域为轻度影响区,只有 3 个子流域为无影响区。受北京与天津两大城市的影响,地表水影响较重的子流域主要通过永定河、北运河、大清河等水系汇集于海河干流直接流入渤海。

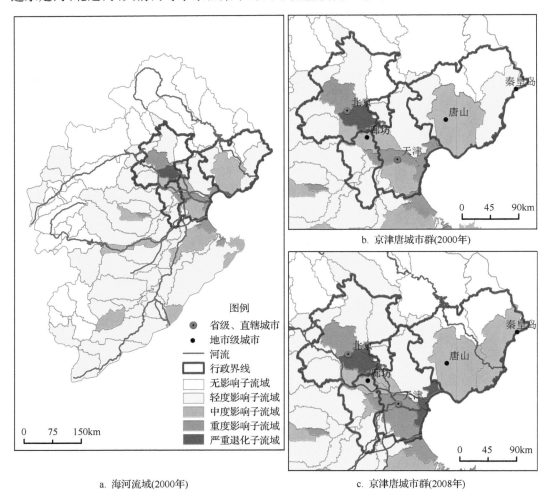

图 4.11　2000～2008 年城市群城乡不透水地表面积增长对流域地表水环境影响分布图

　　21 世纪初 8 年间京津唐城市群不透水地表沿城市周边以及海岸沿线快速增长,导致子流域影响程度加重。由图 4.11c 分析可知,1 个子流域由重度影响区转化为严重退化子流域,主要位于天津滨海新区海岸带沿线,面积为 1089km^2;有 1 个子流域由中度影响区转换为重度影响子流域,主要受天津城市增长的影响,面积为 2240km^2;有 2 个子流域由轻度影响转变为中度影响,主要以秦皇岛城市增长影响为主。21 世纪初 8 年间在城市高速扩张驱动下的不透水地表面积增长加剧了流域地表水环境恶化影响程度。

第三节　中国与美国城市内部结构时空特征比较

　　全球正经历农村人口向城市快速集聚的进程,2010 年全球城市人口比例达到51.6%。改革开放以来,中国经历了快速的城市化和工业化过程,1980～2010 年 30 年间,中国城市人口比率从 19.4% 增长到 49.2%,增长了 29.8%。截至 2012 年,中国已超过一半的人口居住在城市。美国同期城市人口比率从 73.7% 增长到 82.1%,增长率为8.4%。中国和美国分别作为世界上最大的发展中国家和发达国家,城市化水平和城市发展轨迹存在显著差异。在当前农村人口不断向城市集聚、城市快速向外扩张加之全球环境变化加速(温度升高、洪水及热浪加剧)影响下,城市生态系统健康状况和城市人居环境质量正面临着前所未有的挑战。城市内部土地覆盖结构和组分,包括不透水地表与绿地空间,会对地表辐射与能量的分配方式产生甚至截然相反的作用,进而对城市热岛、大气环境及局地气候产生重要影响,对城市生态服务热调节功能产生决定性作用。城市生态服务功能直接影响城市人居环境和社会安康(human well-being)。

　　城市内部土地覆盖状况直接影响着城市生态系统服务功能,其中不透水表面和绿地组分是最重要的组成部分,通常也存在少量的水域和裸土等其他用地。城市不透水地表(UIS)是由于城市发展建设产生的一种地表水不能直接渗透到土壤的人工地貌特征,包括城市中的道路、广场、停车场、建筑屋顶等。城市不透水地表(UIS)是反映人类活动强度和评价城市人工建设用地增长的重要指标,对于评价城市生态系统健康与人居环境质量具有重要的理论与现实意义。城市绿地空间(UGS)作为城市生态系统的重要组成部分,城市中适宜比例的绿地面积可以调节城市局地气候,影响城市内部辐射能量平衡,降低城市地表温度等。

　　北京、上海、广州分别是中国京津唐、长三角和珠三角三大城市群首位城市,是位居中国城市人口前三位的城市。北京是中华人民共和国首都,是世界著名的历史古城、文化名城和经济、交通中心。北京地势西北高,东南低缓,平均海拔 43.5m。北京属暖温带半湿润气候区,年平均气温 13.4℃,年平均降水量 644.2mm。上海属于中国具有全球资源配置能力的国际经济、金融、贸易和航运中心,是世界著名的港口城市。该市位于长江三角洲平原,水网密布,平均海拔 4m,气候属北亚热带季风性气候,年平均气温 15.8℃,年平均降水量 1123.7mm。广州市是广东省省会,地势东北高、西南低,属于海洋性气候特征,年平均气温为 21.5～22.2℃,年均降水量在 1800mm 以上,年降水日数在 150 天左右。

　　纽约、芝加哥、洛杉矶分别位于美国大西洋沿岸、五大湖沿岸、太平洋沿岸三大城市群,是位居美国城市人口前三位的城市。纽约市地处美国东北纽约州东南部,是全球最大的金融中心,是仅次于芝加哥和洛杉矶的全国第三大工业中心,属于副热带湿润气候,年平均气温11℃,年均降水量1091mm。洛杉矶市位于美国西海岸加利福尼亚州南部,濒临太平洋东侧的圣佩德罗湾和圣莫尼卡湾沿岸,是美国石油化工、海洋、航天工业和电子业的最大基地,也是美国科技的主要中心之一,气候属地中海型气候带,年均气温12℃,年均降水量357mm,以冬季为主。芝加哥位于伊利诺伊州的东北角,是密西西比河水系和五大湖水系的分界线,是全球最重要的一个金融中心,是美国第二大商业中心区,为美国最重要的铁路、航空枢纽。芝加哥同时也是美国主要的金融、文化、制造业、期货和商品交易中心之一,地形平坦,平均海拔为176m,气候属温带大陆性湿润气候,雨水充足,年平均降水量为974mm(图4.12)。

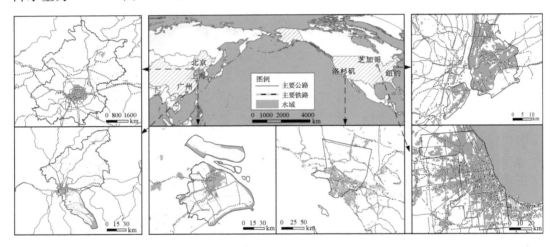

图4.12　中国与美国六大城市分布图

一、中国与美国城市土地覆盖结构特征分析

　　从整体来看,中国城市土地覆盖以城市不透水地表和其他用地(耕地、裸土地等)为主,植被所占比例相对不高,城市不透水地表呈现快速增加趋势,其他用地呈现逐渐减少趋势,植被减少趋势缓慢(图4.13)。中国各期土地覆盖结构图统计结果显示(图4.14):1978～2010年,城市不透水地表比例增长了3倍多(1978年为16.74%,2010年为69.48%);其他用地比例由1978年的近60%减少到2010年的14.05%,且表现出随时间增加而渐减的态势;植被比例则由1990年的18.10%减少到2010年的14.70%。美国城市土地覆盖以城市不透水地表与植被为主,城市不透水地表呈现增加趋势,但趋势缓慢,植被未发生明显变化(图4.13)。统计结果显示(图4.14),1990年较1978年不透水地表略微增加,但1990年之后基本保持在55%～57%,变化不大;植被则在研究期内基本维持在33%左右的水平。

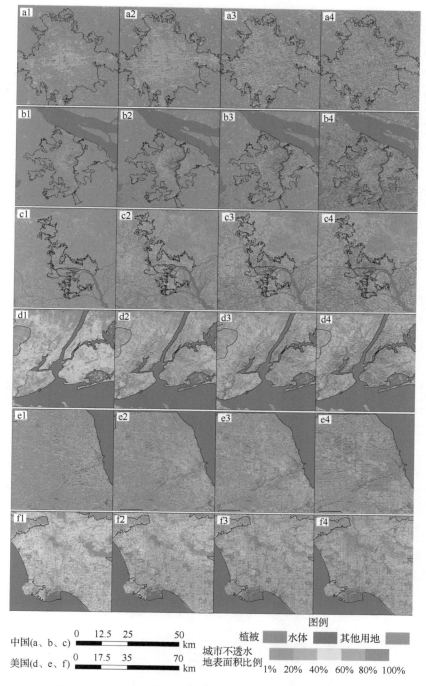

中国(a、b、c) 0   12.5   25   50 km
美国(d、e、f) 0   17.5   35   70 km

图例

植被   水体   其他用地

城市不透水
地表面积比例 1% 20% 40% 60% 80% 100%

图 4.13 中国与美国 1978～2010 年城市土地覆盖空间格局

a、b、c、d、e、f 分别代表北京、上海、广州、纽约、芝加哥、洛杉矶;1、2、3、4 分别代表 1978 年、1990 年、2000 年和
2010 年城市土地覆盖现状

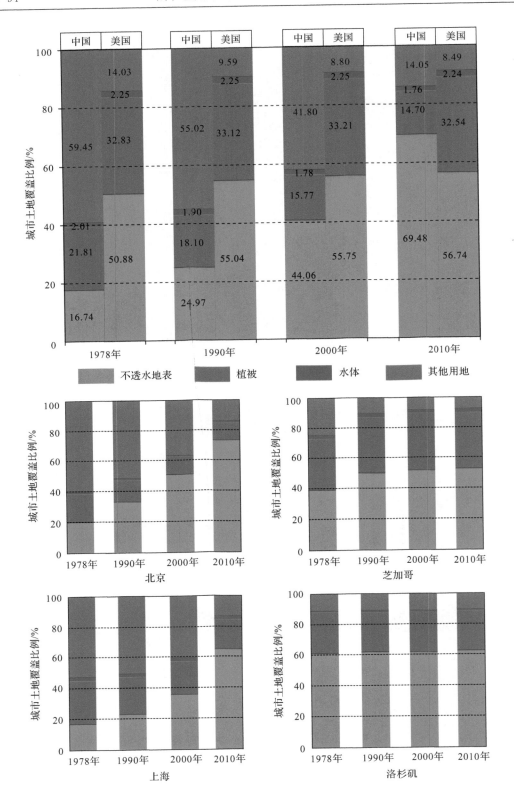

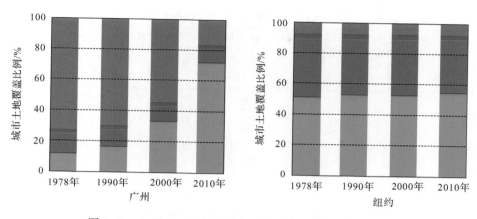

图 4.14　1978～2010 年中国与美国城市土地覆盖面积比例

从城市个体看，中国 3 大城市的土地覆盖结构变化趋势相似，与整体趋势一致，但变化幅度存在一定的差异。其中，北京的城市不透水地表面积所占比例在研究期历年都为最高，而广州的不透水地表面积比例在研究期内变化幅度是最大的；广州的其他用地转化为不透水地表的面积幅度最大，从 1978～2010 年被转化用地比例达到 65％；相比较而言，北京和上海的这一比例为 40％～45％；广州的植被面积比例在研究期历年都是最低，2010 年不到 10％，植被面积减少幅度也是最小的；3 个城市的水域变化均不明显。美国 3 大城市土地覆盖结构主要以内部变化为主，结构变化不明显。其中，芝加哥的城市不透水地表面积比例增幅最大，为 13.4％，而纽约和洛杉矶的变化幅度均不到 5％；3 个城市的植被面积比例变化均不明显，且覆盖比例达 1/4 以上；其他用地呈现减少趋势，芝加哥变化最为明显，从 1978 年的 24.33％减少至 2010 年的 7.55％；3 个城市水域面积变化均不明显。

二、中国与美国城市土地覆盖结构变化过程分析

基于中美 6 大城市土地覆盖结构变化数据统计（表 4.4），中国城市土地覆盖结构总体上变化较快，2000 年以来变化最为剧烈尤其表现为城市不透水地表的扩张和其他用地的缩减；美国城市土地覆盖结构整体变化缓慢，相比较而言，1978～1990 年城市不透水地表扩张最快，2000 年以来变化均较小。从变化速度看，1978～2010 年，中国 3 大城市不透水地表面积增长速度是美国的 3.14 倍，其中中国 3 大城市不透水地表面积以 61.98km²/a 的速度增长，美国城市不透水地表面积变化相对缓慢，以 19.72km²/a 的速度增长。从整体和内部结构看，中国 3 大城市发展都以"摊大饼"式由市中心向外围快速蔓延，且总体呈现紧凑格局，不透水地表扩张以占用其他用地（耕地）为主，其他用地（耕地）研究时间内以 53.34km²/a 速率锐减。相比较而言，美国城市的整体格局基本稳定，不透水地表扩张在空间范围与结构上也基本保持稳定，不透水地表面积增长主要以内部填充为主，整体呈现松散格局。

表 4.4　1978～2010 年中美 6 大城市土地覆盖类型面积变化

城市土地覆盖类型	1978～1990 年		1990～2000 年		2000～2010 年		1978～2010 年	
	ΔS /km²	$\Delta S'$ /(km²/a)	ΔS /km²	$\Delta S'$ /(km²/a)	ΔS /km²	$\Delta S'$ /(km²/a)	ΔS /km²	$\Delta S'$ /(km²/a)
中国								
城市不透水地表	309.68	25.81	589.85	58.98	1083.98	108.40	1983.51	61.98
植被	−139.53	−11.63	−87.80	−8.78	−40.10	−4.01	−267.43	−8.36
水域	−3.90	−0.33	−4.63	−0.46	−0.55	−0.05	−9.08	−0.28
其他用地	−166.24	−13.85	−497.42	−49.74	−1043.34	−104.33	−1707.00	−53.34
美国								
城市不透水地表	447.87	37.32	76.48	7.65	106.76	10.68	631.12	19.72
植被	31.45	2.62	8.91	0.89	−72.34	−7.23	−31.98	−1.00
水域	−0.73	−0.06	−0.14	−0.01	−0.43	−0.04	−1.30	−0.04
其他用地	−478.60	−39.88	−85.26	−8.53	−33.99	−3.40	−597.84	−18.68
北京								
城市不透水地表	169.17	14.10	236.97	23.70	293.11	29.31	699.24	21.85
植被	−60.00	−5.00	−32.36	−3.24	−5.26	−0.53	−97.62	−3.05
水域	−3.47	−0.29	−3.19	−0.32	−0.46	−0.05	−7.11	−0.22
其他用地	−105.70	−8.81	−201.41	−20.14	−287.39	−28.74	−594.51	−18.58
广州								
城市不透水地表	37.88	3.16	132.92	13.29	307.92	30.79	478.72	14.96
植被	−15.19	−1.27	−8.90	−0.89	−5.13	−0.51	−29.22	−0.91
水域	−0.42	−0.03	−0.80	−0.08	−0.05	0.00	−1.27	−0.04
其他用地	−22.27	−1.86	−123.22	−12.32	−302.74	−30.27	−448.23	−14.01
上海								
城市不透水地表	102.63	8.55	219.96	22.00	482.96	48.30	805.55	25.17
植被	−64.34	−5.36	−46.54	−4.65	−29.71	−2.97	−140.58	−4.39
水域	−0.02	0.00	−0.64	−0.06	−0.04	0.00	−0.70	−0.02
其他用地	−38.27	−3.19	−172.78	−17.28	−453.21	−45.32	−664.26	−20.76
芝加哥								
城市不透水地表	359.53	29.96	61.25	6.13	28.68	2.87	449.47	14.05
植被	120.08	10.01	15.81	1.58	−20.11	−2.01	115.78	3.62
水域	−1.92	−0.16	−0.01	0.00	−0.13	−0.01	−2.06	−0.06
其他用地	−477.69	−39.81	−77.05	−7.71	−8.44	−0.84	−563.19	−17.60

城市土地覆盖类型	1978～1990 年		1990～2000 年		2000～2010 年		1978～2010 年	
	ΔS /km²	$\Delta S'$ /(km²/a)	ΔS /km²	$\Delta S'$ /(km²/a)	ΔS /km²	$\Delta S'$ /(km²/a)	ΔS /km²	$\Delta S'$ /(km²/a)
洛杉矶								
城市不透水地表	31.21	2.60	6.39	0.64	19.36	1.94	56.97	1.78
植被	−21.35	−1.78	−9.36	−0.94	4.80	0.48	−25.91	−0.81
水域	1.28	0.11	−0.21	−0.02	−0.22	−0.02	0.85	0.03
其他用地	−11.14	−0.93	3.17	0.32	−23.94	−2.39	−31.90	−1.00
纽约								
城市不透水地表	57.13	4.76	8.84	0.88	58.72	5.87	124.69	3.90
植被	−67.28	−5.61	2.45	0.25	−57.03	−5.70	−121.85	−3.81
水域	−0.08	−0.01	0.08	0.01	−0.08	−0.01	−0.08	0.00
其他用地	10.24	0.85	−11.38	−1.14	−1.61	−0.16	−2.75	−0.09

注：城市土地覆盖类型面积的变化量 ΔS 与年均变化量 $\Delta S'$ 表示数量变化（数字为正表示面积增加，"−"表示面积减少）。

从城市个体看，中国 3 大城市的不透水地表面积增长速度都表现出随时间大幅增加的态势，1978～2010 年增长速度加快，相比较北京（21.85km²/a）和上海（25.17km²/a）不透水地表的平均增长速度比广州（14.96km²/a）快；相反地，中国 3 大城市的其他用地和植被整体呈现出递减趋势，其中，上海的其他用地以 20.76km²/a 的速度减少，北京以 18.58km²/a 的速度减少，广州以 14.01km²/a 的速度减少，而上海的植被以 4.39km²/a 的速度减少，北京以 3.05km²/a 的速度减少，广州以 0.91km²/a 的速度减少；其水域面积在研究期内变化均较小。与中国 3 大城市不透水地表外部蔓延增长不同，美国 3 大城市近 30 年不透水地表在空间范围上表现为缓慢增长，其中，芝加哥平均增长速度最快，为 14.05km²/a，纽约和洛杉矶分别以 3.90km²/a 和 1.78km²/a 的速度增长；同样，美国 3 大城市的其他用地也表现为递减趋势，但速度较慢；不同于中国城市的植被变化趋势，芝加哥植被面积变化呈现迅速增加到缓慢增加再到缓慢减少的趋势，近 30 年来整体以 3.62km²/a 的速度增加，洛杉矶植被变化则呈现出从减少到增加的态势，整体以 0.81km²/a 的速度缓慢减少，纽约植被变化呈现减少到增加再到减少的趋势，1978～2010 年整体以 3.81km²/a 的速度减少；在研究期内美国 3 个城市的水域面积变化也不大。

三、中国与美国城市功能区土地覆盖差异特征

城市化过程促进了城市地域空间分异，城市功能分区一定程度会影响城市土地覆盖结构组分，同时不同类型城市会产生不同的土地覆盖结构状态。在分析中美 6 大城市土地覆盖结构的前提下，进一步分析与刻画在不同制度下的城市功能区土地覆盖结构表现形式。在地租理论即地价随着离市中心距离的增加而降低，同时表现出中心区建筑物向高密度和高层发展，城市外围建筑物密度和高度随之降低。城市不透水地表作为反映建

筑密度的重要表现形式,也是土地覆盖结构中最主要的组成部分,与城市发展关系密切。城市不透水地表密度由中心向四周渐次递减,但在特定区域不透水地表分布也有不确定性,这种递减现象在特定空间上表现得并不规律。在城市建设与地价综合影响下形成不同的城市功能区和土地覆盖结构,在构建中美6大城市土地覆盖结构的基础上,选取中美城市功能区为分析对象,剖析不同社会制度下的功能区的土地覆盖结构。为了定量描述与区分中美城市由于功能分区导致的内部结构差异,按照中心商业区、居住区与工业区3个功能区选择样本点(1km×1km),统计城市内部结构组分中的不透水地表与绿地比率(表4.5)。

表 4.5 中美 6 大城市典型功能区采样信息

功能区	城市名称	中心坐标(°E,°N)	区域名称
商业区	北京	116.462,39.909	国贸区域
	上海	121.438,31.195	徐家汇区域
	广州	113.321,23.120	珠江新城
	纽约	−73.984,40.746	曼哈顿
	芝加哥	−87.636,41.879	西尔斯大厦
	洛杉矶	−118.149,34.1473	帕萨迪纳老城区
居住区	北京	116.328,40.061	回龙观
	上海	121.379,31.112	闵行区
	广州	113.322,22.968	祈福新邨
	洛杉矶	−118.106,34.094	圣盖博
	纽约	−73.951,40.626	集中居住区
	芝加哥	−87.754,41.930	格林尼治村
工业区	北京	116.461,39.810	亦庄红星光源工业园区
	上海	121.620,31.262	金陵金桥工业园区
	广州	113.522,23.137	萝岗区云埔工业区
	芝加哥	−87.630,41.884	芝加哥卢普区
	纽约	−73.970,40.697	布鲁克林
	洛杉矶	−118.165,34.045	西雅图南部工业区

美国中心商业区、居住区与郊区格局功能分区明显,表现在不透水地表上具有较为明显的高、中、低密度匹配;中国3大城市由于城市紧凑布局,功能区交叉混合布局,在城市内部没有明显的高低密度区分,高低密度区分只出现在城乡结合部或城郊。

CBD是城市主要的商业活动地区,一般位于城市的中心或核心地带,区内各种设施完善,如甲级商业大厦、大型购物中心、政府及公共机构、康乐文娱设施等。此外,区内的可达度极高,公路干线、铁路、港口均设于区内的便利位置等,这使得该区建筑密度非常高。从表4.6中可看出中美6大城市不透水地表在CBD功能区均具有高密度特征,都接近或超过80%。其中,中国3大城市不透水地表密度略高于美国,但中美城市居住区的不透水地表密度差异不明显。此外,中美6大城市工业区的绿地占有比率都较低,均不足10%。

表 4.6 2010 年中美 6 大城市主要功能区城市不透水地表与植被结构比例 （单位：%）

城市功能区	覆盖类型	上海	北京	广州	纽约	洛杉矶	芝加哥
商业区	不透水地表	83	83	81	78	78	76
	植被	8	8	6	18	9	15
居住区	不透水地表	68	65	62	45	52	56
	植被	16	11	15	36	28	32
工业区	不透水地表	60	63	61	76	74	72
	植被	7	6	5	3	2	2

居住区一般具有一定的人口和用地规模，并集中布置居住建筑、公共建筑、绿地、道路以及其他各种工程设施。公共绿地与建筑区绿地的配置使得居住区与 CBD 比较具有较高的绿地比率。中美城市居住区的内部结构不透水地表比率与绿地比率具有较大的差异。美国 3 大城市具备独立的城市居住功能区，住宅用地周围配置大量绿地，同时公园绿地与道路绿地等公共绿地设施植被覆盖率较高；中国城市伴随着城市化进程加快与人口的集聚增长，在原有城市土地覆盖结构与功能类型的基础上，发展模式以居住区与商业区或工业区相嵌分布，致使建筑密度高，公共绿地配套面积有限，导致中国城市居住区植被覆盖比例较低。中国 3 大城市居住区不透水比率较高，达 62% 以上，而植被面积比例相对较低，其中，北京城市居住区植被比例较低，仅占 11%。相对比而言，美国 3 大城市居住区的不透水地表与绿地比率平均水平达 5∶3，土地覆盖结构植被面积占有较大比例。

工业区作为各种工业设施聚集的地区，具有配套的厂房、仓库、道路、码头等建筑设施与降污排废等绿化设施。通常该区域内呈现出高密度不透水地表与低绿地覆盖率状态。根据表 4.6 与图 4.15 分析可知，中美 6 大城市的工业区的不透水地表与绿地比率差异较大，美国 3 大城市工业区植被与裸土所占面积较少，不透水地表比例高；而中国由于工业区主要分布于城市边缘区，工业区存在大量未开发用地，不透水地表比例相对较低。

本研究对中美 6 大城市典型功能区的分析表明，商业用地（CBD）不透水地表比例最高，居住区与工业区不透水地表比例相对较低；对中美 6 大城市典型功能区分析样本不透水地表与植被数据的分析表明，相同功能区的不透水地表与植被比例在统计上存在显著性差异，CBD 不透水地表比例中国（81%～83%）高于美国（76%～78%），植被比例中国（6%～8%）低于美国（9%～18%）；住宅用地不透水地表比例中国（62%～68%）高于美国（45%～56%），绿地美国所占比例高（28%～36%）；工业用地不透水地表比例美国（72%～76%）高于中国（60%～63%），绿地中国所占比例高（5%～7%）。

中国与美国国情的差异使得两国在城市规划制定过程中执行的具体方针政策不同。美国城市规划的实施具体操作大多是由地方政府来完成，但地方政府在制定规划时也会受到联邦政府和州政府的影响。美国城市发展形成以汽车为主导、低密度的城市开发模式，城市化迅速向郊区"摊大饼"式和蛙跳式的扩张。中国政府引导和调控城市建设的最直接手段是通过城市总体规划纲要，确定城市的定位、目标，城市建设主要通过实施性规划（控制性详细规划和土地利用规划），来约束与调控城市发展。中国城市在 20 世纪 90 年代主要以集聚式增长模式为主，进入 21 世纪近 10 年以来城市蔓延蛙跳式增长态势更

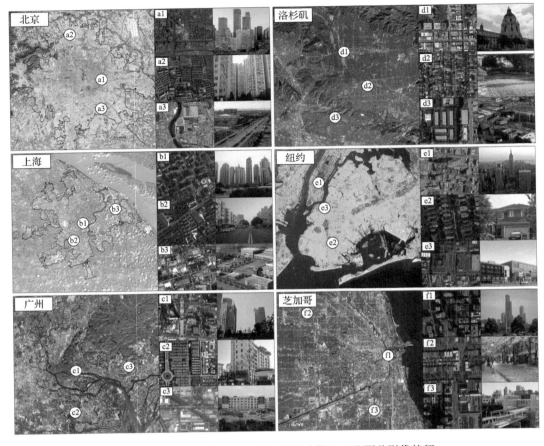

图 4.15　中国与美国 6 大城市主要功能区土地覆盖影像特征

加明显。中国城市不透水地表受宏观政策因素,特别是城市规划的影响较为明显。北京、上海与广州城市不透水地表受中国传统的城市规划思想影响,都由城市中心的旧城区圈层式向外发展,往往呈现出外延圈层式发展态势,总体呈现紧凑分布。国外受田园城市规划思想影响,城市规划注重分散布局,不透水地表也随之呈现松散分布。另外,中国城市不透水地表扩张也受到改革开放政策的驱动。从不透水地表面积增长情况来看,中国 3 大城市都经历了 1978 年后快速增长的态势。

随着城市化进程的加快,人口增长成为城市土地利用需求增加的主要驱动因素。城市不透水地表作为城市土地利用中的主要覆盖类型,也必然会受到城市人口数量的直接影响。经济因素也是不透水地表的空间扩张的主要因素。根据地租地价理论,随着市场经济的发展使得土地供给价格在空间上分异,城市地价从中心向外逐渐递减,城市土地价格在整体上呈现出随着离中心城区距离的增加而逐渐下降的趋势。因此,地租差异产生的杠杆作用使得相对低廉的城市外围区成为不透水地表空间发展的主要方向。经济发展阶段与发展水平在很大程度上影响不透水地表的增长水平。中国是发展中国家,经济发展仍处于发展时期快速,这一阶段经济发展速度快、潜力大。受经济发展的拉动,城市化进程加快推进,使得不透水地表也随之快速扩张。美国是发达国家,城市经济水平高,城市化进程放缓甚至进入逆城市化阶段,受经济驱动影响不大。

通过城市土地覆盖结构变化与差异对比分析,揭示不同发展程度下(中国与美国分别代表发展中国家和发达国家)的土地覆盖结构的时空差异。通过国际比较,分析了中美6大城市近30年来不透水地表扩张动态格局,发现中国3大城市不透水地表整体呈现高速增长态势,反映出快速城市化过程中城市空间连续扩张格局;相比而言,美国3大城市不透水地表在近30多年变化缓慢,扩张格局呈内部"填充"模式。过去30年来中国3大城市与美国相比,具有更快的城市扩展速度,中国以相对紧凑形态发展,美国城市不透水地表格局呈离散状态,美国3大城市植被所占的比例是中国的2.21倍。

通过6大城市土地覆盖结构不同时间段分析,表明中国3大城市土地覆盖结构变化以2000年以来最为突出,主要表现为城市空间扩张与其他用地的锐减;美国3大城市土地覆盖结构尤其是城市不透水地表扩张集中表现在1978~1990年。近30年来,中国3大城市不透水地表面积增长速度是美国的3.14倍,中国3大城市不透水地表面积扩张速度上海表现突出,北京次之;美国3大城市不透水地表面积增长呈缓慢态势,芝加哥平均增长速度最快。中国3大城市的其他用地面积表现出随时间增加而大幅减少的态势;美国3大城市的其他用地也表现为递减趋势,但速度较慢。

基于中美6大城市土地覆盖结构数据的分析,选取城市典型功能区,通过国际对比,分析相同功能区不同体制下城市不透水地表与植被比例结构之间存在的差异。中国3大城市不透水地表密度总体上具有中心高密度、四周中低密度的圈层化分布格局,高低密度明显分异主要出现在城乡边缘区;美国3大城市不透水地表密度具有按功能区分化的现象,即高密度中心商业区、中密度居住区、低密度城郊区。

第四节　城市等级尺度地表结构时空特征分析

城市等级尺度地表结构时空特征作为研究城市内部功能区和土地覆盖组分时空格局的重要方法手段,为揭示城市等级尺度下功能区和土地覆盖组分时空演化的机制提供了重要的时空信息。本节以北京市为例,结合多种技术手段,通过对北京城市进行功能分区,然后研究不同功能区不透水地表、绿地和水域的分布情况并进行比较分析,揭示城市内部等级尺度城市功能结构时空特征。

一、城市等级尺度功能区划分

基于GIS技术,采用2010年北京市行政区划图、北京市城市总体规划市域规划图(2004~2020年)、北京市土地利用总体规划图(2006~2020年),结合资源3号遥感卫星影像,经遥感分类提取的不透水地表、绿地、水域3大土地覆盖类型,对北京市城市等级尺度地表结构进行分析,具体数据源见表4.7。

表 4.7　北京城市等级尺度地表结构比例分析数据源

年份	数据类型	满足精度	数据来源
2010	行政区划图	1∶5000	中国科学院资源环境数据中心
2004～2020	总体规划市域规划图	1∶5000	北京市规划委员会
2006～2020	土地利用总规图	1∶1万	
2009	资源3号卫星影像	1∶5万	国家测绘地理信息局卫星测绘应用中心

　　北京市行政范围界线并非是揭示北京城市功能区演变的最优地域空间范围。为了揭示城市功能区演变的时空特征,在 ArcGIS 10.0 工作环境下,以北京市行政区划图为基础叠加北京市城市总体规划市域规划图(2004～2020 年),确定包括北京市主城区在内的 6 大行政区(西城区、东城区、海淀区、朝阳区、石景山区和丰台区)为主要研究范围,然后用研究范围(6 大行政区划范围)叠加市域总体规划图,确定位于主要研究范围内与总体规划图相交的北京城市建成区域为最终研究范围(图 4.16)。

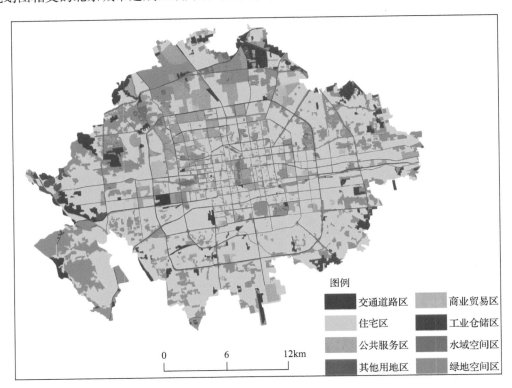

图 4.16　北京市城市功能区分布图

　　考虑到北京市自 2006 年起实施新的土地利用总体规划对北京市城市总体规划和功能布局的影响,以及城市地域功能空间结构及城市景观异质性与土地利用用途、功能的不同,本节将研究区域城市地域功能结构按照表 4.8 进行分类。

表 4.8 北京城市功能区分类表

代码	功能区类型	说明
10	住宅区	城镇、乡村居民的以居住为主的用地
11	商业贸易区	以城市区域内金融保险用地、餐饮旅馆用地以及其他商业服务业用地为主的地域空间
12	工业仓储区	工业生产、仓储物流相关用地
13	公共服务区	各种教育、医疗、政府、军事、公共建筑物用地
14	交通道路区	城区主次干道及交通场站用地
15	绿地空间区	城区绿茵场、公园、湿地、山林绿地等空间区域
16	水域空间区	城区河流湖泊等水域区
17	其他功能区	城区内不包含上述用地的其他用地功能区

根据统一的空间坐标系统和表 4.8 所述的北京城市功能区分类系统,综合北京市总体规划之市域规划图(2004~2020 年)和土地利用规划图件(2006~2020 年),对研究区所示的北京 6 大行政区城市建成区范围进行功能划分,并参考 2009 年资源 3 号遥感影像进行规划图功能区修正,通过航空相片和实地采样调查进行精度检验后,各功能区划分精度均达到分类精度要求,其中平均分类精度达 94.75%,除公共建筑区分类精度相对较低外,其他用地分类精度均较高(表 4.9)。最终获得研究范围功能分区图如图 4.16 所示。

表 4.9 不同城市功能区类型信息提取精度分析

城市功能区类型	样点数/个	正确数/个	分类精度/%
住宅区	40	38	95.00
商业贸易区	17	16	94.12
工业仓储区	18	16	88.89
公共服务区	15	12	80.00
交通道路区	5	5	100.00
绿地空间区	10	10	100.00
水域空间区	6	6	100.00
其他功能区	2	2	100.00
总计	113	105	94.75

利用 ArcGIS 10.0 下 Statistic 工具对研究区范围内城市功能分区图进行统计得到研究区城市功能区分布面积表(表 4.10)。由表可以看出,2010 年城市功能区用地总面积为 860.78km²,其中住宅功能区占用面积最多,共 482.88km²,占研究区总面积的 56.1%;除其他用地外,商业贸易功能区占用面积最少,共 11.50km²,占研究区总面积的 1.34%。通过城市总体规划和土地利用总体规划相比较,在研究区城市边缘地带,随着城市建设用地不断向外拓展,区内耕地、林地等农业用地被吞噬,蔬菜地、旱地、水田、树园等农业用地大多转变成了工业和居住用地。

表 4.10 北京市不同行政区功能区分布面积表

功能分区	行政分区/km²						总计	
	朝阳区	东城区	丰台区	海淀区	石景山区	西城区	面积/km²	比例/%
住宅区	177.36	25.07	141.28	73.32	34.30	31.54	482.88	56.10
商业贸易区	4.42	0.19	0.62	5.28	0.49	0.50	11.50	1.34
工业仓储区	20.99	0.02	6.60	12.74	6.27	0.00	46.63	5.42
公共服务区	22.16	7.12	6.18	42.17	0.74	9.92	88.30	10.26
交通道路区	10.26	2.81	6.86	8.23	1.14	4.22	33.53	3.90
绿地空间区	61.22	6.13	52.41	46.86	11.54	2.95	181.10	21.04
水域空间区	3.59	0.51	0.56	5.66	0.40	1.45	12.16	1.41
其他用地区	0.51	0.00	0.00	0.00	4.17	0.00	4.67	0.54
总计	300.51	41.84	214.52	194.27	59.05	50.58	860.78	100.00

由表 4.10 所示城市各行政分区内功能区类型面积比例可知,研究范围内各行政区内住宅区占地最多,除海淀区外,其他各行政区内住宅区占据 58% 以上,其中丰台区住宅区最多,占 66%;住宅区最少的海淀区也接近 40%,这与新老城区居住地逐渐向外扩展的趋势相符。占地面积处于第二位的均为绿地空间区,其中海淀区因含有颐和园、圆明园、北京植物园等一系列老牌皇家园林和新兴旅游风景区,故海淀区的绿地空间和水域空间占地最多,占 27%;而西城区因居民住宅多,故绿地空间和水域空间占地最少,仅占 9%。

二、不同功能区地表结构时空特征分析

在对北京城市功能区划分的基础上,分别研究各功能区内不透水地表、绿地、水域 3 种地表类型的时空分布特征,会加深对城市等级尺度地表结构时空特征分布的认识与理解,服务于定量评价不同功能区不透水地表和绿地组分的城市热调节功能。

(一)不同功能区不透水地表比例分析

城市不透水地表是城市景观生态系统的重要组成部分,是衡量城市生态环境重要的指标。基于 GIS 技术通过对不同矢量功能区范围内栅格不透水地表分布面积和比例的统计,见表 4.11。在研究区范围内,不透水地表分布总面积为 578.23km²,占研究区总面积的 67.18%。虽然在研究区内,外围城区(朝阳区、海淀区、石景山区、丰台区等)内仍然存在部分农田,但这个结果略高于我们研究得到的中国城市不透水比例的平均值,说明北京城区的建筑密度较高,城市内部植被、水面和土壤等自然景观的比例较小。结果显示,由于城市空间结构和空间扩展的差异以及各功能区内建筑密度、绿地、水面等分布的差异,导致各功能区内的不透水地表面积差异明显。在住宅区、商业贸易区、交通道路区、公共服务区内,由于建筑高度密集,不透水地表密度明显高于周围的绿地空间、水域空间密度。其中各功能区内不透水地表分布面积最大的是住宅区,面积约为 387.09km²,占住宅区总面积的 80.16%;分布比例最大的是交通道路区,不透水地表比例为 84.85%。除不

透水地表分布比例在住宅区、商业贸易区、公共服务区、交通道路区内较高外（均超过80%），其他各功能区内不透水地表分布比例均较小，其中在工业仓储区不透水地表分布比例只有不到50%，这与北京城市工业主要分布于城市边缘区密切相关，从而导致不透水地表比例大幅度降低。

表 4.11　不同功能区不透水地表分布比例统计表

功能分区	不透水地表面积/km²	功能区总面积/km²	不透水地表所占比例/%
住宅区	387.09	482.88	80.16
商业贸易区	9.34	11.50	81.22
工业仓储区	21.82	46.63	46.79
公共服务区	72.42	88.30	82.02
交通道路区	28.45	33.53	84.85
绿地空间区	54.88	181.10	30.30
水域空间区	2.45	12.16	20.15
其他用地区	1.79	4.67	38.33
总计	578.23	860.78	67.18

图 4.17 表示研究区内不透水地表的分布状况，可以看出，除了城市主城区（东城区、西城区及周边地带）不透水地表分布比例高之外，在石景山区、朝阳区等研究区边缘也存

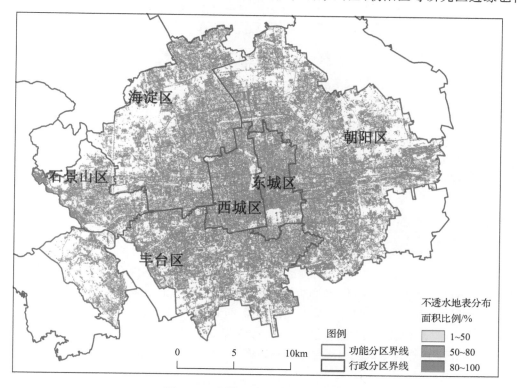

图 4.17　研究区不透水地表分布图

在较高不透水地表分布。究其原因,东城区、西城区及其周边临近城市区域均是北京老城区的中心地带,随着历史的发展这些区域始终伴随着不透水地表的增加,虽然仍然保留了诸如什刹海、天坛公园等自然景观区域,保留了区内一定的植被覆盖率,在一定程度上限制了地表的硬化趋势,但人工建筑的比例仍然比较高,导致东城区、西城区中心城区内建筑高度密集、人口高度集中、不透水地表高度分布。而研究区周边各行政区划内不透水地表分布,则明显看出外围区域城市不透水面积比例较低,主要受到建成区周边部分农业用地分布的影响。

(二)不同功能区绿地和水域比例分析

城市植被在空间上的分布被称为城市绿地,即绿色空间。它是城市中保持绿色植被覆盖为特征的自然、半自然景观,是城市自然景观和人文景观的综合体现。其功能上具有改善城市生态环境、维持城市生态平衡、营造城市景观风貌和城市景观文化的作用。

基于 GIS 技术对不同矢量功能区范围内栅格绿地的分布和水域面积及比例的统计见表 4.12。由表可知,在各功能区内,绿地和水域占地总面积分别为 177.48km² 和 18.04km²,分别占据研究区总面积的 20.62% 和 2.1%。绿地组分地表类型在绿地空间功能区中占地面积最大,为 103.18km²,占绿地空间功能区总面积的 56.97%;绿地组分地表在商业贸易区内占地面积最少。水域组分地表类型在水域空间功能区内占地面积最多,为 12.16km²;在商业贸易区和交通道路区内占地最少。

表 4.12　不同功能区绿地、水域分布面积及比例统计表

功能分区	占地面积统计		功能区总面积 /km²	占功能区面积比例统计	
	绿地面积/km²	水域面积/km²		绿地比例/%	水域比例/%
住宅区	37.97	2.59	482.88	7.86	0.54
商业贸易区	1.16	0.06	11.50	10.09	0.52
工业仓储区	15.95	1.85	46.63	34.21	3.97
公共服务区	9.34	0.45	88.30	10.58	0.51
交通道路区	2.92	0.12	33.53	8.71	0.36
绿地空间区	103.18	0.64	181.10	56.97	0.35
水域空间区	4.20	12.16	12.16	34.54	100.00
其他用地区	2.75	0.17	4.67	54.89	3.64
总计	177.48	18.04	860.78	20.62	2.10

图 4.18 和图 4.19 分别表示研究区内和不同功能区内绿地组分、水域组分的分布特征。可以得知,绿地组分主要分布于研究区边缘地带,且其北部和西部区(主要包括石景山、海淀区和朝阳区北部)均高于其他边缘地带,而越靠近城市中心,由于人口密度和房屋建筑密度的增加以及城市商业中心的集聚,绿地组分地表结构在城市中的分布逐渐减少。从图 4.18 可看出在东城区的南部绿地分布较多外,北京市中心范围内因众多老牌皇家园林

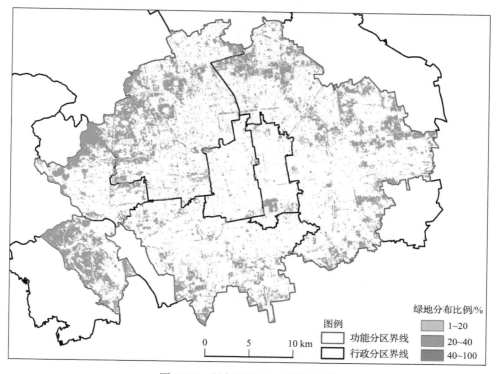

图 4.18 研究区绿地、水域分布图

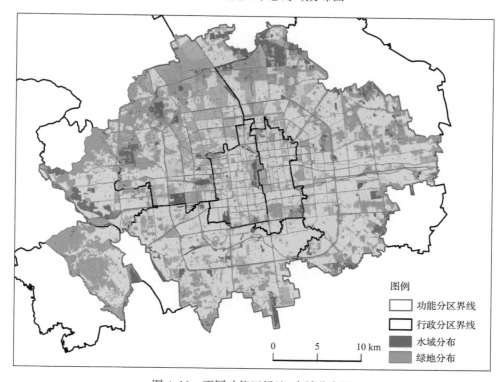

图 4.19 不同功能区绿地、水域分布图

和新建社区公园绿地,故仍然保持一定数量的绿地占有面积,这也与北京市多年来的城市规划理念密不可分。

从图 4.18 可以看出,水域组分主要分布于城市河流和北京老城区护城河地带,如海淀区的昆明湖、永定河的平原段和西海、北海等北运河水系。结合图 4.18 和图 4.19 可知,在住宅功能区、工业仓储区,因生态保护的需求,水域及其景观占据较大比例。

第五章 城市地表辐射和热通量时空特征分析

城市地表温度、辐射分量和热通量分量是描述城市热环境状况、解释城市热岛形成机制和发掘生态调控阈值的重要参数。本章基于遥感-地面同步观测数据,定量反演城市大气短波辐射、长波辐射和地表显热、潜热通量高精度时空信息。分析城乡梯度/功能区/覆盖组分/材质构造地表温度时空差异,揭示了其与地表短波辐射、长波辐射、净辐射、显热、潜热通量各分量的时空关系,定量区分了不透水地表与绿地对地表潜热、显热通量的贡献程度,剖析了城市公园绿地对城市热岛的降温作用以及不同覆盖状况的响应,界定服务于城市地表水热调节功能的不透水地表与绿地组分调控阈值。

第一节 城市地表温度遥感与实验观测分析

一、城市地表温度遥感分析

（一）地表温度空间特征分析

2009 年 9 月 22 日北京天气晴朗,气候条件良好且无风,利用该日的 Landsat TM5 影像对北京市地表温度热环境进行定量遥感反演,并通过野外同步观测方式对遥感反演结果开展验证,其地表温度与热场变异指数分布格局见图 5.1。由图 5.1a 可知,北京市地表温度具有显著的空间差异,地表温度较高的区域大多集中在城市建成区与近郊区,温度较低区域分布于远郊区。对地表温度进行数理统计可知,北京市地表温度极高值达到 32.73℃,位于城市主城区,温度最低值为 13.96℃,位于远郊区,地表温度平均值约为 13℃,地表温度大都为 20~25℃,温度总体低于 20℃的区域分布于北京市的西部与北部,源于该区山地较多且地形海拔较高,丛林茂密,树木冠层植被蒸腾作用旺盛。地表温度大于 25℃的地区主要分布于城市建成区,呈现出了明显的城市热岛效应。因此,北京市地表温度空间分布格局具有显著的地域性,高温与低温集聚与相间分布并存,建成区城市热岛效应明显。

为了定量分析城市热岛强度,将利用遥感反演的地表温度来计算城市热场变异指数,即某点的地表温度和研究区域平均地表温度的差值与研究区域平均地表温度之比,可描述该点的热场变异情况。具体公式如下:

$$HI = (T - T_{MEAN})/T_{MEAN} \tag{5.1}$$

式中,HI 为城市热场变异指数;T 为城市某点的遥感反演地表温度;T_{MEAN} 为城市研究区域的平均地表温度。

为了更直观地描述城市的热场变化,进一步采用阈值法将热场变异指数分为 4 个等级,当 HI≤0 时,表示该点无热岛效应;当 0<HI≤0.08 时,表示该点为轻热岛效应;当

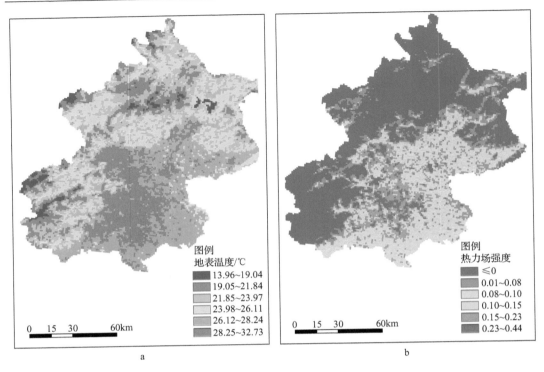

图 5.1　Landsat TM 反演的瞬时地表温度与热场变异指数分布

0.08＜HI≤0.23 时,表示该点为次强热岛效应;当 HI＞0.23 时,表示该点为强热岛效应。

　　根据北京市热场变异指数等级图 5.1b 可知,城市次强和强热岛区与城市建成区的范围大致相当。城乡梯度热岛强度差异显著,热岛强度由主城区、近郊区到远郊区依次递减。主城区以强热岛效应为主,热场变异指数最高达到 0.44,次强热岛效应次之,热场变异指数为 0.08~0.23;近郊区的轻热岛效应和无热岛效应所占比例较大,热场变异指数在 0.08 以下;远郊区以无热岛效应为主,热力场变异指数基本小于 0。

　　通过对比热岛效应较强的 6 个主城区可以发现,主城区北部的热岛强度明显比南部的低,强热岛效应区域主要集中在主城区南部,即丰台区和石景山区——位于北京市四环和五环之间,热场变异指数最高为 0.44;朝阳区和海淀区由于区域内分布着大量公园和绿地,林地和水域覆盖面积比例较大,地表温度较低,显示出轻热岛效应;东城区和西城区作为首都功能核心区,其建设时间较长,人口分布集中,城市绿地和水域面积比例较低,一定程度加剧了热岛效应,表现出次强热岛效应;丰台区和石景山区作为北京的城市功能拓展区,正处于迅速发展阶段,工业建设用地数量不断增加,绿地建设力度还不够,存在大量旧城区高密度建筑区,地表温度较高,显示出较强的热岛效应。

　　(二)北京市热岛强度空间差异分析

　　通过分析北京城市热岛强度空间格局可以看出,热岛效应区域主要分布于城市 6 个主城区。分别统计 6 个主城区的地表温度可以发现,地表温度最大值达到 32.73℃,分布于丰台区和石景山区。分析 6 个主城区地表温度低值区域可以发现,朝阳区和海淀区的最低温度为 18℃左右,主要源于其行政区域内分布有较大面积的绿地和水域。6 个主城区的平均地表温度由高至低分别是:丰台区、西城区、东城区、石景山区、朝阳区、海淀区。其中,丰台区的平均地表温度居首位,为 30.26℃,热岛效应明显。其他几个城区的平均温度也都大于 25℃,均存在不同程度的热岛强度等级。另外,研究进一步发现即使在城区内有水域和城市绿地分布的地方,由于热岛效应的影响,其地表温度要比郊区的高,达到了 18℃(图 5.2)。

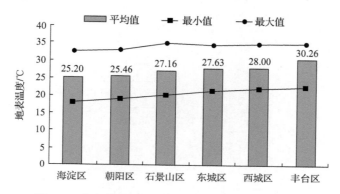

图 5.2　北京市主城区不同行政单元地表温度统计值

针对北京市 6 个主城区的不同热岛强度,运用热场变异指数进行定量分析(图 5.3),可以发现,强热岛效应占该区面积比例最大的为丰台区,达到了 16.26%;其次为石景山区,占 9.29%;海淀区最小,仅占 4.11%。次强热岛效应占该区面积比例最大的是西城区,达到了 59.81%;其次为东城区,占 54.22%;丰台区,占 53.12%。轻热岛效应的分布较为相似,6 个主城区均为 25%～35%。无热岛效应占该区面积比例最大的是海淀区,为 28.71%;其次为石景山区,占 21.51%;朝阳区,占 18.49%。综合以上分析可以发现,在丰台区内,强热岛效应和次强热岛效应所占比例之和达到了 70%,其热岛效应最为明显。而海淀区的轻热岛效应和无热岛效应所占比例之和为 65%,其热岛效应最弱。

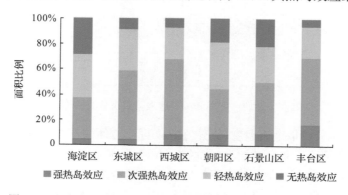

图 5.3　北京市主城区不同行政单元不同热岛效应强度面积比例

二、城市构造对地表温度影响观测分析

(一)地表温度统计分析方法

科学揭示城市不同下垫面和城乡之间地表类型之间的地表温度差异,可为城市热岛强度及内部热环境状况提供更客观的评价。对城乡地表类型组分及结构特征进行地表温度观测与分析时,将从观测目标、覆盖状态、用途类型及结构与材质 4 个层次进行分析,具体如图 5.4 所示。

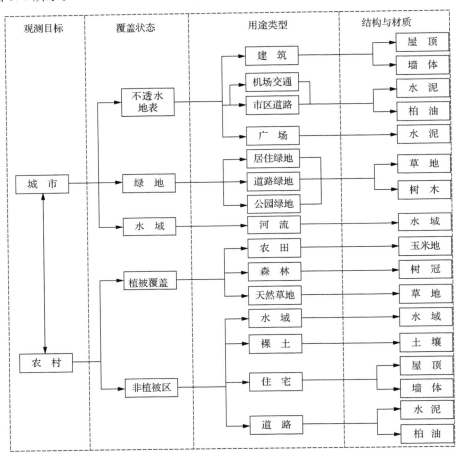

图 5.4　地表温度观测城乡地表类型组分及结构特征

采用红外测温仪获取地表温度,红外测温仪可以方便快捷地观测特定地表类型辐射温度,如图 5.4 所示可以实现结构与材质的定点观测,而红外热像仪可以观测空间范围内红外辐射温度场状况,可以获取城市下垫面一定范围内地表辐射温度场分布。

城市不同下垫面间和城乡地表类型间辐射温度差异的差值通过如下公式计算:

$$\Delta T_{i,j,n} = \frac{T_{i,n} \times \varepsilon_{i,n}}{0.95} - \frac{T_{j,n} \times \varepsilon_{j,n}}{0.95} \tag{5.2}$$

式中，$\Delta T_{i,j}$ 为第 i 种和第 j 种地表类型之间地表温度的差值；T_i 和 T_j 分别为第 i 种和第 j 种地表类型观测的辐射温度，由红外测温仪或红外热像仪读取数据；n 为上午或中午观测时间；ε_i 和 ε_j 分别为第 i 种和第 j 种地表类型波长 8~14μm 比辐射率。充分考虑观测时段农村林地、草地、农田和城市绿地的植被覆盖状况和土地利用现状，查阅文献获得不同地表类型的比辐射率，见表 5.1。

表 5.1　城乡不同地表类型比辐射率值

地表类型	比辐射率	作者与文献
农田	0.982	覃志豪等,2004
林地	0.988	覃志豪等,2004
灌木	0.986	Humes 等,1994;刘闻雨等,2011
草地	0.982	Labed 等,2008
水域	0.995	郑国强等,2010
裸土	0.972	覃志豪等,2004
建筑	0.970	覃志豪等,2004
绿地	0.985	Humes 等,1994
沥青、水泥地	0.968	王修信等,2007

地表温度的差异除取决于地物类型之间的差异外，也受到地表类型内部采样误差和观测误差的影响。双因素方差分析（two-way ANOVA）和单因素方差分析（one-way ANOVA）能够用于定量描述地表温度对于地物类型的依赖性，可用于检验地表温度的差异主要来源于类别因素间差异还是类型内部抽样时产生的随机误差。单因素方差分析公式如下：

$$\mathrm{MS}_{组间} = \frac{\mathrm{SS}_{组间}}{V_{组间}};\ \mathrm{MS}_{组内} = \frac{\mathrm{SS}_{组内}}{V_{组内}};\ F = \frac{\mathrm{MS}_{组间}}{\mathrm{MS}_{组内}} \tag{5.3}$$

式中，MS 为组间和组内的均方差；SS 为组间和组内的离均差平方和；V 为组间和组内的自由度；F 为检验统计量。

在城乡梯度地表温度差异以及原因分析中，应用到 2010 年土地利用/覆盖遥感解译现状数据、2010 年城市航空影像数据（空间分辨率 0.5m）、城市内部土地利用精细化分类数据、不透水地表、绿地覆盖数据、SRTM DEM 90m 分辨率地形高程数据和遥感卫星过境时 MODIS 反演的 NDVI 数据。

（二）地表温度观测精度评价

尽管红外测温仪和红外热像仪具有地表辐射温度观测精度相对高的特点，观测值也会受到观测仪器精度、观测角度、地表粗糙度差异以及周围环境辐射等因素的影响。因此，在观测前对 4 台红外测温仪进行黑体源（BDB15）辐射标定后，选择同一目标点分别连续观测 10 次，将辐射温度误差控制在 0.1K 以内。开展观测实验前，在风林绿洲居住区楼顶应用 1 台红外热像仪和北侧无阴影空旷广场区布设的红外测温仪开展同一位置同时连续观测，分析两种仪器之间以及红外热像仪置于100m高楼倾斜向下产生的观测误差问题。实验证明，在100m高度红外热像仪观测，其大气效应影响较小，误差范围为0～0.5K，观测视角、地物类型以及所处的成像位置不同会对观测结果产生一定的影响，误差范围为0～1K。在获取的15组针对城市和农村地表结构和材质地表辐射温度数据，我们对每组数据开展标准差和均方根分析，观测值方差大于2倍标准差（正态分布概率约5%）的观测值将被剔除。

针对城市不同用途类型的地表温度，通过数理统计分析（表5.2和表5.3）可知，类型结构复杂的城市下垫面与类型相对均一的农村相比较，地表温度观测值城市比农村的均方差大，表明城市的观测值离散程度相对更大些。不透水地表和裸土的均方差比绿地和水域的均方差大，表明不透水地表和裸土的观测值离散程度相对更大些。

表 5.2 城市不同用途类型地表样本量及地表温度均方差（上午/中午） （单位：℃）

地表类型	建筑	机场交通	市区道路	广场	居住绿地	道路绿地	公园绿地	水域
有效样本	57/34	20/17	21/25	9/8	28/21	13/13	12/13	4/5
观测值	165/97	200/170	84/61	9/8	100/21	49/31	21/22	13/5
均方差	6.80/7.40	5.61/5.73	6.05/6.55	3.74/4.05	2.33/3.38	2.31/3.09	1.96/1.82	1.33/1.25

表 5.3 农村不同用途类型地表样本量及地表温度均方差（上午/中午） （单位：℃）

地表类型	农田	森林	天然草地	水域	裸土	住宅	道路
有效样本	5/9	11/10	3/4	25/24	4/14	6/7	7/8
观测值	5/9	110/100	30/40	250/240	40/140	60/70	70/80
均方差	1.65/1.24	1.72/2.60	2.44/3.26	1.68/2.25	4.33/4.71	4.22/5.72	2.72/4.63

以城市和乡村15种地表类型及观测时间（上午、中午）为双控因子，运用SPSS软件进行双因素方差分析，进而检验不同地表类型和观测时间对地表温度是否具有显著性影响及其交互影响效应（表5.4）。其中，地表类型的统计量 $F=74.276>F\text{-crit}=1.67$，即在剔除观测时间的影响后，不同地表类型对地表温度具有显著性影响，存在显著差异；观测时间的统计量 $F=34.031>F\text{-crit}=3.84$，即在剔除地表类型的影响后，不同观测时间对地表温度具有显著性影响；交互影响即在剔除两种主效应后，由不同的地表类型和观测时间相结合而产生的地表温度的影响，检验交互效应的统计量 $F=0.955<F\text{-crit}=1.67$，表明地表类型和观测时间的交互效应不显著，不会对地表温度的变化产生影响。为辨识地表温度观测数值差异是来源于地表类型之间的内在差异还是由随机误差引起的，进一步开展单因素方差分析，其检验统计量 $F=65.680>F\text{-crit}=0.862$，表明城市和农村的15种地表类型之间地表辐射温度的差异主要由地物类型差异引起，而非随机的观测误差造成的（表5.5）。

表 5.4　红外测温仪和红外热像仪观测的地表温度差异双因素方差分析

方差来源	离均差平方和	自由度	均方差	F 检验	显著性
地表类型(组间)	25 044.345	14	1 788.882	74.276	0.000
观测时间(组间)	819.617	1	819.617	34.031	0.000
地表类型×观测时间(组间)	321.911	14	22.994	0.955	0.500
随机误差(组内)	9 802.236	407	24.084		
总差异	36 809.079	436			

表 5.5　红外测温仪和红外热像仪观测的地表温度差异单因素方差分析

方差来源	离均差平方和	自由度	均方差	F 检验	显著性
地表类型(组间)	25 230.066	14	1 802.148	65.680	0.000
随机误差(组内)	11 579.013	422	27.438		
总差异	36 809.079	436			

　　由于地表温度从上午 11:00～11:30 到中午 12:30～13:00 处于快速升温过程,为实现地面同步观测的遥感参数修正,参考前人实验结果,除获取水域、机场、农田等相对纯像元外,从上述观测数据集中选择遥感过境时段前后 10min 内(11:00～11:20)观测值平均值作为验证数据,对城市下垫面而言,MODIS 1km 像元主要由不透水地表、绿地和水域等组分组成(图 5.5)。因此,我们应用混合像元加权方法获取城市内部混合像元地表辐射温度验证样本,各组分地表温度观测值来源于红外测温仪和红外热像仪。

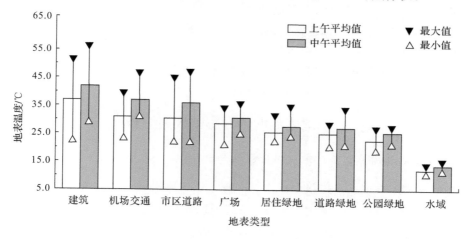

图 5.5　城市下垫面类型地表温度平均值与极值

（三）城市下垫面地表温度差异特征分析

　　不同的土地利用类型对应的地表温度呈现出较大的差异性。北京市不同的土地利用类型各自对应的地表温度差异显著,主城区多显示出 25℃ 左右的温度等值线,而郊区均处在 20℃ 等值线及以下。运用土地利用图叠加反演的地表温度图进行统计分析,就平均温度而言,从小到大依次为林地(14.55℃)、未利用地(14.85℃)、草地(16.02℃)、水域(19.11℃)、耕地(19.76℃)、城镇用地(20.49℃)。水域平均温度显示出比林地和草地更高的值,主要是因为受海拔地形因素影响,林地、草地绝大部分分布在海拔较高的山区(统计表明,林地、草地平均海拔均在 500m 以上,而水域的海拔为 130m,耕地的海拔为 140m,城镇用地分布平均高程为 75m 左右),因此,高海拔的林地、草地温度较低。其中,城镇用地比林地温度要高 5.94℃,与同海拔的耕地相比,平均高出 0.73℃,充分显示出了城市热岛效应,也证实地表温度分布与土地利用的密切关系,即在相同的海拔下,下垫面覆盖类型对热岛效应发挥着非常重要的影响。

城市不同下垫面用途类型地表辐射温度差异与不同地表覆盖结构和建筑材质密切相关。结合布置于风林绿洲居住区 100m 楼层顶部由红外热像仪获取的建筑、广场等不透水地表以及奥林匹克公园大面积绿地的热红外图像(图 5.6)可以看出,建筑屋顶受到太阳光直射的影响,地表温度高于侧面墙体温度。灰黑色屋顶由于吸收热量的能力强,其地表温度高于灰白色屋顶。柏油路面材质比水泥路面地表温度高约 2K,其原因是柏油路面与水泥路面热容量和导热率的差异,且水泥地面颜色较浅,反射率较大,对太阳辐射吸收低于沥青,因此其地表温度低于沥青。上述地表温度相对高的建筑材质对城市热岛效应的贡献程度会更大些。公共绿地受树冠阴影遮挡,林下植被地表温度比草地低约 4K。通过上述分析表明,建筑材质、形态、色差以及立体阴影都会对地表温度产生重要影响。

不透水地表和绿地作为城市地表覆盖的两种主要类型,如图 5.6 位于风林绿洲观测位置南侧(b1)站点和北侧(b2)站点以不透水地表覆盖为主,观测点东侧(b3)为奥林匹克公园公共绿地。由图 5.6c 可以发现,热红外图像中的不透水地表和公共绿地之间地表温度差异显著,城市建筑、广场和道路的热红外图像呈现强烈的"热场",运用公式(5.2)统计分析可知,不透水地表平均地表温度约为 30.16℃。然而奥林匹克公园公共绿地、居住区绿地和道路热红外图像呈现明显的"冷场",绿地的地表温度约为 24.15℃。不透水表面和绿地两者之间平均地表温度差值为 6~12℃。

三、地表温度差异影响因素分析

(一)城乡地表热量收支对地表温度影响分析

地表温度是城乡下垫面辐射和热量平衡收支中各个分量综合作用的结果,地表接收的能量在地-气之间的能量交换中,遵循如下辐射能量平衡方程,即

$$R_n = (1-\alpha)Q + \varepsilon_a \sigma T_a^4 - \varepsilon_s \sigma T_s^4 \tag{5.4}$$

$$R_n = H + LE + G \tag{5.5}$$

式中,R_n 为地表净辐射;α 为地表反照率;Q 为太阳直接辐射和天空短波散射辐射之和;ε_a 为大气比辐射率;ε_s 为地表比辐射率;T_a 为参考高度的空气温度;T_s 为地表温度;H 为显热通量;LE 为潜热通量;G 为土壤热通量。

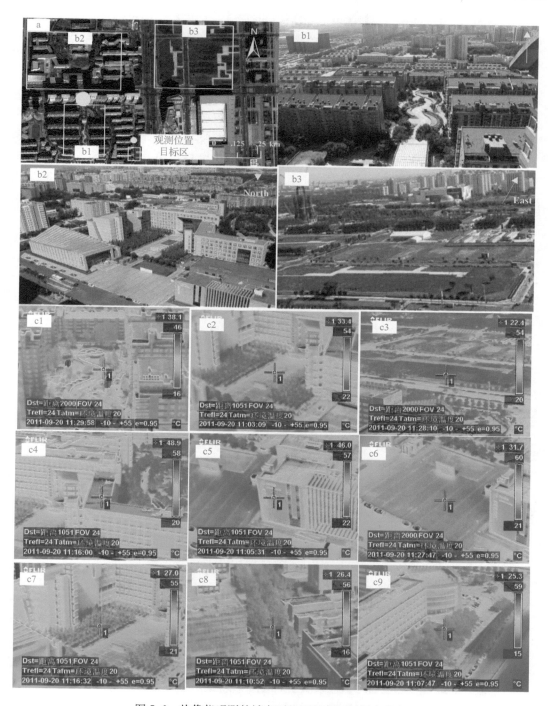

图 5.6 热像仪观测的城市下垫面地表辐射温度状况

a. 观测区域 Google Earth 高分辨率遥感影像图，黄色点为红外热像仪观测点，黄色方框为红外热像仪观测范围；

b. 观测周边实景照片；c. 典型地物热红外成像比辐射率校正辐射温度状况

图中显示比辐射率（ε）为 0.95，仅用于相同类型间直观比较，但在统计分析中根据公式（5.2）做了修正

结合 2011 年 9 月 20 日遥感卫星过境 2 个时段 3 个观测站点获取的地表温度有效观测值(表 5.6 和表 5.7),比较分析城乡不同下垫面用途类型地表热量收支差异状况。通过统计分析表明,地表反照率由高到低依次为城市不透水地表>城市绿地>郊区农田,其中城市不透水地表建筑屋顶的地表反照率最大,而净辐射通量值最小,城市绿地和郊区农田与之相反。通过对表 5.7 分析可知,由城市不透水地表、城市绿地到郊区农田显热通量占净辐射的比例依次降低,潜热通量占净辐射的比例依次升高。城市建筑水泥下垫面显热通量白天所占的比例为 63%,高于城市绿地,而其潜热通量的比例为 19%,城市不透水下垫面的热量支出以显热通量为主,其波文比高达 4.03。城市公共绿地潜热通量大于显热通量所占的比例,其中,潜热通量比例为 58%,而显热通量比例为 32%。城市公园绿地受植被蒸散发影响,使得潜热通量占主导。郊区农田用地类型具有较低的反照率,白天仅为 0.14,从而表现出较高的地表净辐射值,农田地表类型受农作物植被蒸腾作用的影响,潜热通量占净辐射的比例高达 61%。

表 5.6　遥感卫星过境时和白天地表辐射四分量均值　　　　　　　　(单位:W/m²)

站点/用途类型	时间	下行短波	上行短波	下行长波	上行长波	净辐射
中科联屋顶(S1)/	同步	759.29	219.47	310.79	454.54	392.37
城市不透水地表(建筑)	白天	409.55	119.29	303.96	443.96	262.47
奥林匹克公园(S2)/	同步	777.37	142.85	330.42	472.02	482.38
城市绿地(公园绿地)	白天	451.85	83.12	325.79	428.73	351.87
大兴站点(S3)/	同步	775.66	102.19	314.38	445.88	503.37
郊区农田(玉米地)	白天	436.08	67.98	307.89	422.00	439.86

表 5.7　遥感卫星过境时和白天地表辐射热通量参量均值及其比值

站点/用途类型	时间	反照率	净辐射(W/m²)	LE/R_n	H/R_n	G/R_n	波文比
中科联屋顶(S1)/	过境	0.29	392.37	0.18	0.68	0.14	3.83
城市不透水地表(建筑)	白天	0.30	262.47	0.19	0.63	0.18	4.03
奥林匹克公园(S2)/	过境	0.18	482.38	0.56	0.40	0.04	0.71
城市绿地(公园绿地)	白天	0.18	351.87	0.58	0.32	0.10	0.57
大兴站点(S3)/	过境	0.13	503.37	0.59	0.35	0.06	0.59
郊区农田(玉米地)	白天	0.14	439.86	0.61	0.31	0.08	0.53

通过以上分析可知,城乡不同地表下垫面的热量收支存在显著的差异,城市不透水地表下垫面对显热通量起决定性作用,具有较高的地表温度,而城市绿地和郊区植被潜热通量占主导,植被的蒸腾作用导致其地表温度低于城市不透水地表,这种地表热通量的差异是影响城乡梯度不同下垫面地表温度差异的主要因素。

除此以外,城市中心密集的建筑物取代了自然的地表下垫面,一定程度增加了地表粗糙度,城区的粗糙度比郊区约大一个量级,且城市的高密度建筑物使得城市的风速相对小于农村,这些因素都有可能导致地表失去的显热通量减小,进而地表温度城市高于郊区,而郊区以植被下垫面和低矮的建筑物为主,较城市相对平坦,粗糙度较城区低,均有利于地表热通量向大气的扩散。北京市快速的城市化发展,城市下垫面的热力学和动力学性质发生了显著的变化,地表粗糙度、零平面位移皆明显增加。城市的自然下垫面逐渐被城市的房屋和水泥柏油道路替代,植被稀少,在太阳辐射的作用下升温很快,加之城市建筑物增加地表的摩擦作用,影响通风量和热量的散失,显热通量增加,进而导致局地气温偏高,显著增加了城市热岛强度。

（二）地形因素和植被状况对城乡地表温度的影响分析

通过 MODIS 遥感反演的地表温度与地形高程、植被状况的空间叠置分析(图 5.7),地表温度空间格局与地形高程因素和植被状况密切相关。北京位于华北大平原北端,其西北为高低起伏的山区,东南以平原为主。北京市西部山区地形高程为 1000～1500m,地表温度相对较低,遥感反演的平均地表温度为 19.65℃。而位于东南部平原区地形高程为 0～100m,地表温度相对较高,遥感反演的平均地表温度为 28.15℃。地表温度随着高程增加呈直线下降趋势,具有显著的线性回归关系,R^2 为 0.80。MODIS 遥感反演的地表

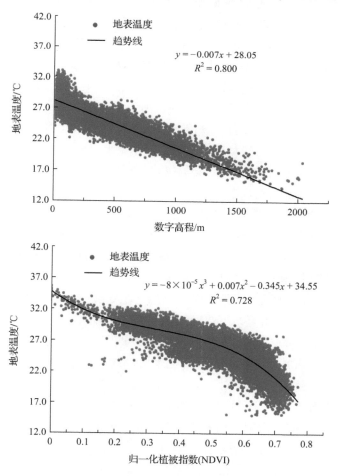

图 5.7 地形高程因素和植被指数与地表温度之间关系的统计分析

温度与植被指数(NDVI)之间的关系表明,在西部山区高植被覆盖区,地表温度相对较低,而在东部平原区植被指数较低,而地表温度相对较高。地表温度与植被指数之间呈现先较快下降(NDVI≤0.2),然后缓慢下降(0.2<NDVI<0.45),最后快速下降的趋势(NDVI≥0.45),在一定程度上反映了从城市地区低植被指数到周边农田区相对较高的植被指数,再到西部山区森林覆盖区高植被指数过渡的地表温度变化趋势。就整个北京而言,地表温度除了受到地形高程因素和植被状况的控制作用,也与地形坡度、坡向、起伏度和影响植被生长的气候因素、土地利用状况密切相关。

(三)城市建筑材质与结构组分对地表温度影响的分析

北京整个辖区内,中心城区、飞机场及各郊(县)建成区呈现显著的高温态势。城市热环境的形成除受到城市边界层气象状况(气温、降水、云覆盖)、土地利用、几何结构组合(城市峡谷)以及人为热源释放的影响外,与城市空间布局的结构组分和建筑材质之间的关系更为密切。城市不透水地表、绿地和水域为城市地表覆盖的重要组成部分,通过3种观测方式获取的不同覆盖类型之间地表温度差异显著,城市不透水地表比绿地地表温度平均高6~12℃。城市不同建筑材质之间地表温度差异亦较为明显,如城市道路中,柏油路面比水泥路面地表温度高约2℃。除此之外,城市地表温度差异更倾向于与不同建筑材质热传导、反照率以及热惯量有关。北京城市建成区内建筑密集区不透水地表比例高达60%~80%,城市建筑、道路和广场由大规模的砖瓦、水泥、混凝土和沥青组成,尽管这些材料具有较高的反照率,相比而言,热传导和热储性特征决定其呈现更高的地表温度,但北京中心城区二环内陈旧的砖瓦结构建筑反照率更低,地表温度呈现极端的高温态势。而城市中以草和树木为主的绿地覆盖,受蒸腾作用影响,热惯量大而升温阻力也大,地表温度明显低于不透水地表的地表温度。

综上所述,红外测温仪具有灵活便捷、定点观测精度高的特点,地表辐射温度定点观测实用性较高;红外热像仪便于获取一定区域内的面状热红外图像,对于一定范围地表辐射温度观测具有很好的应用价值;MODIS遥感可大面积周期性地获取地表红外温度,但是针对中国区域,特别是地表景观复杂的城市地区,其遥感算法模型及遥感产品均需要科学的验证和模型校正,也被认为是地表温度遥感定量研究极具挑战性的内容。上述仪器三者协同观测,可以提高城市复杂下垫面地表温度时空异质性特征的认知水平,刘闻雨等(2011)通过 Landsat TM5 遥感数据分析观测发现水泥、沥青的地表温度相等,但是本研究基于红外测温仪获取的相同状况下沥青比水泥的地表温度要高2℃,主要与它们二者的色调和材质有关。由此可见,红外测温仪实地观测可以弥补遥感方法无法解决的问题。观测实验方案至关重要,位于风林绿洲居住区100m楼层顶部,获取的热图像清晰,精度相对较高(图5.6),但是置于中国科学院大气物理研究所北郊观测铁塔200m处获取的数据图像质量相对不高,未参与数据分析。MODIS遥感的同步观测,对前人地表温度反演算法和MODIS地表温度产品在像元尺度比较发现,前人地表温度反演算法在城市区域精度相对较低,西部山区森林覆盖区 MODIS 遥感反演产品精度相对较高,对于城市不同建筑材质和结构镶嵌景观,遥感获取的地表温度时空差异更加需要科学的精度验证。

观测实验证实了城乡地表类型组分及结构特征从观测目标、覆盖状况、用途类型及结构与材质之间的地表辐射温度差异特征,对于科学解释 Oke(1982)提出的不同城市下垫面物理特征属性聚合对城市热岛形成的影响具有重要科学意义。从北京整个市域来看,不同土地利用类型之间地表温度的差异受到地形因素和植被状况的控制。从辐射能量收支角度分析,城乡梯度地表温度的异质性与不同下垫面类型地表辐射和热通量密切相关,城市不透水地表下垫面会产生较高的显热通量,加之城市的风速小,粗糙度大,地表失去的显热通量减小,由此引起城市地表增温,是城市热岛形成的主要原因。通过红外测温仪和红外热像仪的观测数据分析表明,城市不同覆盖结构,如不透水地表和公共绿地之间地表平均温度差异高达 6～12℃,但是在 MODIS 1km 像元尺度,这些差异均无法刻画,而更多反映了地形因素和植被状况以及土地利用类型对地表温度影响格局的差异性。城市用地规模、人口容量差异以及相同的地表类型之间材质和结构的差异,均对地表温度产生一定的影响,也是决定城市热岛强度差异的重要因素。对于北京中心城区人口超过千万的超大城市,伴随着城市化进程热岛强度显著加强。在城市规划方面应该加强对城市热环境的调控,提高公共绿地建设比例,注重选择浅色调材料,特别是加强居住区绿地景观设计以减缓城市热岛强度。

因此,在城市规划与建设中应该充分考虑有利于城市热岛调节的建筑材质、景观布局和功能分区问题。为实现城市热岛强度的缓解和局地气候环境的改善,需要从功能结构组分、景观结构布局和建筑材质选择多方面进行生态调控。

第二节　城市地表辐射通量时空特征分析

一、城市地表辐射通量时空格局分析

(一)遥感定量反演辐射通量精度验证

辐射通量观测数据来源于 2009 年 9 月 22 日的遥感和地面观测实验资料,实验场地的观测位置平均海拔相对较低,观测点包括多种地表覆盖类型,选择数据质量较好的 8 个观测站点数据,包括以植被下垫面为主的北京密云、大兴站(Liu et al.,2013)、奥林匹克森林公园站点、教学植物园、河北香河站点以及以不透水地表为主的中国科学院生态环境研究中心、中国科学院大气物理研究所铁塔(Miao et al.,2012)和科学园南里观测站点。表 5.8 给出了各站点的详细信息。这些站点都设有自动气象站和辐射四分量仪,能够连续地获取通量观测数据,测量的数据包括下行短波辐射、上行短波辐射以及下行长波辐射和上行长波辐射,地表净辐射通量、显热通量、潜热通量数据。

表 5.8　北京市辐射通量涡度观测站地表参数

序号	站点	经度/纬度	NDVI[a]	地表温度/℃[a]	植被盖度[b]	潜热比[b]
S1	科学园南里	116.3764°/39.9962°	0.12	31.00	0.2	0.302
S2	奥林匹克森林公园	116.4002°/40.0288°	0.45	24.38	0.75	0.664
S3	中国科学院生态环境研究中心	116.3428°/40.0092°	0.16	26.32	0.25	Not available
S4	中国科学院大气物理研究所	116.3709°/39.9744°	0.34	23.83	0.55	Not available
S5	密云	117.3233°/40.6308°	0.35	20.35	0.65	0.732
S6	教学植物园	116.4302°/39.8738°	0.51	22.44	0.75	Not available
S7	大兴	116.4271°/39.6213°	0.4	25.54	0.7	0.527
S8	河北香河	116.9500°/39.7830°	0.5	25.00	0.8	0.554

a 为 Landsat TM5 遥感反演数据；b 为地面观测站点数据。

科学园南里观测点北临科学园南里东街,南临中国科学院科学园小区,东、西为商业居住区,建筑屋顶面积为 321.34m² ,包含屋顶东西两侧高为 3.95m 的房屋占地面积,屋顶距地面距离为 18m,屋顶处盛行风向为西北风。观测站 EC150 CO_2 /H_2O 分析仪器距屋顶高度为 2.53m。NR01 四分量净辐射传感器距屋顶距离为 1.5m。HMP155 温度湿度传感器距屋顶高度为 2.53m。HFP01 土壤热通量传感器共 4 个,每个土壤热通量水泥板长为 38cm,宽为 30cm,由东向西 4 个传感器之间的距离分别为 2.30m、2.61m、1.90m。

奥林匹克森林公园是北京最大的城市公园,位于北京城中轴线北端,以五环为界,公园占地面积为 680hm² ,观测仪器位于奥林匹克森林公园的北园绿地草坪上。仪器周围环境以草地和树木为主,仪器西北侧为面积 523.24m² 的树林,周围有零星树木包围,其余均为草地。EC150 CO_2 /H_2O 分析仪和 NR01 四分量净辐射传感器距地面距离分别为 2.66m、1.63m(表 5.8),HMP155 温度湿度传感器距地面高度为 2.0m。

基于 Landsat TM5 影像数据,应用定量遥感反演模型获取了下行短波辐射、上行短波辐射、上行长波辐射、下行长波辐射和地表净辐射通量,协同 8 个实时地面观测站点数据进行验证分析(表 5.8),最终得到了遥感反演辐射各通量分量与地面观测验证结果(图 5.8)。为了分析模型输出参数的反演精度,对地表辐射通量反演的各参数值与地面实时观测的辐射四分量站点数据,采用均方根误差进行验证。进一步分析可知,地表下行和上行短波辐射的均方根误差分别为 20.02W/m² 和 10.20W/m² 。地表下行和上行长波辐射的均方根误差分别为 12.68W/m² 和 6.47W/m² 。地表净辐射通量的均方根误差为 20.72W/m² 。遥感反演值与地表同步的观测值验证结果一致性较好,满足进一步分析应用需要。

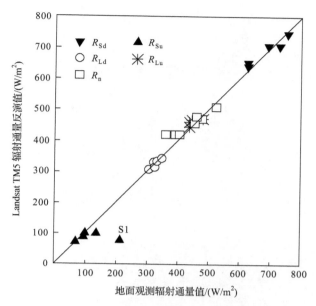

图 5.8　遥感反演辐射通量与地面观测之间精度误差

R_{Sd}. 下行短波辐射；R_{Su}. 上行短波辐射；R_{Ld}. 下行长波辐射；R_{Lu}. 上行长波辐射；R_n. 净辐射通量

（二）地表短波辐射通量空间格局分析

不同下垫面的地表辐射通量特征具有较大的空间差异性（图 5.9）。对于不同的地表下垫面，地表下行短波辐射的空间差异影响因素除大气环境因素外，地表的不同土地利用覆盖类型也是影响地表下行短波辐射的重要因素之一。北京城市地表短波辐射通量遥感反演如图 5.9 所示。基于遥感定量反演的地表辐射通量分析，下行短波辐射，主要集中在 $750 \sim 810 W/m^2$，主要分布在以林地和草地为主要地表覆盖类型的西部和北部地区，净辐射通量明显高于其他区域。城市地区不透水地表下行短波辐射主要集中在 $660 \sim 700 W/m^2$。城市和农村之间的下行短波辐射差异为 $90 \sim 110 W/m^2$，区域差异性明显。

地表上行短波辐射，除受下行短波辐射的影响外，下垫面的反照率是地表上行短波辐射的重要影响因素之一，从图 5.9b 中的地表上行短波辐射分析表明，地表上行短波辐射占地表下行短波辐射的比例集中在 $10\% \sim 30\%$。根据上述对地表反照率参数化改进的分析可知，由于城市中心区的建筑三维立体结构和低反照率的油毡、沥青和黑色屋顶等因素的影响，导致其地表反照率低于其周围的地表反照率值，城市中心区外围不透水地表下垫面反照率相对较高，其中首都国际机场具有最高的上行短波辐射值，为 $125 W/m^2$，其余地区的林地和水域呈现出较低的上行短波辐射值，主要集中在 $30 \sim 55 W/m^2$，水域的上行短波辐射比林地的值小，为 $25 W/m^2$。

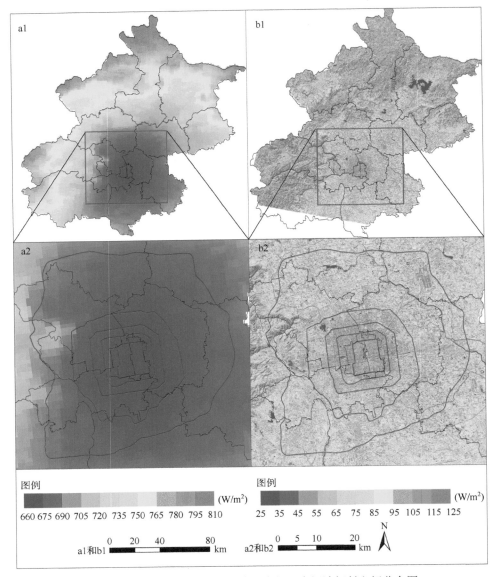

图 5.9　基于 Landsat TM 遥感反演的地表短波辐射空间分布图

a. 下行短波辐射；b. 上行短波辐射

(三)地表长波辐射通量空间格局分析

地表长波净辐射是地表和大气交互过程中以长波形式传输的辐射通量,是净辐射通量的重要组成部分,主要受地表温度、地表比辐射率影响。下行长波辐射,主要受大气环境因素的影响,从图 5.10a 中可以看出,研究区西部和北部地区以林地和草地为主要地表覆盖类型的地表下行长波辐射,要明显低于其他地区以不透水地表为主的地表下垫面,西部和北部的下行长波辐射值大部分集中在 $255 \sim 280 \mathrm{W/m^2}$,而以不透水地表下垫面为主的城市中心区的下行长波辐射主要集中在 $290 \sim 300 \mathrm{W/m^2}$。地表上行长波辐射由于主要受到地表比辐射率和地表温度的影响,呈现出较大的空间差异性,通过对地表上行长波辐射的分析可知(图 5.10b),以不透水地表下垫面为主的城区具有较高的上行长波辐射,其辐射值主要集中在 465~510W/m²,在城区的南部出现最大值为 510W/m²。由于植物的蒸腾和土壤的蒸发作用,林地和水域具有较低的地表温度,因而比不透水下垫面为主的地表具有较低的上行长波辐射,且上行长波辐射主要集中在 365~430W/m²。此外,位于郊区城镇不透水的地表区也呈现出较高的地表下行长波辐射。

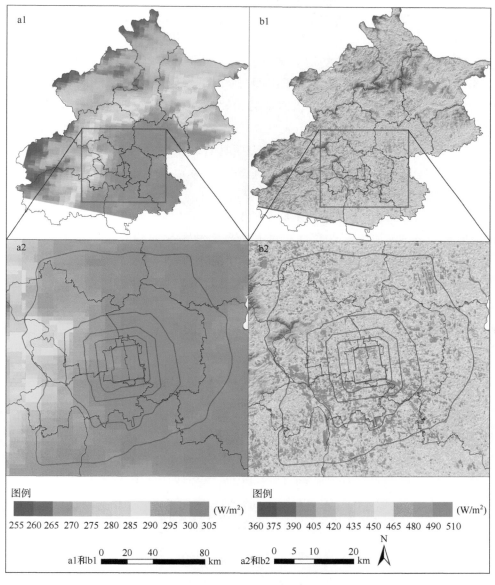

图 5.10 基于 Landsat TM 遥感反演的地表长波辐射空间分布图

a. 下行长波辐射;b. 上行长波辐射

(四)地表净辐射通量空间格局分析

净辐射表征了地表与大气能量交换到达地表的辐射收入与支出之差,是地表能量平衡及大气与地表热通量交换的重要驱动力。在区域尺度上,净辐射的差异与不同的地表覆盖类型密切相关。从图 5.11 中可以看出,研究区的北部和西北部的林地具有较大的净辐射通量值,净辐射通量最大值为 620 W/m², 主要集中在 500～620 W/m², 其次为水域,城区的建设用地和城市机场、工业用地表现出较小的净辐射通量值,其值主要集中在 360～470 W/m²。此外,利用 Landsat TM 可以清晰地刻画城市内部的不同下垫面类型的地表辐射特征。从图 5.11 可以看出,城市内部不同功能区之间,其地表净辐射通量表征出明显的差异,位于城市内部的绿地和水域具有较高的净辐射通量值,其中,城市内部的绿地地表净辐射通量值主要集中在 450～470 W/m², 水域的净辐射通量值主要集中在 500～540 W/m²。然而,城市的商业用地、大型广场、住宅用地和道路等不透水表面具有较低的净辐射通量值,源于城市中心区域的高层建筑的三维结构和较高的地表反照率以及其他因素共同作用,地表净辐射的最低值仅为 320 W/m²。

综上分析可以得出,北京市的不同土地利用覆盖类型的地表辐射差异显著,这种地表辐射通量的差异,主要是城市的不同土地利用结构的差异导致。城市中心区范围内,建成区的下垫面主要为水泥路面和高、低层的建筑物,因而表现出较低的净辐射通量,而大面积绿地,由于其植被反照率较低,因而具有较高的地表净辐射。对于城市的不同内部结构而言,不同的内部结构的差异导致地表辐射通量呈现显著的差异,不同反照率建筑材质、不透水地表和绿地的比例和面积的合理配置,对于调节城市内部的辐射能量收支具有重要的作用。

二、城乡地表辐射通量差异分析

地表净辐射作为城市地表辐射收支的重要参数,是地表蒸散发和植物光合作用的重要驱动因素,是决定地气交换中热量传输的前提条件。北京市城乡地表辐射通量差异明显(图 5.12)。分析可知,地表下行短波辐射通量平均值由农村地区的 737.63 W/m² 下降到城市地区的 659.59 W/m²。地表上行短波辐射平均值从城市地区的 99.05 W/m² 下降到农村地区的 93.69 W/m², 主要是城乡地表反照率不同导致的。地表净辐射通量平均值由城市地区的 416.94 W/m² 上升到农村地区的 506.88 W/m²(表 5.9)。

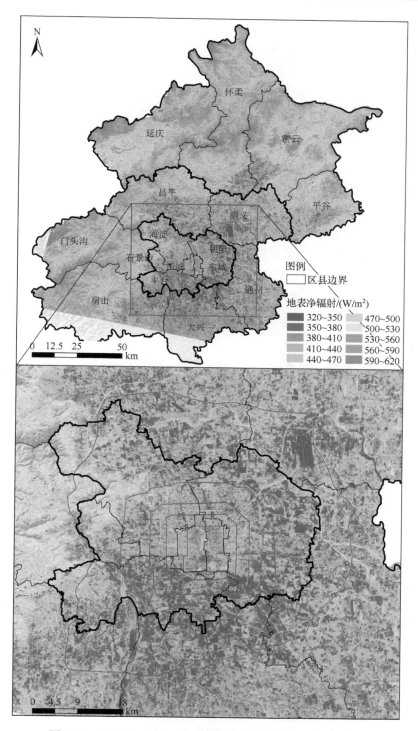

图 5.11　基于 Landsat TM 遥感反演的地表净辐射空间分布

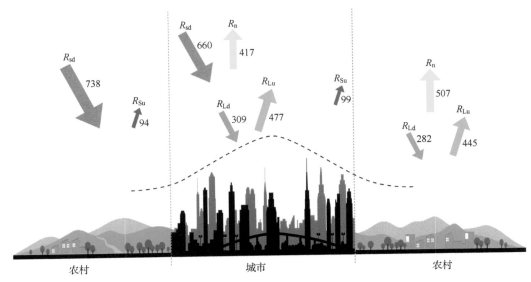

图 5.12　北京市城乡梯度地表辐射通量（W/m²）差异图

表 5.9　北京市城乡地表辐射通量差异表　　　　　（单位：W/m²）

地表辐射通量	城市地区				农村地区			
	平均值	最大值	最小值	均方根误差	平均值	最大值	最小值	均方根误差
R_{Sd}	659.59	698.10	648.04	6.82	737.63	805.07	667.01	24.43
R_{Su}	99.05	160.00	35.89	16.54	93.69	160.00	30.42	18.66
R_{Ld}	308.90	312.84	283.03	3.16	282.43	310.72	257.89	9.21
R_{Lu}	476.79	548.88	363.64	16.07	444.82	549.43	359.73	21.49
R_n	416.94	561.58	320.00	26.06	506.88	620.00	320.00	37.01

R_{Sd}. 下行短波辐射；R_{Su}. 上行短波辐射；R_{Ld}. 下行长波辐射；R_{Lu}. 上行长波辐射；R_n. 地表净辐射通量。

　　分析表明，北京市不同土地覆盖类型的辐射通量格局差异显著。除了大气环境的因素影响，也源于市区的土地覆盖类型的不同导致地表辐射通量的差异性。城市内的土地覆被镶嵌的不透水表面主要由水泥路面和高低层建筑构成，导致了较低的净辐射通量。然而，在农村地区，森林中高密度的大面积植被的蒸腾和大面积的水域蒸发作用，吸收热量减小周围环境的温度，导致较高的地表净辐射。因此，对于城市内部结构而言，了解城市建成区不同的城市下垫面结构（建筑物、路面、绿地和水域）差异及不透水表面和绿地合理配置对城市地表辐射收支的影响，是城市地表热环境生态调控的重要内容。

第三节　城市地表热通量时空差异分析

一、城市地表热通量的空间特征分析

　　应用定量遥感反演手段，获取了地表显热、潜热和波文比数据分析城市地表热通量空间分布特征。地表温度是城市地表热通量的关键因子，城市建成区具有最强的城市热岛强度，对于城市不同覆盖类型结构地表温度差异非常显著。城市和郊县的建成区具有较

高的地表温度值,平均地表温度为 28.75℃。在北部和西部的山区,地表温度平均值为 20.34℃,城市与郊区的地表温度相差高达 8.41℃,其中,位于北京市东北部的密云水库 具有相对更低的温度(图 5.13)。

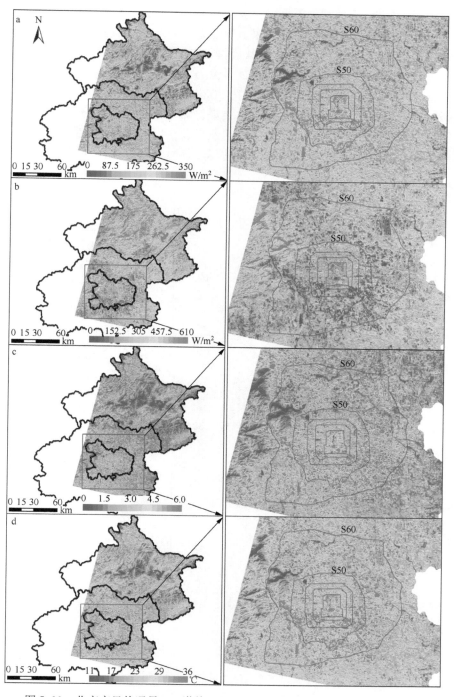

图 5.13　北京市显热通量(a)、潜热通量(b)、波文比(c)和地表温度(d)分布图

地表显热、潜热通量的差异是影响城市热岛的重要因素(Oke et al.,1989;Grimmond et al.,1996),在空间上具有高度的异质性。地表显热、潜热通量的分布(图 5.13)具有如下特点,位于城市建成区的不透水地表显示出较高的地表显热通量。北京城区南部比城区北部显热通量偏高,土地利用类型中商业用地、大型广场、住宅用地显热通量值较大,而城市内部的水域、绿地等用地类型的地表显热通量相对较低。而潜热通量的分布恰恰相反,城市建成区是潜热通量的低值区,而其周围植被茂密的郊区以及水域则是潜热通量的高值区。分析表明,研究区地表潜热通量最大值为 610W/m²,主要分布在西北部的林地;地表显热通量最大值为 350W/m²,平均值为 158W/m²,统计频率呈现正态分布,集中在城区建设用地和城市机场、工业用地等用地类型。城市的热通量差异源于建成区的下垫面,主要是以不透水地表大面积分布导致显热通量较高,而郊区西部和西北部的山地由于茂密的植被的蒸腾作用吸收了大量的热量,使得显热通量减少,潜热通量呈现较高值。

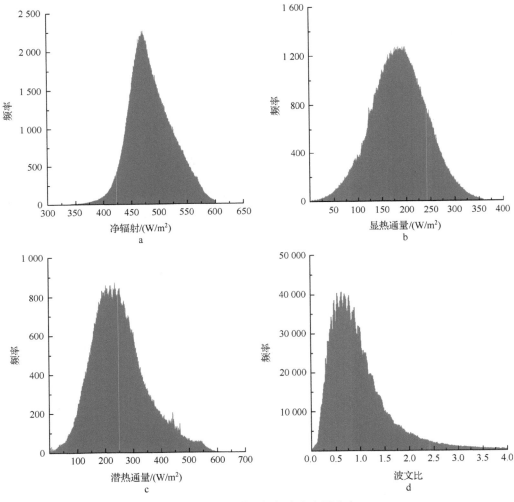

图 5.14　地表热通量频率直方图分布

　　应用波文比值,即显热通量和潜热通量的比来分析热通量差异特征。由图5.14可以看出,地表显热通量、潜热通量和波文比频率直方图呈正态分布,地表净辐射的值主要集中在475W/m²,波文比的频率主要集中在0.5~2.0。研究区的波文比主要集中在0.9~4.0,道路和房屋的波文比值较高,其最高值达到4.0,林地和草地的波文比值则较低。东西中心线以南的地区具有较高的波文比,波文比平均值为1.9;而城市北部相对而言具有较低的波文比,平均值为1.02。

　　由此可见,北京市的地表热通量差异明显,其中城市的南部多为不透水地表,而北部由于近年的绿化生态工程建设等,北部的绿地面积高于南部的绿地面积,绿地对于城市具有明显的降温作用,增加了城市内部的潜热通量,从而降低城市地表温度,具有较低的波文比值。西南的郊区显热通量要高于东北向的显热通量,波文比值呈现由西南向东北减缓态势。东北方向上的首都国际机场附近呈现较高的显热通量,虽然地理位置在城市的郊区,但是大面积的不透水地表建设用地增加了郊区的显热通量,加之相对西南向而言,其绿地面积较少,因此具有较高的显热通量和波文比。西北东南向而言,西北郊区的显热通量低值明显低于东南方向的显热通量低值,主城区显热通量西北小于东南,东南向具有较高的波文比值,这是因为主城区的东南向多为低层建筑,且绿地面积较少,从而显现出较大的能量收支差异。

　　地表温度和地表热通量具有较强的空间异质性(图5.13)。即使在市区,水域的热通量特征具有非常低的地表温度和较低的波文比。研究发现,大面积较低的地表温度与波文比主要分布在郊区地区的中北部。这个区域包含了北京最大的水域,即密云水库,以及位于西部的郁闭度高的森林。森林具有较高的潜热,尤其是靠近密云水库,具有充足的水分供应。该区的平均地表温度大约为17.11℃,接近代表封闭绿地与真正的水饱和土壤的地表温度(16.65℃)。在市区,与南部($\beta=1.9$)相比,北部具有较低的平均波文比($\beta=1.02$),主要是由于北京北部绿化工程建设导致绿地面积比例增加(Kuang,2012a)。这种差异与城市建设改造密切相关。市区的南部,主要为传统的低层住宅用地,北部地区主要是现代化的高层住宅用地用途,绿地比例相对较高。

二、城乡梯度地表热通量差异分析

　　统计分析可知,2009年9月22日上午10:34时,北京市呈现出较明显的城市热岛效应,地表平均温度由郊区的23.63℃上升到近郊区的24.84℃,至城市中心的26.97℃(图5.15)。平均波文比由郊区的0.73显著上升到近郊区的0.90,至城市中心的1.22,不同区域的潜热通量的差异显著,地表潜热通量由郊区的282.45W/m²显著下降到近郊区的244.02W/m²,至城市中心的196.95W/m²。然而,土壤热通量由城市中心的60.63W/m²下降到近郊区的56.82W/m²,至郊区的52.83W/m²。

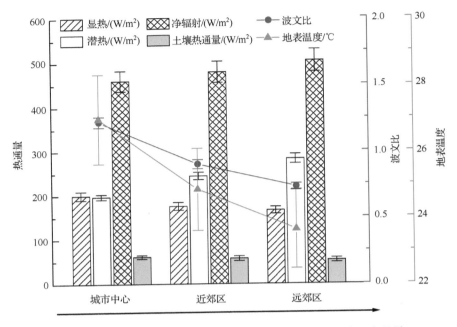

图 5.15　北京市城市中心、近郊区和郊区的热通量和地表温度差异

三、城市不同组分地表覆盖类型的热通量差异分析

　　基于典型的土地利用类型、城市功能区选择采样 1km×1km 具有代表性的城乡地表类型对其热通量特征进行分析与比较。如图 5.16 所示,选取的城乡 10 种典型地表下垫面结构中,城市地区具有较高的不透水地表面积比例,除高层居住区、城市水域和绿地外,其余的不透水比例均高于 70%,而郊区的农村用地具有较低的不透水地表比例,且不透水地表比例均低于 5%。城市国际机场具有最高的波文比,为 2.96;然而农村林地具有最低的波文比,仅为 0.05。结果表明,城市国际机场的显热通量约为农村林地的 4 倍,同时农村林地的潜热通量约为城市国际机场潜热通量的 4 倍。城市建成区的波文比普遍高于其周围农村的波文比值。例如,公园绿地的波文比为农村林地波文比的 3 倍,城市高层居住区和低层居住区的平均波文比为农村林地波文比的 2 倍。

　　通过研究分析揭示了地表温度的空间异质性,并强调不同土地利用类型之间的热通量的差异性。机场或中心商业区的显热比城市绿地和农村林高 1.6～4.0 倍。即使是类似的土地利用类型可以显示出不同的热通量。北京城市居住区的显热通量明显高于农村居住区。此外,尽管城市的北部有一些具有较高显热特征的分布,然而低层居住区的显热比高层住宅小区的高。城区的南部以传统的低层住宅用地为主比北部以现代高层住宅为主波文比高,这种热通量城区的显著差异为我们提供通过改变城市景观和土地利用结构调整调节城市热岛效应的可能性,如通过改变北京城市地区的机场位置到农村地区。为了减少城市居民的热压力,建议北京市政管理者将传统的低层住宅区转变为具有更低显热的现代高层住宅区。随着越来越多的家庭可以买得起汽车,城市居民将逐渐从城市居

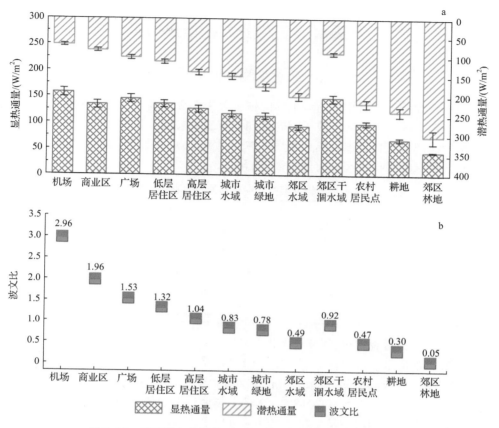

图 5.16　基于样点分析的 10 个土地利用类型热通量特征图

a 样点显热和潜热通量柱状图；b 样点波文比散点图

样点包括城市公园（UPK）；中心商业区（CBD）；城市高层居住区（UHR）；城市低层居住区（ULR）；首都国际
机场（AIR）；农村林地（RF）；湖泊（LAK）；农村居住区（RR）；耕地（CUL）；干涸水域（DRB）

住区移向农村居住区，这些都将减弱城市热压力。此外，保护城市湖泊可以有效地降低城市的显热，正如与北京市中心商业区中心周围具有强烈对比的城市湖泊。

各种土地利用类型之间的地表温度和显热通量的差异与其独特的热通量或波文比密切相关。波文比越低，净辐射通量通过蒸发潜热消散越多，因此具有较少的显热通量。图 5.16 显示出波文比与不透水表面和裸土的比例呈正相关，并与植被和水体的比例呈负相关。Arnfield(2003)提出城市热岛的影响主要由城市峡谷增强的能量保留引起，城市结构通过高层人造建筑物密集的街区分割。然而，我们的研究表明，在北京白天晴空状况下，地表组分可能比城市结构更能决定城市热岛的范围和结构。尽管北京的北部比南部有更多的摩天大楼，从而具有较强的城市峡谷效应（Xiao et al.，2008），但研究发现在北部具有较低的显热和地表温度。这可能是因为在北部地区，最明显的是奥林匹克森林公园最近的大型城市绿化工程，通过增加植被覆盖和植物的蒸腾散失能量。同样，虽然前者的天空视野比后者低得多，应该有比后者更强的城市峡谷效应，但我们发现高层居住区比低层居住区具有较低的显热通量。

第四节　不透水地表和公共绿地热通量差异分析

一、地表通量观测数据采集与处理

公园绿地和城市建筑用地是城市的两种主要下垫面类型,研究这两种不同下垫面辐射能量平衡对提高城市热岛形成机理的认知具有重要意义。以北京市为例,选取北京市朝阳区科学园南里风林绿洲和奥林匹克森林公园观测点(详见第二章第四节),对城市建筑屋顶和公园绿地进行地表热通量定量观测(表 5.10)。

表 5.10　风林绿洲和奥林匹克森林公园地表热通量观测系统

设置情况	仪器名称	型号	产地/厂家	性能参数
建筑屋顶	数据采集器	CR3000	美国 CAMPBELL 公司	采样率 10Hz
	三维超声风速仪	CSAT3	美国 CAMPBELL 公司	采样率 1~60Hz
	CO_2/H_2O 分析仪	EC150	美国 CAMPBELL 公司	采样率 5~50Hz
公园绿地	四分量净辐射传感器	NR01	Hukseflux® 公司	温度范围:-40~80℃
	土壤热通量传感器	HFP01	Hukseflux® 公司	灵敏度:50LV/(W/m^2)

运用辐射四分量观测仪、涡度相关仪获取的数据和气象观测资料,对两种不同城市下垫面的地表辐射通量进行对比分析。本实验仅针对晴空微风状态日期进行统计分析,采样标准则根据天气网(www.tianqi.com)北京历史天气中晴空微风的日期为标准。

研究选用 2011 年 11 月至 2012 年 10 月 1 年的辐射分量涡度相关仪等观测的数据,对原始数据进行预处理与质量控制。在计算过程中,剔除了降水时次和降水日期数据,同时剔除了原始记录不完整(缺测数据大于 3%)的数据。对涡度相关仪的数据进行后处理,首先进行野点值的剔除、延迟时间的校正、超声虚温转化为空气温度、坐标旋转处理、空气密度效应的修正(WPL 修正),进一步计算得到显热通量和潜热通量,并计算波文比值。所用仪器的详细信息见表 5.10。

由于涡度相关仪的结构比较复杂,容易受到内部电路、电源的不稳定与外部空气中的水滴、尘粒以及人为操作不当等原因的影响,引发异常超大信号(野点)的出现。野点是以间断的单个数据点或连续多个数据点形式存在的,在处理中,单个野点的检测较容易,采用方差检验的方法进行剔除。

涡度相关仪进行地表通量的测量存在一个重要的假设,即在某一段时间内平均垂直风速为零。一般的观测都是在非理想的条件下进行。但位于科学园南里和奥林匹克森林公园的这两个站点,其周围的条件较为复杂,因此对原始风速数据进行了转换处理。

超声风速计测量温度时易受到湿度和侧向风的影响,但利用 Campbell 公司数据采集器的超声风速计测量时,已经对侧向风等因素的影响进行了修正。因此,超声虚温修正的影响很小。

二、不透水地表和公共绿地辐射通量特征的观测分析

通过数据采集器(CR3000,Campbell,USA)采集后,按 30min 计算地表辐射和热通

量的平均值,地表辐射数据和热通量数据均为晴天微风日天气状况的平均值。参照气象上常用的按照月份划分四季的方法,将观测数据分为春、夏、秋、冬四季(分别为 3～5 月、6～8 月、9～11 月、12～2 月)。根据中国科学院国家授时中心提供的北京市日出日落表,定义每天日出与日落之间的时间段为白天。表 5.11 为科学园南里建筑层顶和奥林匹克森林公园观测到的春、夏、秋、冬四季晴天微风条件下四分量净辐射各分量、反照率白天累计平均值。

表 5.11　晴空微风天气状况两个观测点白天四分量净辐射及反照率季平均值

站点	季节	天数(晴空微风)	平均下行短波辐射/(W/m²)	平均上行短波辐射/(W/m²)	平均下行长波辐射/(W/m²)	平均上行长波辐射/(W/m²)	平均净辐射/(W/m²)	平均反照率
科学园南里建筑层顶	春	13	408.10	109.37	312.24	447.84	161.58	0.27
	夏	11	329.81	83.74	410.48	515.15	141.52	0.27
	秋	18	288.97	69.76	306.31	406.98	118.18	0.25
	冬	22	228.89	63.10	211.88	304.39	73.54	0.28
奥林匹克森林公园	春	13	427.33	82.94	331.90	445.00	230.29	0.20
	夏	11	317.53	58.90	420.88	474.29	205.13	0.20
	秋	18	301.34	53.23	324.91	395.09	177.36	0.20
	冬	22	266.46	53.52	223.72	320.83	115.97	0.22

（一）地表辐射季变化观测分析

在不同的季节,城市的不透水地表和绿地的辐射通量和热通量存在较大差异。图 5.17 反映了城市两种地表下垫面的季节辐射差异特征。由图 5.17a 可以看出,公园绿地的净辐射要大于不透水表面的建筑屋顶的净辐射,全年的绿地地表的净辐射均高于不透水地表。在春季,两种地表的净辐射差值最大,绿地地表比不透水地表高出 68.71W/m²。在冬季,两种城市地表的净辐射差异最小,绿地比不透水地表高出 42.43W/m²。对于奥林匹克森林公园绿地,在夏季其下行的短波辐射小于风林绿洲不透水地表的下行短波辐射(图 5.17c)。公园绿地在春季的下行短波辐射最大,为 427.33W/m²,在夏季的下行短波辐射为 317.53W/m²,秋季的下行短波辐射为 301.34W/m²,而冬季下行短波辐射最小,为 266.46W/m²。通过对比分析可知,不透水地表在春季下行短波辐射最大,为 408.10W/m²,在夏季下行短波辐射为 329.81W/m²,在秋季下行短波辐射为 288.97W/m²,其冬季的下行短波辐射比公园绿地相比低些,其值最小,为 288.89W/m²(图 5.17b 和 c)。

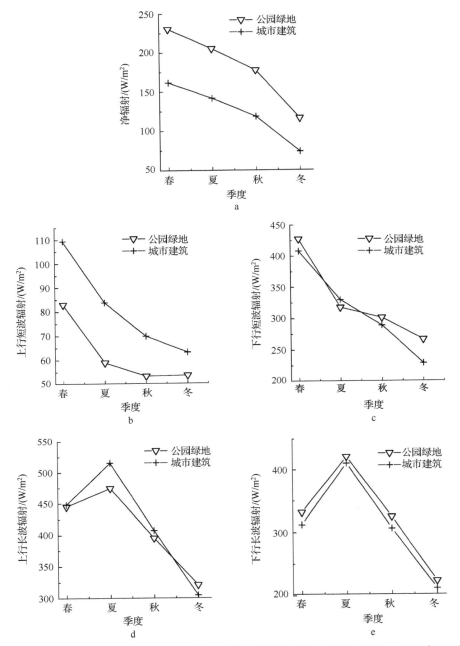

图 5.17　公园绿地与城市建筑地表辐射通量季变化特征比较（2011 年 11 月～2012 年 10 月）
a. 净辐射变化对比图；b. 上行短波辐射变化对比图；c. 下行短波辐射变化对比图；
d. 上行长波辐射变化对比图；e. 下行长波辐射变化对比图

　　综上所述，公园绿地和不透水地表的下行短波、上行短波、下行长波、上行长波和净辐射的四季变化规律趋势大致相同。两种地表的下行长波辐射均在夏季最高，冬季最低；下行短波辐射春季最高，冬季最低；上行短波辐射春季最高，冬季最低；上行长波辐射夏季最高,冬季最低;净辐射春季最高,冬季最低。

　　为了更直观地分析城市典型下垫面,即不透水地表和公园绿地地表的辐射通量影响,分别对两种地表下垫面的反照率、地表温度、地表净辐射、地表显热和地表潜热进行分析。

　　地表反照率是影响地表辐射收支的主要参数之一,能够综合地表征不同地表下垫面对短波辐射吸收量的多少,反映地表对太阳短波辐射反射特性的物理参量。从图 5.18 两种下垫面季平均地表反照率可以看出,不同的下垫面反照率的变化趋势相同,从冬季最低缓升到夏季的最高值,但是城市建筑的地表反照率四季均高于公园绿地。表明在冬季不透水地表反射较多的短波辐射,而公共绿地对太阳的短波辐射反射较少,在夏季不透水地表和绿地达到最大差值 0.1。

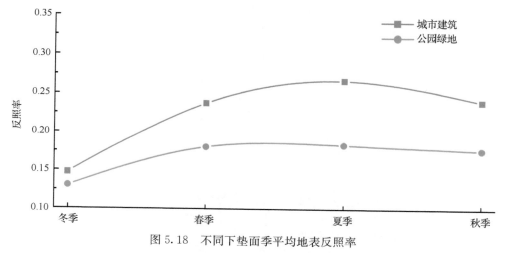

图 5.18　不同下垫面季平均地表反照率

　　图 5.19 反映的是不同下垫面季平均地表温度的变化。城市建筑和公园绿地的地表温度都呈单峰值上升趋势,波峰都在夏季。而城市建筑的地表温度在冬季和春季都要低于绿地地表温度,却在夏季和秋季高于公园绿地地表温度,表明植被的蒸散发作用在冬季较弱,可以达到保温的作用,而随着夏秋季温度的升高,植被的蒸腾作用的增强又使得地表温度降低,进而形成绿地的“冷岛效应”。

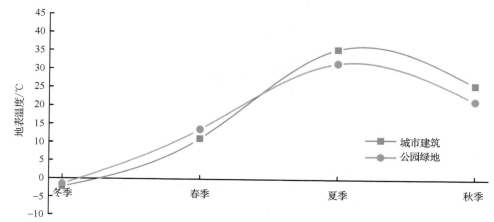

图 5.19　不同下垫面季平均地表温度比较

地表净辐射是地表通过短波、长波辐射释放和吸收后所得到的净辐射能量,控制着感热和潜热通量的分配,是驱动大气运动的主要能量来源。图 5.20 为白天北京市季平均净辐射通量,从图可以看出不同的下垫面净辐射都是呈上升趋势,在夏季达到最大值,公园绿地的净辐射值一直高于城市建筑净辐射通量,在夏季达到最大差值,为 70W/m²。城市绿地主要受土壤湿度、森林冠层的影响进而净辐射值高于城市建筑用地。加之受到气溶胶等大气环境的影响,秋季和冬季净辐射通量较低。

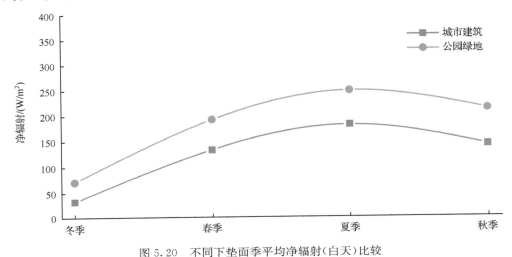

图 5.20　不同下垫面季平均净辐射(白天)比较

(二) 地表辐射月变化观测分析

基于北京城市两种不同下垫面的地表辐射月观测数据比较分析。图 5.21 反映了地表反照率的月变化特征。很显然,两种地表反照率的月变化十分明显,波动比较大。对于

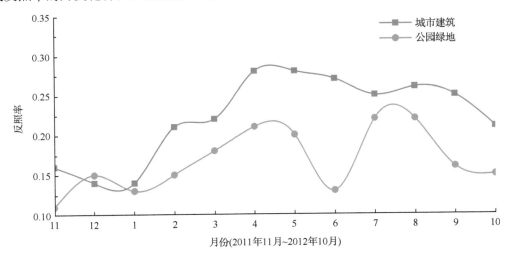

图 5.21　不同下垫面的月平均地表反照率比较

城市建筑下垫面,最小值为 0.12,出现在 2011 年 12 月,最大值为 0.26,出现在 2012 年 4 月,变化幅度达到 0.14,其反照率的变化幅度对辐射平衡的影响十分显著。而对于公园绿地类型,其地表反照率的变化相对城市建筑较小,最小值为 0.12,出现在 2011 年 11 月,最大值为 0.22,出现在 2012 年 7 月,变化幅度为 0.10。其中,公园绿地地表的反照率在 6 月陡然下降,是由于 2012 年 6 月的降雨日数较多,导致其反照率出现了异常低值。从总体趋势上看,两种地表类型的反照率变化趋势大致相同,地表反照率夏季和秋季要比冬季大,这与太阳高度角的影响关系密切。此外,由于地表反照率与地表的湿度有关,对于公园绿地而言,地表的土壤湿度较大,所以其地表反照率在降雨频繁的月份将出现较低值。

图 5.22 为城市建筑和公园绿地的月平均地表温度。可以看出,对于城市建筑和公园绿地类型,在冬季和初春,公园绿地的地表温度高于城市建筑地表温度。而在夏季和秋季,城市建筑的地表温度均高于公园绿地的地表温度。这表明城市不同地表覆盖类型对地表温度的季节影响差异显著。两种地表类型的地表温度最低值均出现在冬季的 1 月。城市建筑的地表温度的峰值出现在 7 月,其值为 38℃,而公园绿地的地表温度峰值则出现在 6 月,这是由于 6 月的降雨日数较多,导致统计的样本数量较小。城市建筑与公园绿地的温度绝对值相差为 2℃左右,在 7 月达到最大温差 8℃。在冬季公园绿地的地表温度较高,而夏季公园绿地的温度较低,进而说明公园绿地可以起到冬季保温、夏季降温的作用。

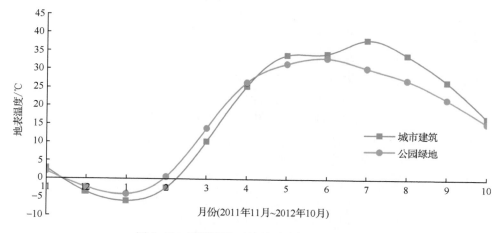

图 5.22 不同下垫面的月平均地表温度比较

地表净辐射的分析(图 5.23)表明,北京市两种下垫面的净辐射最小值出现在 12 月,最大值出现在 7 月。春季和夏季持续上升,秋季和冬季持续下降。从各个月份的差值可以看出,净辐射的季节转换非常明显,在净辐射增加的各个月份中,3~4 月增加最大,约 50W/m² ,在净辐射减少的各个月份中,9~10 月下降最快,减少了约 60W/m² 。其中 6 月为降水日数较多的月份,因此呈现异常值。

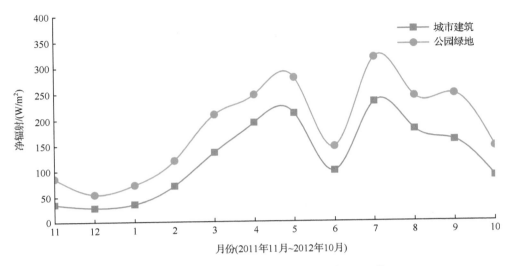

图 5.23 不同下垫面的月平均净辐射(白天)比较

(三)地表辐射日变化观测分析

图 5.24 为 2011 年 11 月到 2012 年 10 月科学园南里与奥林匹克森林公园晴天时月平均能量辐射日变化图。由图 5.24 可见,在晴天条件下,除了下行长波辐射日变化较小外,其他辐射分量及净辐射均呈现典型的单峰型日变化特征,在中午 12 时左右达到最大值。其中,由于 6 月降水日数较多,且只有 6 月 18 日晴空无云,由此 6 月的四分量及净辐射日变化不具有上述规律,尤其是 7~18 时。

通过分析表明,地表净辐射峰值集中在 10:30~13:30。在净辐射各月峰值中,2011 年 11 月的净辐射峰值最小,2012 年 7 月峰值最大。2011 年 11 月公园绿地净辐射值为 217.19W/m²,城市建筑为 203.24W/m²。2012 年 7 月公园绿地净辐射值为 598.27W/m²,城市建筑为 457.21W/m²。公园绿地 7 月比 11 月高出 381.08W/m²,城市建筑 7 月比 11 月高出 253.97W/m²,公园绿地的变化幅度较大。

对上行短波辐射进行分析表明,各月峰值中,12 月最小,4 月和 5 月最大。城市建筑的峰值在 5 月为 217.41W/m²,公园绿地的峰值为 165.81W/m²,出现在 4 月,即春季上行短波辐射值最大。在出现峰型初期到峰型结束的时段内,除了 2011 年 11 月~2012 年 3 月,其他月份的城市建筑的值均高于公园绿地。下行短波与上行短波的变化是一致的,达到峰值的时间与上行短波出现峰值的月份和最大值的时间呈正相关。其中,两种地表下垫面在 12 月的下行短波值最小,公园绿地峰值为 394.77W/m²,城市建筑峰值为 402.41W/m²,两者差值为 7.64W/m²。而 4 月的峰值最大,公园绿地为 859.42W/m²,城市建筑为 837.90W/m²,城市建筑的下行短波值比公园绿地低 21.52W/m²。公园绿地下垫面的下行短波辐射值变化趋势较平缓,呈现典型的单峰型日变化特征,但城市建筑在 3 月、6 月、7 月、9 月分别出现了波动。

两种地表下垫面的上行长波与下行长波辐射均在 7 月最大,1 月最小。公园绿地的上行长波辐射在 7 月的峰值为 499.59W/m²,1 月最小值为 348.11W/m²,两者差异值为

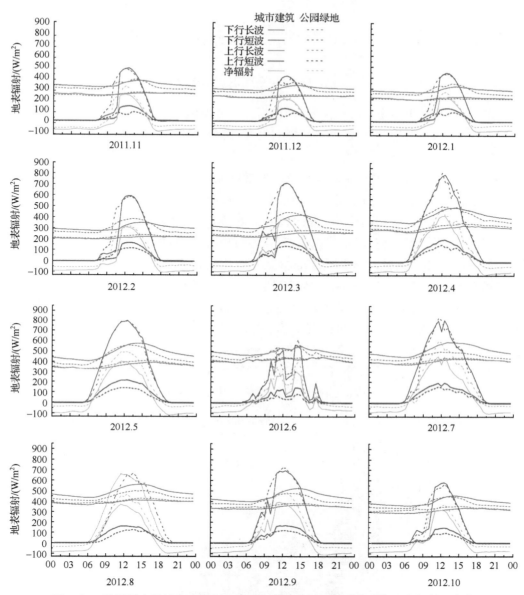

图 5.24　科学园南里城市建筑与奥林匹克森林公园站晴天月平均地表辐射日变化

（时间：2011 年 11 月～2012 年 10 月）

151.48W/m²。城市建筑的上行长波辐射最大值为 591.10W/m²，出现在 7 月，1 月出现全年最小值，为 322.56W/m²，差值为 268.54W/m²。而对于两种地表下垫面类型的上行长波辐射分析表明，城市建筑在 7 月的上行长波比公园绿地高 91.51W/m²，但在1月比公园绿地低 25.55W/m²。其中，公园绿地地表的下行长波辐射在 7 月达到峰值为 443.71W/m²，而 1 月峰值为 226.12W/m²，为全年峰值最低，最大与最小峰值相差 217.59W/m²。城市建筑的下行长波辐射 7 月最大值为 435.92W/m²，1 月最小值为 215.41W/m²。

第五节 城市绿地生态服务功能调控阈值

一、城市绿地生态调控阈值界定

城市绿地是城市生态系统的重要组成部分,对城市生态系统水热调节服务功能发挥重要作用。城市化进程的加快,严重地影响生态系统的服务功能,使城市自然生态系统的服务功能不断降低。同时,随着城市生态环境问题的加剧,城市绿化工程越来越受人们关注,诸多国家已将城市绿化作为城市可持续发展战略的重要内容。城市绿化生态效应受绿地的数量、组成结构、分布格局与管理水平等要素制约,针对不同规模城市,如何科学、有效地界定城市绿化生态调控阈值是当代城市生态学研究关注的重要内容。

依据已有学者的研究(Chen,2006;Zhang et al.,2006),Chen 等(1998)认为森林冠层的热调节强度,即每棵树树冠面积的潜热,从一个地方到另一个地方是不变的,或者潜热(LE)和植被覆盖度(VFC)之间存在线性正相关关系。其他研究也认为,城市不透水地表覆盖比例和地表温度之间存在正相关关系(Yuan and Bauer,2007;Xiao et al.,2007;Zhang et al.,2010)。然而,通过研究发现,树冠的热耗散强度,其计算公式为 LE/VFC,随着地表植被盖度(VFC)的下降,热耗散强度呈指数增加,换言之,密度越低的植被覆盖或高密度建筑区零星树木和草坪,则表现出越高的单位覆盖面积的潜热(LE)强度(图5.25)。微观尺度在密集建成区的绿地被发现表现出非常高的潜热(LE)(Oke,1979)。

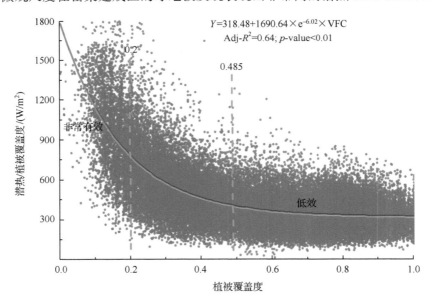

图 5.25 城市植被覆盖(VFC)和植被的热调节强度之间的非线性关系

植被覆盖度(VFC)阈值为 0.2 和 0.485,分别用来划定地区植被的强热调节强度(VFC<0.2)和低热调节强度(VFC>0.485)

　　通过城市植被覆盖(VFC)和植被的热调节强度之间拟合发现(图5.25),指数拟合呈非线性关系($p<0.01$;Adj-$R^2=0.64$),公式如下:

$$LE/VFC = 318.48 + 1690.64 \times e^{-6.02} \times VFC \qquad (5.6)$$

　　基于遥感反演的潜热(LE)和植被覆盖度(VFC)数据,北京市的植被冠层的平均热耗散强度(LE mean/VFC mean)为410W/m²,可根据等式(5.6)得到VFC=0.485。因此,如果城市区域的VFC>0.485,其植被冠层的热耗散强度低于北京的植被平均热耗散强度。在这些区域扩大绿色空间则具有相对较低的热调节效应。在集中建成区,其植被覆盖度VFC<0.2,植被的热耗散强度可能会超过2倍的平均热耗散强度(820W/m²)。扩大在这些地域的绿色空间格局对缓解该区热强度可起到事半功倍的作用。

　　基于上述分析,如图5.26和图5.27所示的区域,其中城市绿化工程可能会产生非常有效的、有效的和低效的热调节区域面积比例。研究发现,在北京大都市区大约3.6%的城市绿化将是"非常(2倍)有效"的热调节。根据这项研究,我们建议城市建设绿化改造重点放在扩大城市中心和建成区南部的绿地建设。

　　基于上述方法,研究北京市城乡梯度(城市、近郊区、郊区)植被的热调节强度效应,计算出不同梯度的植被热调节强度区域面积与比例(表5.12)。结果表明,城市绿化工程对城市区域调节效果显著(图5.27),"非常有效"热调节区域占城市面积的4.82%,"有效"热调节区域占城市面积的29.18%;近郊区"有效"热调节功能明显,占郊区总面积的9.18%;郊区绿化程度高,郊区城市绿化工程相对城区降温作用不明显(表5.12)。

表 5.12　北京城乡梯度空间格局调控区域面积与比例表

区域	非常有效		有效		低效	
	面积/m²	比例/%	面积/m²	比例/%	面积/m²	比例/%
城市	34 486.70	4.82	208 810.00	29.18	472 289.00	66.00
近郊区	31 407.00	0.64	451 733.00	9.18	4 435130.00	90.18
郊区	7 437.75	0.12	198 183.00	3.21	5 966 620.00	96.67

　　根据北京市植被的热调节强度图与行政区划叠加分析而成的北京各行政区梯度空间格局生态调控面积比例(图5.28)与统计表(表5.13)所示,北京市城市绿化工程热调节效应存在明显的梯度差异,其空间分异特征十分明显,表现为城市>近郊区>郊区。按照统计数据分析,城市绿化工程热调节"非常有效"区域占各行政区划面积的比例分别为,西城14.94%,东城12.01%,朝阳6.71%,丰台5.34%,石景山3.15%,海淀2.40%,大兴1.84%,通州0.87%,顺义0.73%,昌平0.63%,房山0.52%,密云0.18%,门头沟0.13%,平谷0.12%,怀柔0.12%,延庆0.06%。城市绿化工程热调节"有效"区域占各行政区划面积的比例总体趋势与各行政区划"非常有效"分异特征趋势基本相同,西城区城市绿化工程的"有效"热调节区域占土地总面积的62.98%;最低"有效"热调节区域为门头沟,占行政区划总面积的1.99%。昌平、房山、密云、门头沟、怀柔及延庆城市绿化工程热调节区域总体呈"低效"。

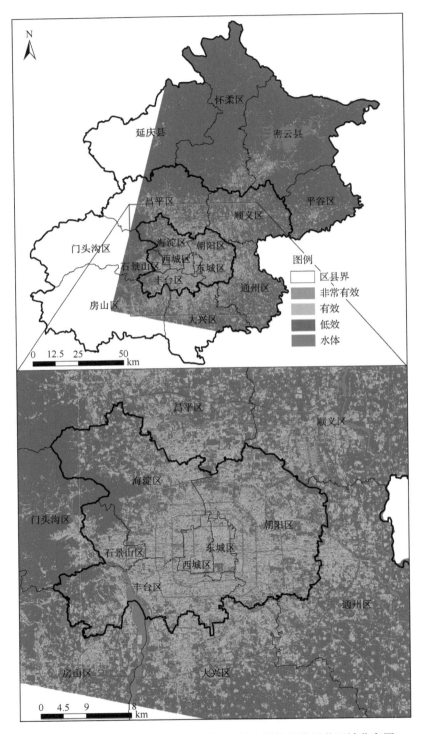

图 5.26　城市绿化工程的非常有效、有效和低效的热调节区域分布图

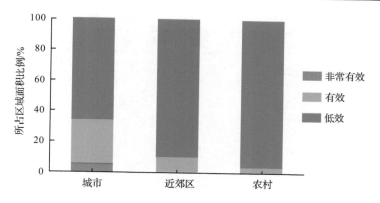

图 5.27 北京城乡梯度空间格局调控区域面积比例柱状图

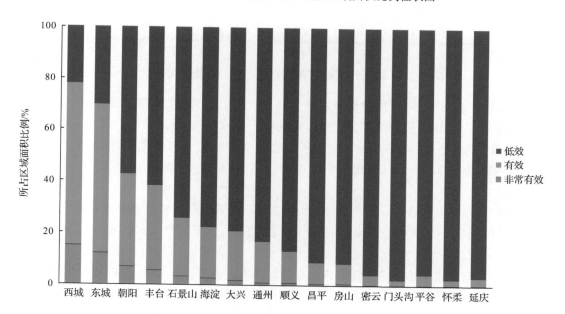

图 5.28 北京各行政区梯度空间格局调控柱状图

表 5.13 北京各行政区梯度空间格局调控表

行政区	非常有效		有效		低效	
	面积/m²	比例/%	面积/m²	比例/%	面积/m²	比例/%
西城	2 391.30	14.94	10 078.30	62.98	3 533.56	22.08
东城	1 751.25	12.01	8 426.94	57.77	4 409.42	30.23
朝阳	14 226.50	6.71	76 058.60	35.85	121 851.00	57.44
丰台	7 942.19	5.34	49 054.40	32.99	91 690.10	61.67
石景山	1 609.68	3.15	11 442.60	22.43	37 972.00	74.42
海淀	6 565.81	2.40	53 749.60	19.68	212 833.00	77.92
大兴	7 884.63	1.84	81 357.20	18.96	339 857.00	79.20

续表

行政区	非常有效		有效		低效	
	面积/m²	比例/%	面积/m²	比例/%	面积/m²	比例/%
通州	5 358.33	0.87	99 095.40	16.04	513 348.00	83.09
顺义	5 450.24	0.73	93 172.20	12.41	652 250.00	86.87
昌平	6 660.22	0.63	86 867.90	8.22	963 872.00	91.15
房山	4 485.54	0.52	67 423.80	7.76	796 667.00	91.72
密云	3 305.30	0.18	68 789.30	3.76	1 756 570.00	96.06
门头沟	1 568.07	0.13	23 817.00	1.99	1 169 140.00	97.88
平谷	1 057.80	0.12	35 560.70	4.11	827 926.00	95.76
怀柔	2 160.11	0.12	43 357.10	2.35	1 800 220.00	97.53
延庆	914.55	0.06	50 475.70	3.09	1 581 900.00	96.85

二、城市公园对城市热岛降温作用分析

当城市发展到一定规模时会产生城市热岛效应,城市热岛效应主要受城市下垫面、大气污染及人为热源排放等要素影响,致使城市温度明显高于郊区的温度,形成类似高温孤岛现象(赵红旭,1999)。不同的土地利用类型与植被覆盖影响城市热岛效应(李延明等,2004)。公园作为重要的城市功能类型,具有景观、休闲、娱乐、文化等服务功能。

选择主城区及周边的 160 个公园,利用城市规划图与高分辨率遥感影像数字化获取公园边界(图 5.29),其中最大面积的公园为绿堤公园,位于丰台区永定河畔,占地面积约为 1.05km²,以林地面积为主;最小的是什刹海公园,占地面积约为 0.054km²,位于市中心。城市主城区以城市不透水地表为主(图 5.29),在获取公园边界的基础上,利用遥感分类和线性光谱混合像元分解方法得到公园内部土地覆盖类型及比例(城市不透水地表、绿地、水域、其他)。同时,结合北京市地表温度、显热、潜热等参数,研究城市公园对高地表气温的调节效应。

北京市高温区主要分布在不透水地表覆盖区,低温区域主要分布在水域、林地、草地等区。主城区热岛效应明显,但公园则在高温区形成明显的冷岛现象(图 5.30),在小范围内降低热岛强度。为了定量分析公园对周围环境温度的影响,采用空间缓冲区分析方法,构建公园 100m、200m、300m、400m、500m 5 级缓冲区,进而分析公园对周围环境温度的影响(表 5.14)。从表 5.14 可以看出,公园内部温度低于周围环境温度,最大温差达 2.17℃,最小温差达 1.69℃,公园呈现显著的低温区,对周围环境起到一定的降温作用。

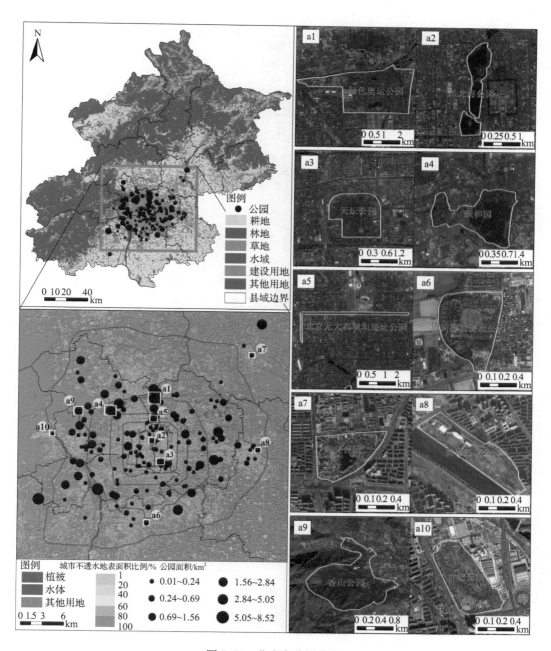

图 5.29　北京市公园分布

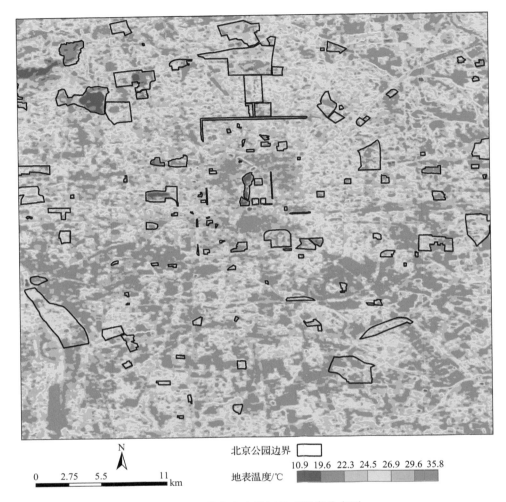

N

0　2.75　5.5　11 km

北京公园边界 ☐

地表温度/℃　10.9　19.6　22.3　24.5　26.9　29.6　35.8

图 5.30　北京市主城区地表温度分布图

表 5.14　公园内部平均温度与周围缓冲区内环境温度对比

	平均温度/℃	均方根
160 个公园	24.86	1.84
160 个公园 100m 缓冲区	26.55	1.93
160 个公园 200m 缓冲区	27.04	2.09
160 个公园 300m 缓冲区	27.00	2.23
160 个公园 400m 缓冲区	27.02	2.34
160 个公园 500m 缓冲区	27.03	2.33

　　除公园绿地覆盖类型对周围环境温度的影响外,公园内部温度也会受公园面积、形状、土地覆盖结构的影响。通过分析北京市 160 个公园的地表温度与其斑块特征关系发现,受公园周围环境与公园内部结构的影响,160 个公园中,面积小于 3km² 的公园呈现出

不稳定的地表温度特征,面积大于 $3km^2$ 的公园总体呈稳定趋势。根据 Wiens 等(1993)研究发现,周长和面积比是反映斑块形状的重要指标,周长和面积比例越大代表斑块形状越复杂,基于 160 个公园周长和面积比反映公园形状与地表温度的关系。通过建立公园周长和面积比与地表温度的关系,结果表明:周长和面积比值越大,即公园形状越复杂,公园表现出内部温度越低(图 5.31)。

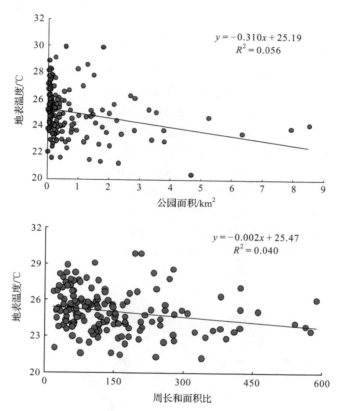

图 5.31　公园周长和面积比与地表温度的统计关系

为了进一步研究公园土地覆盖结构对地表温度差异的影响,利用高分辨率遥感影像获取公园内部土地覆盖数据,进而研究公园内部结构与地表温度的关系。北京市公园土地覆盖分为城市不透水地表、林地、草地、水域及裸土。本研究以 160 个公园土地覆盖结构为研究对象,分析北京市公园不同下垫面组分对公园温度差异的影响。北京市公园土地覆盖类型以林地为主,占公园总面积的 58.20%,草地面积次之,占公园总面积的 17.64%,不透水地表占公园总面积的 15.15%,水域占公园总面积的 8.25%;不同土地覆盖类型对地表温度的影响差异不尽相同。总体上看,地表温度呈现裸土>不透水地表>草地>林地>水域,裸土平均温度 29.61℃,不透水地表 26.85℃,水域最低为 21.80℃(表 5.15)。

表 5.15　北京市 160 个公园不同土地覆盖类型的地表温度统计

土地覆盖类型	平均温度/℃	最大值/℃	最小值/℃	均方根
不透水层	26.85	35.85	19.36	2.83
林地	23.42	32.91	16.76	2.65
水域	21.80	28.73	15.43	3.09
草地	24.78	33.69	17.42	2.31
裸土	29.61	35.72	20.52	2.58

　　为了分析 160 个公园土地覆盖结构与地表温度的差异,构建土地覆盖结构与地表温度两者之间的关系,160 个公园受功能类型(历史文化、自然景观、娱乐等)的影响,土地覆盖结构差异较大;地表温度差异明显,公园的地表温度在格局上存在梯度性,位于中心城区公园地表温度比边缘区域明显较高,但随着绿地、水域用地结构比例提高,降温作用显著,北京国际园林博览园(ID21)表现出地表温度最高,平均温度 29.96℃,颐和园地表温度最低(绿地、水域比例高),平均地表温度 20.43℃(ID5)。

　　通过对 160 个公园土地覆盖结构和地表温度建立关系(图 5.32),总体趋势上反映出公园随不透水地表比例的增加地表温度升高、随林地面积的增加地表温度降低、随水域面积的增加地表温度降低、随裸土面积的增加地表温度升高,草地面积的增加对地表温度的影响效应不明显;相对而言,不透水地表与水域结构的比例制约公园地表温度调控的作用。

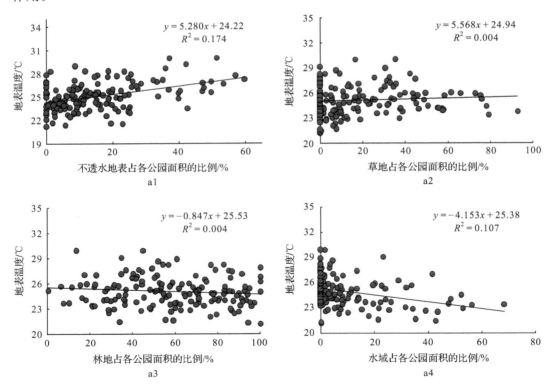

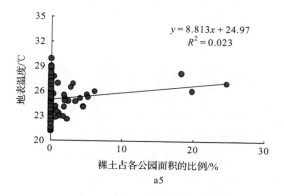

图 5.32　北京市 160 个公园土地覆盖类型与地表温度关系

第六章　城市热环境生态调控途径与景观规划

地表热环境影响因素分为可控因素和不可控因素两类。可控因素中下垫面结构和人为热源排放是两个非常关键的因素,城市热环境调控除节能减排以外,要想实现城市热岛强度的缓解和城市局地气候的改善,还需要从城市功能结构组分、景观结构布局和建筑材质选择多方面进行调控。本章从城市下垫面空间结构布局方面,提出了城市规划和管理中城市热环境调控的主要途径与景观规划设计基本思路。从城市功能区合理布局以及内部不透水地表面积比例的控制、公共绿地建设、城市景观设计、城市群生态廊道设置以及城市宜居宜业统筹考虑,开展综合评价和规划方案设计。

第一节　城市地表热环境调控途径

一、城市内部功能结构规划与布局

随着经济的快速发展,其内部功能布局也在发生显著变化,北京城市功能区空间分布现状特征如下所述。

(1)多种功能在主城区高度集中,相互交叉混杂

北京的政治中心功能(行政办公设施的空间分布)、国际交往中心功能(商务办公设施的空间分布)、文化中心功能(文化设施的空间布局)、商业服务功能(商业设施的空间分布)等在主城区高度集中,空间上相互混杂交叉,功能空间布局不够协调。

(2)政治中心功能空间分布具有很强的区位继承性

以政府行政办公设施空间分布分析北京城市的政治中心功能可以看出,该功能在空间上主要集中分布在三环以内的城区,尤以西城区和东城区为主,具有很强的区位继承性。同时,在宏观区位上表现为高度集中分布在三环以内、长安街以北地区。石景山区的行政办公功能表现最弱,而丰台区在承担中央单位及其宿舍用地上有所增长。

(3)国际交往中心功能分布以朝阳、海淀、西城为核心,空间集聚效应显著

国际交往中心是北京城市的主体功能之一,在物质形态上以商务办公楼的空间分布为主体,商务办公功能主要集中在朝阳区、海淀区,其次是西城区和东城区,空间集聚效应显著。

(4)除传统中轴线外,大型文化设施多集中在西北二环和三环之间

从对新中国成立后北京兴建的大中型文化设施空间分布来看,除了表现北京城市传统文化风貌的中轴线以外,北京市的文化设施多集中在西北二环至三环之间。随着奥运会的举办,文化设施建设出现更加偏向型的集聚,向城市东部和北部偏移。

（5）城市商业服务功能空间分布多沿环路相对集中

主要表现在：第一，二环路以内地区是商业网点空间分布的主体；第二，不同商业业态空间分布具有规律性；第三，大型零售企业多集中在环路围合的区域内，并且随环路不同，其商业功能聚集的特点也不尽相同。

（6）边缘集团发展不平衡，原规划作用难以实现

由于各边缘集团的条件不同，发展不平衡，加之大部分边缘集团基础设施建设条件较差，难以起到分散中心地区人口和承接中心城市功能的作用。出现了以居住为主的单一功能开发建设，空间上北重南轻，城市化水平差异明显，交通瓶颈问题突出，市政及基础设施配套滞后，居民生活质量难以提高等问题，没有从根本上起到疏解中心城区压力的作用。

北京建成区可以划分为 3 个圈层。商业区和公共建筑区主要集中在三环以内的传统中心区，我们将其称为第一圈层，该圈层集中了作为首都承担的全国政治、文化、教育、旅游、医疗、对外交往、金融管理和信息中心等多个功能。尤其是在旧城区，汇集了西单、王府井和前门三大商业中心。该圈层还聚集了大量的中央党政机关和国家科研单位。大面积的住宅区和科教用地区主要集中在四环到五、六环附近，其中夹杂着工业区和居住区的合成体，我们将其称为中圈层。该圈层住宅区密集，主要集中在四、五环以内 $300\sim400km^2$ 的范围内（丁成日，2005）。工业区、绿地生态区、林地、农田等分布在远郊区县的外圈层，我们将其称为第三圈层。该圈层具有良好生态环境的绿色空间，聚集了大量的低密度别墅区，人口密度相对较低。

按照功能结构的作用，北京建成区划分为 1 个传统中心区、4 个副中心和 2 个产业带。1 个传统中心区由西单、王府井、北京站、隆福寺等传统商业中心和国家各个部委、国外驻华大使馆以及国家科研单位组成，这与前面提到的第一圈层相对吻合。4 个副中心包括位于东城区边缘的 CBD、海淀区的中关村科技园区、朝阳区的奥林匹克公园和西城区边缘的金融街，这 4 个副中心分别代表着其所在行政区划的特征。2 个产业带，分别是沿五环路的中关村环城高新技术产业带和沿北六环路的现代制造业产业带。这两个产业带与前面提到的第三圈层类似。

综上所述，北京城市形态呈现单中心、"摊大饼"式外延扩张模式，即以天安门为圆心同心圆式地向外蔓延，与北苑、南苑、清河、定福庄、石景山、酒仙桥等 14 个边缘集团组成市区并向外环线扩散。2004 年 1 月《北京城市总体规划（2004—2020 年）》提出"两轴-两带-多中心"的城市功能结构，将单中心环状发展模式改为多中心发展模式，对城市中心用地进行规划（图 6.1）。

"两轴"分别表示传统中轴线的南北轴和沿长安街的东西轴。传统中轴包括体育文化区、历史文化核心区和南轴的商业文化综合区、南苑，东西轴上有石景山综合商务中心、长安街的政治文化核心区、中央商务区、定福庄传统运河。

"两带"包括北京西部的"绿色生态带"和北京东部的"新城发展带"。新城及其产业带北起怀柔、密云中部，经过通州、顺义、义庄新城，东南方向延伸到天津和廊坊。

"多中心"包含中关村科技园区、商务中心区、奥林匹克中心区、海淀科技创新中心、通州综合服务中心、石景山服务中心区、顺义现代制造业基地和义庄高新技术发展中心八大城市职能区。

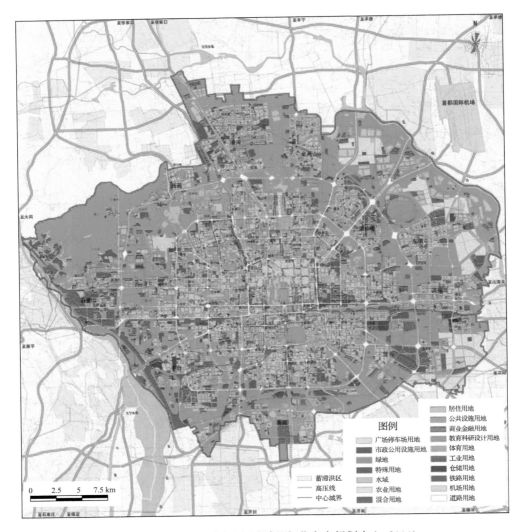

图 6.1　北京中心城市用地规划图(北京市规划中心,2004)

二、城市内部不透水地表组分调控

北京市作为超大城市,过去 30 年来经历了快速的城市扩张过程,其城市内部不透水地表面积显著增加,2010 年建成区不透水地表面积比例达到 73.76%。北京市区与郊区相比存在着明显的城市热岛效应,但是城市内部热岛强度也存在着差异。热红外遥感监测表明,不同乡镇的地表温度差异显著,多为集中连片分布,主要分布在城市中心、城中心南部和城郊的延庆县部分乡镇,其中大栅栏的地表温度差异最大,高出北京市平均地表温度约 7℃,其次为城子和古城街道,分别为 4.7℃和 4.5℃。北京市地表温度高于平均地表温度的乡镇为 192 个,占乡镇总数的 60%,地表温度高值区主要分布在城市中心的商业区、旧城居住区和首都国际机场等(图 6.2)。

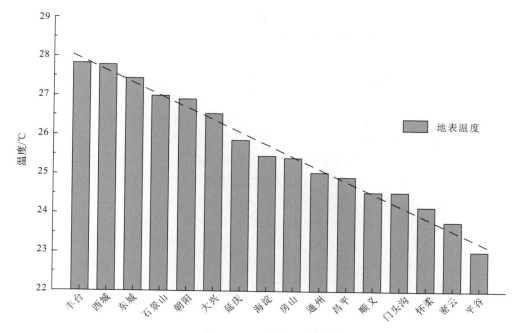

图 6.2　北京市行政区地表温度柱状图

　　基于城市等级地表结构和地表热环境之间的作用机制,发现城市地表功能结构调控对于缓解城市热岛具有重要意义,而且生态调控的阈值是存在的,我们提出如下城市热环境减缓的调控途径。

　　1) 在国土资源管控中加大特大或超大城市规模控制,适当考虑城市功能区的适度调整。随着城市化和工业化的加速推进,城市用地规模快速扩张不仅给耕地和粮食安全带来较大压力,而且也出现了一系列的城市生态环境负面效应,因此,加大特大城市规模控制,合理确定城市开发边界,适度考虑城市各功能区的配置和调整,对于缓解特大城市产生的生态环境问题具有重要的作用。综合评价城市不同梯度旧城区、新开发区和待开发区城市功能结构生态服务热调节功能优良等级,核定服务于缓解城市热岛效应、局地气候热调节服务功能的各功能区不透水地表与绿地组分调控阈值。研究表明,规模大于 3hm² 且绿化覆盖率达到 60% 以上的集中绿地,基本上与郊区自然下垫面的温度相当,在城市中形成以绿地为中心的低温区域,能有效减缓城市热岛效应。例如,北京市丰台区大部分由于未经过旧城区改造建设,绿地面积比例较少,导致其地表温度在北京市行政区中最高,在城市旧城改造过程中,应充分考虑增加绿地面积比例,以减缓城市热岛效应。

　　2) 建议城市规划与管理中加强城市不透水地表比例红线控制。快速的城市扩张过程中,中国的城市不透水地表比例已高于其他发达国家。城市大面积的不透水地表产生的生态环境负效应成为城市发展面临的重要问题。研究表明,北京超大城市不透水地表面积比例已超出 70%,热岛效应将随着城市不透水地表面积比例的增加而加强。当植被覆盖度小于 0.485 时,增加区域的绿地面积比例会有效缓解城市热岛效应。因此,对于特大和超大城市,应加强城市建筑红线(不透水地表面积比例)和生态绿线(绿地)、蓝线(水域)调控,利用城市有限空间发挥调节局地气候、改善人居环境、缓解城市污染的作用,营造良好生态环境。

3) 城市规划与景观设计中充分考虑城市热岛防治。在城市规划与景观的设计中,未将不透水地表面积比例作为重要的控制因素,同时未考虑绿地的空间配置产生的热岛减缓效应。在城市的发展建设中,中国城市尤其是特大和超大城市,普遍呈现不透水地表面积比例过高现象。因此,在今后城市的建设和发展过程中,应充分考虑不透水地表、绿地和水域的空间优化布局。同时应充分考虑有利于城市热岛调节的建筑材质、景观布局和功能分区问题。为实现特大和超大城市热岛强度的缓解和大气环境的改善,需要从功能结构组分、景观结构布局和建筑材质选择多方面进行调控。

建立城市生态廊道系统。根据城市的主导风向,在市区及周边逐步建立合理的生态廊道体系,将城市外围的"冷效应"引入城市内部,有效缓解城市内部的热岛效应。需要加强不同类型城市的绿地系统体系规划建设。对于特大和超大城市的热岛调控任重而道远,需要足够重视城市绿地系统研究,需要国家科技和地方科技管理层面重视城市绿地系统规划研究。

三、城市内部生态绿地组分调控

城市绿地作为城市生态系统的重要组成部分,在改善城市环境,尤其是空气和水质净化、建筑节能、适宜气温调节、紫外线减少方面具有重要作用,城市中适宜比例的绿地面积可以影响城市内部辐射能量平衡、调节城市内部气候环境。将中国与美国城市进行比较,遥感监测反映美国城市内部不透水地表面积比例平均为 $40\%\sim50\%$(森林与不透水地表比率 $1.4:1$),而中国城市不透水地表面积比例估算约为 66%。进一步研究表明,城市绿地对城市生态服务热调节功能具有重要作用,绿地面积每增加 10%,城市热辐射将减少 $2℃$,当绿地斑块面积大于 $5m^2$,地表辐射温度急剧下降。中国大部分城市不透水地表面积比例过高,绿地面积相对分散且随机分布,这在一定程度上削弱了其热调节功能。像北京等中心城区人口超过千万的超大城市,伴随着城市化进程热岛强度显著加强,在城市规划方面应该加强城市热环境调控,提高公共绿地建设比例,特别是加强居住区绿地景观设计以减缓增长的城市热岛强度。

城市绿地在城市建设和生态环境保护中具有如下作用:

1) 城市绿地是现代城市中人们户外娱乐的主要场所。绿色的环境可以使人们产生安宁、祥和的感觉,进而促进身心健康。

2) 城市绿地可以起到调节气候、改善环境的作用。城市的绿色通风走廊,道路绿化与滨江滨湖绿地等城市的带状绿地,可以将城市郊区的自然气流引入城市内部,为炎夏城市的通风创造良好条件;而在冬季则可使风速降低。

3) 城市绿地可以增加城市人文景观。园林绿化在营造生态环境的同时,也致力于建立文化历史、艺术间相互融洽与和谐的氛围,它可以丰富人文意识与审美价值内涵,体现城市的文化特色。

城市绿地规划与设计措施:

(1) 科学合理地加强绿地规划,综合考虑,全盘规划。

绿地作为缓解城市热岛效应的主要地表覆盖组分,应该将绿地规划纳入城市总体规划中,将整体绿地规划布局系统地统筹考虑。使北京市区内绿地与市区外部生态廊道相连接,内部与外部植物群落相融合,生态化的规划贯穿整个区域性绿地规划的始终,使整个城市不透水表面镶嵌在植物群落中,建筑分散在自然要素中,与自然景物交织到一起。

遵循节约型园林理念,即走勤俭节约、因地制宜、科技兴绿的道路。从节约土地方面考虑,可以采取墙面绿化、屋顶花园、垂直绿化和立体绿化的优良方案。尽量保留城市中的自然山坡林地、湿地和河湖水系等。

(2) 结合当地特点,因地制宜,追求特色。

绿地规划应该根据城市的现状条件、绿化基础和能否实现的可能性出发,切记一味模仿其他城市,单纯追求某些指标,造成资源浪费。应该合理地栽种适合当地自然和气候条件的树种,把城市自然山水和名胜古迹整合到城市绿地系统中来,丰富城市景观。根据各城区的特点应因地制宜地充分利用现有生态条件,城市绿地在城区范围内应均匀分布,多发展一些小型公园绿地,使绿地规划具有可持续性。

另外,城市绿地景观是塑造城市历史文化特色和产业特色的重要名片,具有丰富的寓意和象征。因此,在绿地观赏植物的选择上应将传统文化、民俗风情等融入到园林绿化中。在城市绿地建设中,应充分理解北京作为中国的首都、国际大都市、历史文化名城的独特城市,考虑到北京的半干旱气候特点、西部和北部环山的地理位置以及深厚的历史文化底蕴的文化传统等诸多因素,按照北京城市绿地系统规划要求,营造良好的生态环境和人文景观。

(3) 合理规划树种,遵循生物多样性原则。

北京市地处北温带季风气候区,介于内蒙古植物区系和华北植物区系之间,根据此气候特点,不能一味地选择所谓的名贵树种,对于生物多样性而言,并不意味着树种越名贵,生物多样性就越强。我国许多城市都存在缺乏科学系统的调查研究的情况下盲目引进新品种的情况,由于与气候条件不匹配,在维护上花了大量的精力,不仅没有达到预想的景观效果,而且造成了人力、物力和财力的巨大浪费。充分考虑北京地处的自然环境条件,在树种的选择上首选抗性强的、易成活的,其次考虑观赏性高的。例如,本地群众喜闻乐见的本土树种杨树、松树、柏树、山桃等,为了避免单调,丰富植物树种,也可以适当引进适应北京气候条件的外地树种如银杏、国槐、梧桐、合欢等。这些外地树种深受北京市民的喜爱,尤其是银杏非常受宠,因为其既有非常强的抗污染性,又美化环境。同时,要注意乔、灌、草的合理搭配,体现绿地规划的立体感和城市绿化的景观特色。

(4) 加强国家宏观调控和市场调节作用,完善绿化建设的法律法规。

虽然绿地具有公益性的特点,主要由政府投资建设和管理,但是这不意味着政府能通过所有的法律渠道和行政手段解决一切的绿地系统规划建设。并非政府大包大揽所有的建设项目。绿地建设必须通过吸收国内外投资,走产业化道路(林彰平和谭立力,2000),利用市场进行调节,多方筹集资金,既有投入也有产出,调动全社会的力量一起来开展北京的绿化工作。

完善绿地建设的制度措施和法律法规,使其更加透明化,规范和细化绿地建设的各个领域,营造一个和谐的城市生态环境非常必要。在绿地建设工程的招投标工作中,遵循公开、公正、透明的原则,加强科学管理机制,制定近期安排和远景目标,经过专家论证后付诸实施。

(5)宣传绿化成果,提升绿化意识。

要加大园林绿化资源的统筹力度,建立完善社会机制,加强与政府职能部门的沟通协调,积极推动北京园林绿化工作高效落实。要加大宣传力度,调动各种媒体舆论积极宣传北京市园林绿化的重要性,提升全社会绿化意识。通过宣传教育的形式,倡导北京市民爱护公共设施、保护市区环境,自觉维护绿地卫生、杜绝踩踏、破坏绿地的行为。

第二节 城市人居环境综合评价

一、城市人居环境评价方法与原则

城市作为人类居住的主要场所,需要适当的宜居指数来满足人们一定的需求。宜居思想渊源久远,"宜居"更是当前城市人居环境密切关注的问题。城市人居环境评价是对城市人居环境质量状况进行科学的定量描述和评估,是认识和研究人居环境的一种科学方法。在城市人居环境评价中,建立科学合理的评价指标体系关系到评价结果的正确性。

作为衡量城市人居环境质量的指标体系,不仅应遵循客观性、科学性、有效性等普遍原则,构建指标体系时还应遵循以下原则:以人为本的原则、层次性原则、全面性原则、可操作性原则、稳定性和动态性原则。

二、城市人居环境宜居宜业评价

基于遥感信息、调查资料等开展深圳南山区宜居宜业评价。

南山区位于广东省深圳经济特区西部,22°24′~22°39′N,113°53′(陆上)~114°1′E(图6.3)。行政区域东起车公庙与福田区相邻,西至南头安乐村、赤尾村与宝安区毗连,北背羊台山与宝安区接壤,南临蛇口港、大铲岛和内伶仃岛与香港元朗相望。地形为南北长、东西窄,南北最长处约17km(羊台山到狮山),东西最窄处2.5km。全区总面积193.3km²,其中二线(特区管理线)内150.6km²,二线外31.4km²(包括内伶仃岛和大铲岛),海岸线长43.7km。南山区东距汕头272.8km(直线距离),东南距香港元朗5.5km,东北距惠州61.6km,西北距东莞61.3km,西距广州102.4km,西南距珠海、澳门59.1km。

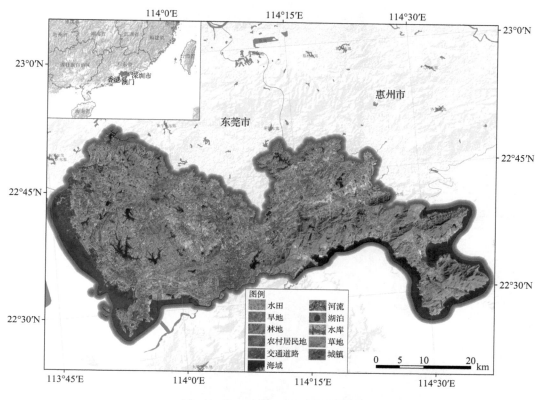

图 6.3　深圳市真彩色遥感影像图

南山区属亚热带海洋性气候。气候温和,年平均气温 22.4℃,最高气温 38.7℃(1980年 7 月 10 日)、最低气温 0.2℃(1957 年 2 月 11 日)。雨量充足,每年 4～9 月为雨季,年降雨量 1933.3mm。日照时间长,平均年日照时数 2120.5h。常年主导风向为东南偏东风。

由于南山区地处南头半岛,北背羊台山脉,南有大南山、小南山等。半岛南面有赤湾、妈湾、蛇口湾、深圳湾等海湾。大沙河纵贯南北,有西丽水库、长岭皮水库及牛淇坑水库、留仙洞水库、钳颈水库、碑肚水库 4 座小二型水库。同时有国家级自然保护区内伶仃岛。全区有鸟类、兽类、爬行类、两栖类野生动物 28 目 69 科 282 种,其中国家重点保护的 32种;森林群落蕨类、裸子、被子植物有 90 科 275 种。特产有南山荔枝,为国家地理标志产品保护的农产品;南山甜桃,以“果大、肉厚、味甜”著称。

（一）土地利用现状及结构分析

基于 2012 年遥感监测数据分析(表 6.1,图 6.4),深圳市土地利用现状中龙岗区用地面积最大,南山区用地总面积为 185.11km²,占深圳市土地总面积的 9.29%。从土地利用类型分析,深圳市建设用地面积最大,为 932.02km²,占深圳市土地总面积的 46.80%,其次为林地,占土地总面积的 38.61%。耕地占土地总面积的 9.45%,草地占土地总面积的 1.10%,水域用地占土地总面积的 3.77%,未利用地占土地总面积的 0.28%。

表 6.1　深圳市各区土地利用现状表　　　　　　　（单位：km²）

行政分区	耕地	林地	草地	水域	建设用地	未利用地	合计
福田区	0.11	19.09	0.52	3.39	55.02	0.53	78.66
罗湖区	3.63	40.68	0.76	3.93	28.84	0.91	78.75
盐田区	0.53	50.19	1.85	1.05	20.17	0.85	74.64
南山区	19.44	31.83	0.12	6.00	127.26	0.46	185.11
宝安区	99.44	174.39	5.50	45.82	397.91	1.56	724.63
龙岗区	64.98	452.68	13.25	14.94	302.83	1.17	849.85
合计	188.14	768.87	22.00	75.13	932.02	5.49	1991.64

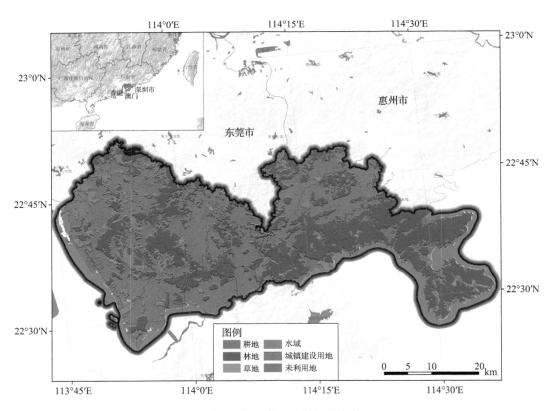

图 6.4　深圳市土地利用现状图

　　至 2012 年年底，南山区辖区内土地总面积为 185.11km²，其中，耕地 19.44km²，林地 31.83km²，草地 0.12km²，水域 6km²，建设用地 127.26km² 和未利用地 0.46km²。南山区耕地占土地总面积的 10.50%。受自然条件、耕垦历史、种植传统和社会经济条件等诸因素的影响，区内耕地主要以灌溉水田为主，这与南山区所处地理区位有关，与江河湖水系稠密、水资源丰富、种植水生作物得天独厚的条件有关。同时区内耕地中分布的基本农田保护区主要是用作基本农田和直接为基本农田服务的农村道路、农田水利、农田防护林及其他农业设施。林地面积占土地总面积的 17.20%，其中有大片的红树林及滩涂面积。草地在南山区中的面积分布比较少，仅占土地总面积的 0.06%。

2012 年南山区建设用地总面积为 127.26km²，占土地总面积的 68.75%，主要以城市用地、建制镇用地、农村居民点用地、交通用地、水利设施用地等为主。城市用地中居住区用地主要分布在蛇口居住区、南油居住区、南头居住区、西丽居住区、前海居住区、后海居住区等大型居住组团。全区未利用地面积为 0.46km²，占土地总面积的 0.25%，比例比较小，主要包括沼泽地和其他未利用地等。

从结构上分析(图 6.5)，南山区土地利用主要以建设用地为主，这与深圳市特别是南山区改革开放以来快速的城市化密切相关，导致建设用地迅速扩张，第一产业在整个国民经济中的比例已不足 1%。同时新增建设用地又为开发各种市政交通设施、公共服务设施、保障性住房等民生福利设施用地提供了必要的补充，并满足了南山区战略性新兴产业及现代服务等重大产业的发展需求。在农用地中仅包括耕地，耕地面积不断减少，呈逐年下降的趋势。同时由于深圳市所处气候和地形适宜于森林生长，因此南山区林地面积仅次于建设用地，主要用于生态及经济林地，同时，由于台地、丘陵地面积大、类型多、分布广，不仅可用作林地和园地，又适宜城市建设开发；平原区则具有农用地及城市建设用地的广泛适宜性；水域和滩涂系统类型多样，生物资源丰富，不仅具有重要的生态保护价值，而且具有水产养殖的经济价值。这些大面积的林地为南山区建设宜居城市提供了必要的自然环境和城市生态环境基础。

图 6.5　深圳南山区土地利用现状结构分析图

（二）城市绿化状况与绿地结构评价

深圳是伴随着中国的改革开放而诞生和成长起来的新兴城市。在城市建设和发展历程中，始终坚持把深圳建设成为区域性经济中心、园林式城市、花园式城市、现代化国际性城市为战略目标，根据深圳市自然环境依山傍海，地形狭长的特点建设山、水、海、陆相得益彰的城市绿色生态系统和各类城市公园，优化城市结构，美化城市环境，成为我国首个获得国际"花园城市"荣誉的城市。

深圳市绿地系统主要分为公园绿地、居住绿地、生产绿地和道路绿地。总绿地面积为 233.36km²，约 45% 的城市绿化覆盖率。全市自然保护区覆盖率 8.7%，特区内建成区绿化覆盖率 45.1%。具体的各类绿地分布见图 6.6 和表 6.2。

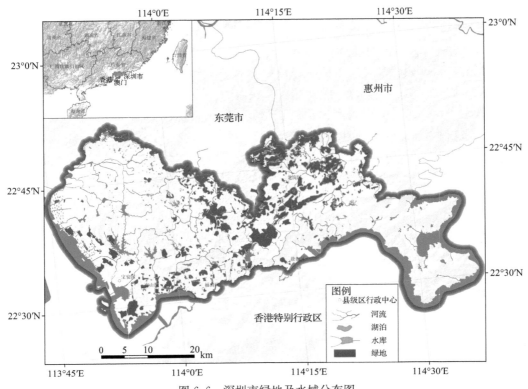

图 6.6　深圳市绿地及水域分布图

表 6.2　深圳市各区绿地类型分布表　　　　　　　　（单位:km²）

名称	行政区划面积	绿地面积					水域面积
		公园绿地	居住绿地	生产绿地	道路绿地	合计	
福田区	78.66	6.12	1.41	2.35	1.77	11.65	2.20
罗湖区	78.75	10.35	1.41	1.38	0.09	13.23	4.37
盐田区	74.64	2.81	1.12	1.12	0.59	5.64	1.94
南山区	185.11	14.43	2.23	1.61	1.12	19.39	4.97
宝安区	724.63	16.59	9.57	6.84	7.98	40.98	34.50
龙岗区	849.85	96.52	15.34	15.39	15.22	142.47	25.49
合计	1991.64	146.82	31.08	28.69	26.77	233.36	73.46

　　为建设人工湿地生态系统,增加滞洪能力,加强湿地对污水的自然净化,加大城市污水回用比例,缓解生态用水的紧张局面,深圳市加大了对湿地的保护,加强了对湿地公园及水域的管理,目前水域面积达 73.46km²。将人工湿地建设与生态公园相结合,从而形成园林湿地景观。南山区绿地系统主要以区域生态环境的平衡和良性循环为主,各类绿地建设均以热带、亚热带植物为主,按照环境保护功能和社会服务半径合理布局,其中以大、小南山郊野公园和塘朗山森林公园为绿心,城市组团绿化隔离带为绿

带,以铁路、高速公路、城市快速路两侧的防护绿化隔离带和城市主、次干道及沿海岸的公共绿地为骨架,以公园、街头绿地和附属绿地等均衡分布的点状绿地为重点,从而形成多层次、多功能、点线面相结合的城市生态园林绿地系统。目前,公园绿地主要有前海花卉公园、中山公园、大沙河公园、松坪山公园、荔香公园等,总面积为 193hm²。而街头绿地主要结合生活性主干道及公共服务集中地区分布。社区公园绿地服务半径达 500～1000m,街旁绿地类社区公园绿地宽度达 8m 左右,长度为 500m 左右,同时绿化时考虑了乔木、灌木、草坪相结合的模式。同时南山区还分布有大型的高尔夫球场绿地,主要集中在华侨城高尔夫俱乐部、沙河高尔夫球会和名商高尔夫球会等高尔夫球场,总面积约为 118hm²。生产性绿地占到了城市建设用地面积的 2%,同时开辟了市郊苗木供应基地,苗圃以生产树苗为主。

　　与深圳绿地结构相比而言,南山区的绿地相对集中,并且安排布局科学合理。深圳市林业用地 87417hm²,其中,有林地 79274hm²,森林覆盖率 47.5%。特区建成区绿化覆盖面积 5954hm²,绿化覆盖率 45%。全市自然保护区面积 125.1km²,占全市的6.2%(图 6.7)。

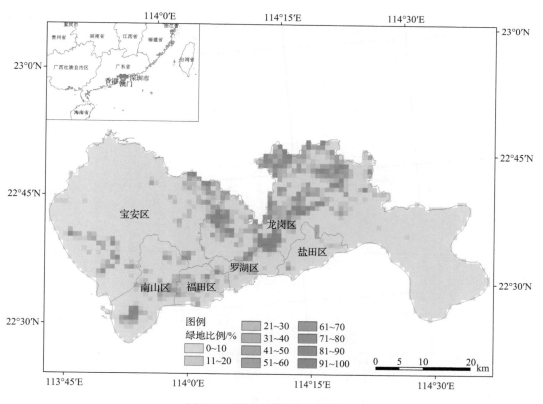

图 6.7　深圳市绿地比例分布图

（三）交通便捷度评价与分析

交通便捷度评价主要从两个方面考虑,即对内的交通便捷程度和对外的交通通达度。

在对内方面,考虑主次干道、道路形态是否能满足人们日常的出行以及便捷程度,其次就是出行的交通工具,公交路线、公交站点的设置,私家车出行道路通畅程度。

目前,公交主要集中在深南大道和南油大道两条公交走廊上,公共交通综合车场3个,枢纽站22个,公交首末站13个,49趟公交线路。南山区内涉及3条城市轨道交通线,1号线在南山设9个站,2号线设9个站,11号线设7个站,其中世界之窗站、深圳西站和蛇口港站是重要的换乘枢纽站。南山区机动车千人拥有率约为147辆,截至2010年年底私人小汽车拥有量约达16万辆,同时考虑南山区为重要的旅游区和物流中心,故泊位需求总量约为5万个,据此分配到各个片区中(图6.8)。

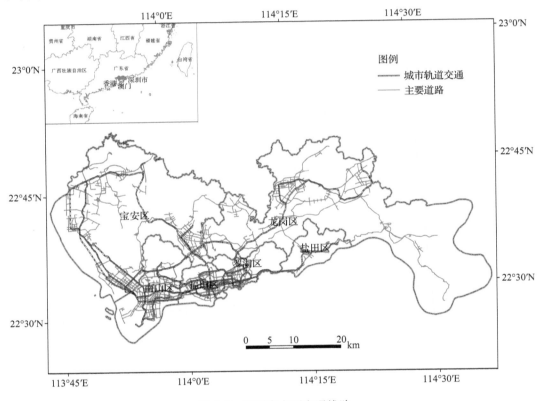

图 6.8 深圳市主要交通线路

对外方面,深圳是特区西部重要的对外联系枢纽。陆上有横贯特区东西、通往广州和东莞等地的深南大道和北环路,有平南铁路的货运、客运站和广深高速公路。南山区现有4个海运一类口岸和3个陆路二类口岸。港口有妈湾、赤湾、蛇口、东角头四大码头,功能综合性强,2010年集装箱吞吐量达1170.51万标箱,占全市总吞吐量的52%。随着深港西部通道的开通,西部港区作为华南地区集装箱枢纽港和大宗散货中转基地的地位将更加凸显。铁路现状为平南铁路正线在境内设有西客站和西丽站,并有支线进入港区。长途客运枢纽境内有南山、蛇口、蛇口海棠3个长途客运站。高速公路为广深高速公路通过南山区进入福田区皇岗口岸。

海上每天有14班次往返蛇口至香港的飞翔船和开往广州等地的定航船班,以及开往珠海的渡轮。空中运输方面有直升机机场和距南山仅 10km 的深圳国际机场。

（四）公共服务设施综合评价与分析

公共服务设施主要包括教育、医疗卫生、文化、体育、商业服务、金融邮电、社区服务、市政公用和行政管理等方面的设施（图 6.9 和图 6.10）。

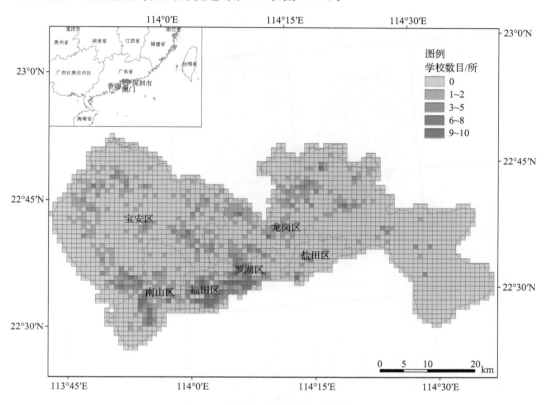

图 6.9　深圳市中小学及幼儿园分布图

深圳的教育科研实力雄厚,其中南山区是深圳市教育科研基地。深圳大学、深圳虚拟大学园、深圳高职院、深港产学研基地等一大批教育科研基地落户南山。北京大学、清华大学、哈尔滨工业大学、南开大学、中国科学院等一大批著名高等院校和科研机构入驻深圳大学城。目前,全市 11 所高等院校已有 8 所驻扎南山,在校学生 45 000 余人。南山区现有幼儿园 167 所,其中公办幼儿园 5 所,在园儿童约 3.6 万人。全区 0~3 岁婴儿教育参与率 52%,3~6 岁儿童入园率超过 95%。5 所公办幼儿园全部为省一级幼儿园,52 所民办幼儿园为省、市一级幼儿园。幼儿园优质率高达 40.4%,其中公办幼儿园优质率 100%。公办幼儿园充分发挥了龙头示范作用。截至 2010 年年底,南山区有各级各类中小学校达 82 所(按校址计算),其中,公办学校 68 所,民办学校 14 所,在校学生 10.54 万人。全区有 3 所公办普通高中通过广东省国家级示范性普通高中评估,1 所高中为省课程改革样本校,6 所高中在省普通高中教学水平评估中获得优秀,通过率 100%。全区小学、初中入学率达到 100%,义务教育阶段优质学位达到 100%,民办学校优质学位达到

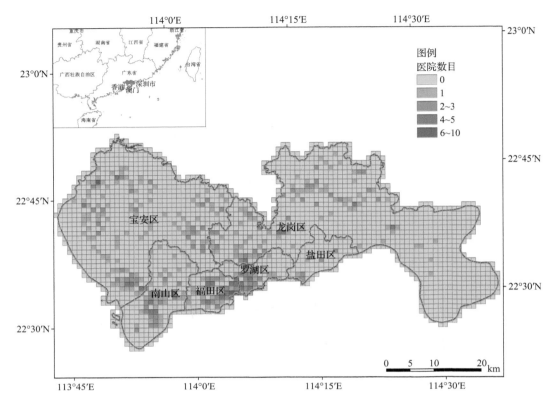

图 6.10　深圳市综合医院分布图

41.7%。博伦职业技术学校是该区唯一一所职业技术学校。截至 2010 年,南山区建立了 1 个区级社区学院,8 个街道社区教育中心,64 个市民学校,创办了 24 家培训机构,有 48 个市属培训机构在南山设点办学,1000 多家企事业单位开办了各种类型的职前职中培训,年培训人数达 60 多万,社区教育覆盖率达 100%,形成了以社区学院为龙头、以"三级(区域、街道、社区)两翼(各种成人教育机构、企业培训机构)"为格局的终身教育体系,结构合理,形式多样,基本满足了城市居民的学习需求。

2011 年南山区参与文化产业统计的规模以上企业共有 198 家,实现产值 617.88 亿元,同比增长 29.18%;实现增加值 190.05 亿元,同比增长 31.58%。

截至 2010 年年末,全区拥有公共图书馆 98 座,区级及以上博物馆、纪念馆 4 座,群众艺术馆、文化馆 1 座。全区拥有社区文化设施 321 处,健身场所 220 处。

目前南山地区的金融体系非常丰富,并在南山区布设密度大、分布区域广,涉及商业银行、城市信用社、农村信用社、信托投资公司、企业集团财务公司、金融租赁公司及其他金融机构等部门。

在旧城改造方面,截至 2011 年年底,全区启动运作的城市更新整体拆建项目已达到 40 个。其中已完工项目有田厦新村、湾厦村、南光一期共 3 个。在建项目还有水湾村、永新工业区、马家龙工业区、侨城北工业区、茶光工业区,南科大和大冲两个重点项目基本完成拆迁任务。南光二期、粤海门村、田厦南新西区、北头村、信诺工业园、渔一村、渔二村、大铲村、赤湾村、沿山路宝耀片区共 10 个项目已完成规划审批,在开展实施前期工作。专项规划已报审项目有后海村、澳科工业区、桂庙新村、康佳集团总部厂区、沙河鹤塘小区、南新路南区、南苑新村、南油福华厂区、向南旧村、南山村旧村、南水工业区、珠光村、官龙村、大新四港、南油大厦、南山华达片区共 16 个。正在开展专项规划编制的有一甲村、南山工业村、沙河五村、长源村共 4 个。

在社区建设方面,立足于创建新型社区公共服务体系,打造半小时文体活动服务圈。南山街道办事处主推社区教育"百姓文化大课堂、四点半学校、科普论坛、图书阅览室"等一批公益性文化服务项目。南头街道办事处扎实推进文教体卫残工作,组织了"夕阳红"、南头街道风尚艺术节等多项大型文艺活动。

南山区分布有深圳中影益田假日电影院、深圳保利国际影院、深圳海岸影城、深圳太平洋电影院、深圳南山 MCL 州立影院和深圳华星艺术中心电影院等多家影城,基本满足南山区居民休闲娱乐需求。

第三节　城市群生态廊道景观规划设计

"城市群"是工业化和城市化发展到较高阶段,都市区和都市圈发展到高级阶段出现的全新地域单元(方创琳,2011),是指在特定的地域范围内,由相当数量、不同性质、不同类型和不同等级规模的城市,依托一定的自然环境条件,以一个或两个特大或大城市作为地区经济的核心,借助综合运输网的通达性,发生与发展着纯属个体之间的内在联系,共同构成一个相对完整的城市"集合体"。城市群地区是经济发展最具活力与最具潜力的地方,另外,城市群地区又是一系列生态环境问题高度集中且激化的高度敏感地区(方创琳,2011)。

景观生态学上的廊道是指不同于两侧基质的狭长地带,其既可呈现出隔离的条状,也可以是与周围基质呈过渡性连续分布的景观要素(肖笃宁,2003)。在区域与城市规划中,生态廊道是指具有保护生物多样性、过滤污染物、防止水土流失、防风固沙、调控洪水等生态服务功能的廊道类型,并由植被、水域等生态性结构要素构成(朱强,2005)。廊道是一种特殊的斑块,几乎所有的景观都会被廊道分割,同时又被廊道连接在一起。区域绿地和生态廊道体系的建设,旨在维护和提高生物多样性,在提高生态系统的自我维持、更新和抗干扰能力的同时,通过辅助相关配套的市政工程措施,进一步改善城市的大气、水和生态环境质量。

通过规划与建设生态廊道,发挥其生态功能,既能缓解城市化给生态环境带来的巨大压力,又能满足城市人群日益增长的亲近自然的精神诉求,同时在推进城市群地区健康发展、改善城市群地区生态环境,建设资源节约型城市群与环境友好型城市群方面具有重要意义。

（一）生态绿化廊道类型与宽度

廊道的规划涉及诸多关键要素,其中廊道的结构特征是主要考虑的特征。廊道的重要结构特征包括廊道长度、廊道宽度、廊道曲度、内部主体与道路的连接关系、廊道的时序变化、生物种类与植物密度等(肖化顺,2005)。因此,需从生态廊道的功能与结构特征角度,对京津唐城市群开展生态廊道格局的优化与布局。

1. 廊道的尺度

在不同尺度下,生态廊道的结构特征、动态格局、主导功能及规划方法都有所不同。其中,中小尺度层次上的生态廊道研究更具有针对性及可操作性。城市群的廊道研究属于中尺度范围,它是城市行政管辖的全部地域,具有较强的地域特征且为独立的行政单元,该范围内生态廊道研究具有一定的代表性,并有利于生态用地的统一管理(荣冰凌等,2011)。

2. 廊道的功能定位

生态廊道具有生态景观廊道的一些基本特征,更有广泛深刻的文化内涵。作为生态文明和绿色文化的城市生态调控的新思路,廊道建设要充分体现以人为本、人与自然关系和谐发展的区域可持续发展。生态廊道除具有保护生物多样性、过滤污染物、防止水土流失、防风固沙、区域气候调节等重要的生态功能外,同时还具有重要的社会文化功能。

综合选择生态廊道的生态功能与社会文化功能的主要方面对廊道进行功能定位。但是由于缺乏对生态廊道功能类型复杂性的系统研究,目前多数生态廊道的规划并不明确,导致生态廊道的结构设计混乱。

具体而言,生态廊道除在调节城市群热环境作用以外,还有其他如下生态功能:

1)保护关键的自然生态系统。这些关键的自然生态系统常是沿河流、海岸线以及地形起伏较大的地方,主要作用是保护生物多样性与提供生物迁徙的通道。

2)在城市群地区,生态廊道构成的网络系统为人类提供游憩机会,如散步、徒步、自行车、游泳与划船等户外活动。

3)生态廊道及形成的廊道网络给人类留下有意义的历史与文化遗产。有学者研究认为,主要沿河流或海岸的廊道区域估计有90%属于文化与遗产发源地。

3. 廊道的分类

针对廊道具有的功能与研究区具体的生态需求,生态廊道具有保护生态多样性、过滤污染物、防止水土流失、防风固沙、防控洪水等多种功能,建立生态廊道是景观生态规划的重要内容,是解决当前人类剧烈活动造成的景观破碎化以及随之而来的众多环境问题的重要措施。按照城市群生态廊道的主要结构与功能,划分出多种功能性的廊道类型,并为生态廊道的科学规划与布局服务,发挥廊道的生态功能与社会文化功能,可将廊道分为线状河流廊道、道路廊道和城市边缘隔离廊道。

(1)河流廊道

河流廊道是指沿河流分布而不同于周围基质的植被带,又称为濒水植被带或缓冲带(buffer strip),包括河道边缘、河漫滩、堤坝和部分高地。河流在生态网络结构中扮演着连接景观要素的关键作用。河流本身不仅只是干支流的简单集合,而是一个连续的、变化的景观结构与功能体。河流及其流域作用机制具有动态性、系统复杂性、时间与空间尺度上的多变性等特征。河流是积水区域的核心,能够控制水流和矿质养分的流动,同时也是食物富集与迁徙较为容易的地方,更是生态系统和景观体系的重要资源;是生态系统的绿色生命线和区域生态平衡的活跃因子,也是城市群地区生态廊道的重要内容。应以水系为主在纵向及横向上建设河流生态廊道,加强河道改造和建设,提高河道在城市群地区中生态环境保护、景观和形象建设的功能与作用。

（2）道路廊道

早在 20 世纪初,城市道路廊道网络系统的理念就在欧洲的大都市区城市规划中发展并应用,这些道路廊道的主要作用是连接都市区与自然的有林地区。伦敦、莫斯科、柏林、布拉格与布达佩斯这些东欧与西欧城市进行了有益的尝试。道路以其重要的经济与社会意义,一直以来被作为传统的交通与连接廊道,同时对于野生动物迁徙与栖息地生境有着重要的影响,是生境斑块化与破碎化进程的一个主要因素。以公路和铁路为依托建立生态走廊和绿色屏障,保护生物多样性与改善中心城区和各发展区的生态环境。

（3）城市边缘隔离生态廊道

在经济全球化与全球城镇化进程加快的双重作用下,城市的快速扩张已呈不可阻挡之势(方创琳,2011)。一方面,城市地区的集聚效应使城市用地需求持续增长,另一方面,在缺乏科学规划与管控且不受地理状况限制的情况下,城市扩张往往形成"摊大饼"的模式,无序的城市扩张不仅造成土地资源的低效利用与浪费,同时也使城市化的质量降低。建立城市外围边缘隔离生态廊道,划定城市扩张范围与方向,可以合理利用土地资源,引导城市群的健康发展。

4. 廊道结构特征

廊道的结构特征包括廊道长度、廊道宽度、廊道曲度、内部主体与道路的连接关系、廊道的时序变化、生物种类与植物密度等(肖化顺,2005)。其中,宽度、数目、连接度与廊道网络化是生态廊道规划时需要考虑的主要结构特征。

（1）宽度

廊道宽度变化影响物种沿廊道或穿越廊道迁移的阻力以及与廊道相互作用的强度,窄带的作用不如宽带明显,但具有同样的生态意义。在廊道设计时,应当尽量加宽廊道。廊道如果达不到一定的宽度,不但起不到保护对象的作用,反而为外来物种的入侵创造条件。对廊道的宽度,目前尚没有一个定量的标准,对一般动物的运动而言,宽 100～2000m 是比较合适的,但对大型动物宽则需 10～100km(表 6.3 和表 6.4)。

表 6.3　保护生物多样性廊道的适宜宽度

作者	时间	宽度/m	说明
Corbett 等	1978	30	使河流生态系统不受伐木的影响
Stauffer 和 Best	1980	200	保护鸟类种群
Newbold 等	1980	30	伐木活动对无脊椎动物的影响会消失
		9～20	保护无脊椎动物种群
Brinson 等	1981	30	保护哺乳、爬行和两栖类动物
Tassone	1981	50～80	松树硬木林带内几种内部鸟类所需最小的生境宽度
Ranney 等	1981	20～60	边缘效应为 10～30m
Peterjohn 和 Correl	1984	100	维持耐阴树种山毛榉种群最小的廊道宽度
		30	维持耐阴树种糖槭种群最小的廊道宽度

作者	时间	宽度/m	说明
Harris	1984	4~6 倍树高	边缘效应为 2~3 倍树高
Wilcove	1985	1200	森林鸟类被捕食的边缘效应大约范围为 600m
Cross	1985	15	保护小型哺乳动物
Forman 和 Godron	1986	12~30.5	对于草本植物和鸟类而言,12m 是区别线状和带状廊道的标准,12~30.5m 能够包含多数的边缘种,但多样性较低
		61~91.5	具有较大的多样性和较多的内部种
Budd 等	1987	30	使河流生态系统不受伐木的影响
Csuti 等	1989	1200	理想的廊道宽度依赖于边缘效应宽度,通常森林的边缘效应宽为 200~600m,窄于 1200m 的廊道不会有真正的内部生境
Brown 等	1990	98	保护雪白鹭的河岸湿地栖息地较为理想的宽度
		168	保护 Prothonotary 较为理想的硬木和柏树林的宽度
Williamson 等	1990	10~20	保护鱼类
Rabent	1991	7~60	保护鱼类、两栖类、鱼类
Juan 等	1995	3~12	廊道宽度与物种多样性之间相关性接近 0
		12	草本植物多样性平均为狭窄地带的 2 倍以上
		60	满足生物迁移和生物保护功能的道路缓冲带宽度
		600~1200	能创造自然化的物种丰富的景观结构
Rohling	1998	46~152	保护生物多样性的合适宽度

资料来源:朱强等,2005。

表 6.4　河流廊道的适宜宽度

功能	作者	时间	宽度/m	说明
水土保持	Gillianm 等	1986	18~28	截获 88% 的从农田流失的土壤
	Cooper 等	1986	30	防止水土流失
	Cooper 等	1987	80~100	减少 50%~70% 的沉积物
	Lowrance 等	1988	80	减少 50%~70% 的沉积物
	Rabeni	1991	23~183	美国国家立法,控制沉积物
防治污染	Erman 等	1977	30	控制养分流失
	Peterjohn 和 Correl	1984	16	有效过滤硝酸盐
	Cooper 等	1986	30	过滤污染物
	Correllt 等	1989	30	控制磷的流失
	Keskitalo	1990	30	控制氮素
其他	Brazier 等	1973	11~24.3	有效地降低环境温度 5~10℃
	Erman 等	1977	30	增强低级河流河岸稳定性
	Steinblums 等	1984	23~38	降低环境温度 5~10℃
	Cooper 等	1986	31	产生树木碎屑,为鱼类繁殖创造多样化生境
	Budd 等	1987	11~200	为鱼类提供有机碎屑物质
	Budd 等	1987	15	控制河流浑浊

资料来源:朱强等,2005。

（2）数目

基于生态廊道的各种生态流及过程，通常认为增加廊道数目可以减少生态流被截留和分割的概率。在现实情况下，数目的多少没有明确规定，往往根据景观结构、景观功能、规划目的来具体确定。

（3）廊道连接度

连接度是生态廊道结构的主要量度指标，是指生态廊道空间上的连续性度量及各点的连接程度，其对物种迁移与河流保护等都非常重要。道路通常是影响生态廊道连接度的重要因素，同时，廊道上退化或受到破坏的片段也是降低连接度的因素。廊道连通性的高低决定了廊道的通道功能和屏障功能大小。规划与设计中的一项重要工作就是通过各种手段增加连接度（朱强等，2005）。

（4）廊道网络

生态廊道并不局限于一条都市绿色廊道或景观绿带，从空间结构上看，生态廊道的构思更主要的是由纵横交错的廊道和绿色节点有机构建起来的绿色生态网络体系，是城市社会、经济、自然复合系统重建的绿色战略构想和行动方案，因此具有整体性、系统内部高度关联性等不同于单一城市廊道的特征。实际上，自成体系的绿地系统与城市建设实体共同构成了共轭关系：前者避免或限制了城市无休止的蔓延，为城市提供了良好的环境；后者则提升了前者的生态、文化等内涵，体现了其存在的价值。构建多层次、多功能的复合型网络式生态廊道体系，形成多样化的城市群生态格局，能有效对城市群地区进行生态补偿。

（二）生态绿化廊道景观优化布局

京津唐城市群地区范围包括北京、天津 2 个直辖市和河北省的唐山、廊坊、秦皇岛 3 个地级市，总面积 5.5 万 km²，城市常住人口 2936.86 万人。京津唐城市群是继长江三角洲、珠江三角洲城市群成为我国经济增长的第三极，作为北方地区经济发展重心，在我国政治、经济发展中起着重要的战略地位。改革开放以来，城市群建设用地快速增长与高强度开发，特别是大规模科技园区、经济园区与工业园区等新开发区建设，城市群正呈现"蔓延式"与"冒进式"增长态势，正形成大都市连绵带，向着区域城市化方向发展，城市快速增长与水土资源矛盾日益突出；京津唐地区排污量大，面临严峻的生态环境问题，并且呈现进一步恶化的趋势。

生态廊道规划经验建议一个区域根据地形地貌、景观发展适宜度需要有 30%～75% 的景观生态用地。这些高适宜度的地方要么是高度肥沃之地，要么是地形起伏变化较大的地区，这些地区几乎都有 1/3 面积的潜力发展绿道或绿色空间。

线性景观要素被认为是适合于物种迁徙传播的一种廊道，因此在自然景观区被认为是导致景观破碎化对自然生态系统带来负面影响的要素。生境破碎化被认为是自然与半自然生态系统的生物多样性保护的主要问题之一。通常缺乏对生境破碎化原因的分析，具体可行的方法未被证实，设计线性生态系统廊道是通常的做法，没有实践的经验关于保护特殊物种需要设计多少廊道，以及多长距离能够连接节点。

生态廊道借鉴国内外主要的研究成果及实践经验，布局与规划主要的思路是"三横向一纵向",三横向指的是道路廊道、城市边缘隔离廊道与河流廊道 3 类典型生态廊道,一纵向是指 3 类典型生态廊道共同构成的复合生态廊道网络体系。其中,道路廊道与城市边缘隔离廊道组合规划,形成较具人文特征的廊道;河流结合生物保护与水源保护等单独考虑。

1) 城市为结点的外围边缘隔离廊道,配合向外联系与辐射的主要道路体系,构成城市群城市单体之间的廊道沟通。城市外围边缘隔离廊道的主要功能是划定城市扩张的范围界线,延缓或阻止无序的城市扩张,同时,为城市人群提供游憩休闲场所等。京津唐城市群主要的城市单体为北京、天津、唐山、秦皇岛,为有效达到合理控制城市扩张的目的,沿现有城市建设用地外围线建设 10km 宽度的廊道。高低、疏密搭配林灌草。主要的道路生态廊道选择连接京津唐城市单体间的铁路及公路干线,沿道路两旁依据实际的自然及人文情况设置 30～100m 的绿色廊道,高低、疏密搭配林灌植物。

2) 自然保护区、生物保护区与主要水源地为结点,主要河流干流支流体系的河流廊道。京津唐地区的主要水源地有官厅水库、密云水库、于桥水库、团泊洼水库、北大港水库等。主要的生物保护区有天津古海岸与湿地国家级自然保护区、河北柳江盆地地质遗迹国家级自然保护区、北京百花山国家级自然保护区,并毗邻河北小五台山国家级自然保护区与河北大海陀国家级自然保护区等。主要的河流有海河与滦河水系,干支流密布,选取主要的干流及一级支流河流两侧建设生态廊道,干流生态廊道设定宽度 100m,支流设定 50m。

3) 道路、河流、城市、自然保护区与水源地多结点、多网络构成的城市群生态廊道网络体系。整个研究区的生态廊道体系规划虽然在横向上因为主要生态功能与自身特性的原因,单独或有所区别考虑,但就整个京津唐城市群与生态廊道布局与规划而言,是一个复合且内部相互联系的整体,既具有分离性又具有内在的联系性。所有构成廊道体系的结点、斑块与绿带共同构成生态廊道网络系统,是整个城市群的骨架,发挥其应有的生态功能,共同形成整个城市群生态安全格局。

其中设计重点在 3 个尺度上进行。宏观上,系统梳理研究国内外生态廊道建设,及其与城市、人口、用地结构关系,构建城市群生态廊道,形成以生态廊道为骨架的网络格局,实现生态格局的优化;中观上,基于模型与空间分析方法,将各功能生态廊道具体落实到空间位置,明确各廊道的功能定位,并计算各廊道建设控制指标;微观上,结合京津唐土地利用方式,针对河流廊道、道路廊道、城市边缘隔离廊道以改善区域生态环境为原则,实现居民的生活与休闲、植被的生长与演替、动物的栖息与繁衍,城市与自然环境的共同和谐(图 6.11)。

城市边缘隔离生态廊道:基于 LTM 模型模拟城市扩张,充分考虑城市发展制约因素,结合多要素数据层,利用空间分析功能实现城市外围绿化廊道构建。设计城市外围绿化廊道面积 2849.76km²,其中,北京市廊道面积 993.58km²,唐山市廊道面积 327.47km²,天津市廊道面积 1196.45km²,廊坊市廊道面积 134.58km²,秦皇岛市廊道面积 197.69km²。与土地利用类型叠加分析,实际需建设廊道面积 1983.42km²(部分区域已形成林地阻隔空间分布格局)(图 6.12)。

河流廊道:充分考虑河道与城市形态、景观优化、土地利用状况、历史遗产等因素,将河道临近土地与河道本身一起纳入规划控制范围。设计河流廊道面积 6230.10km²,已形成廊道面积 4361.83km²(图 6.13)。

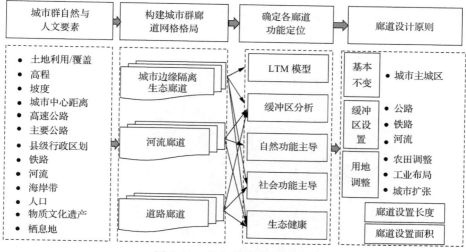

图 6.11　生态廊道设计路线图

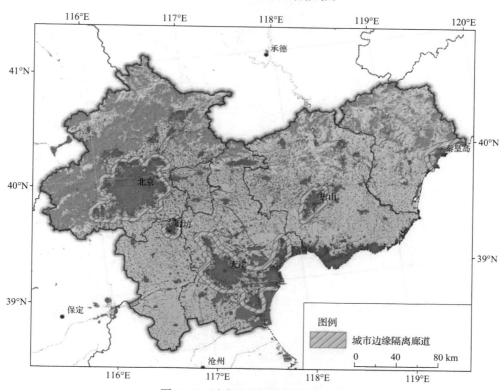

图 6.12　城市边缘隔离廊道设计图

　　道路廊道建设:主要在已有铁路、高速公路、省道、国道、城际高铁等道路综合信息的基础上,利用空间分析,形成贯通式网状廊道结构设计,充分起到优化景观布局,减缓城市群热岛效应,优化道路景观、加强生物多样性保护等功能。设计道路廊道面积7316.11km²,已形成廊道面积 3190.83km²(图 6.14)。

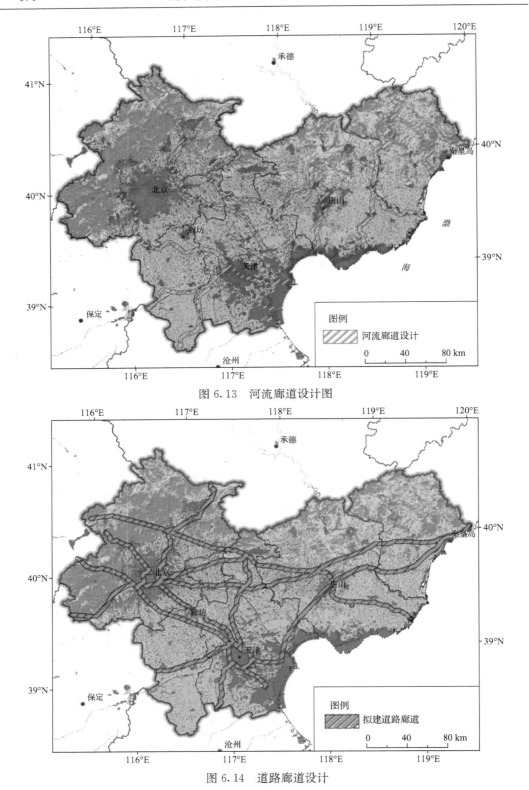

图 6.13　河流廊道设计图

图 6.14　道路廊道设计

第四节　城市公共绿地建设与规划指标

一、城市公共绿地空间格局分析

根据城市建设部门 2002 年通过的《城市绿化分类标准》，绿地可分为五大类，即公园绿地(G1)、生产绿地(G2)、防护绿地(G3)、附属绿地(G4)和其他绿地(G5)。绿地在城市生态系统中具有自净功能，在保持城市生态平衡和改善城市生态环境方面，绿地起到了重要作用(刘肖骢和康慕谊，2001)。为了直观地分析绿地的区域环线分布特征，本节将五环线与绿地进行叠置分析，而五环到六环由于绿地数据不完备，在 ENVI 下，利用归一化植被指数(NDVI方法)估算植被覆盖度，对于 Landsat TM 多波段影像采用 NDVI 进行分类，NDVI 的值在－1~1 变动，裸土地区和水域，NDVI 值非常低，裸土接近 0，水域为负值，通过空间运算当 NDVI≤0，则令 NDVI 为 0，因此从图 6.15 中看到的 NDVI 的值在 0~1 变动，植被区域，NDVI>0，植被密度越高，NDVI 值越大。

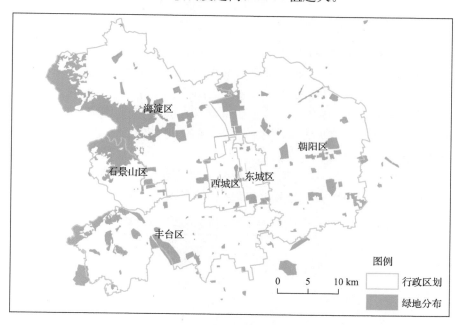

图 6.15　2010 年北京城市绿地区域分布图

二环内绿地主要分布在后海、南海、北海、天坛和龙潭湖附近。二环内绿地面积是 6.12km² ，绿地率为 9.79%。二环到四环绿地主要分布在玉渊潭、朝阳公园和地坛公园等公园区域内。绿地面积是 16.17km² ，绿地率为 6.81%。位于北四环到五环的中轴线北端的奥林匹克公园总占地面积 1135hm² ，空间开敞、绿地环绕、环境优美。另外，西北部的圆明园、颐和园，还有大学城的校园绿化点缀其中，绿地面积是 55.89km² ，绿地率达到了 12.42%。五环到六环之间的面积约 1600km² ，北京在 1959 年的时候围绕主城区的绿化隔离带有 300km² ，而到了 1982 年，绿化带减少到 260km² ，1992 年则减少到 244km² ，在这 244km² 中,非建筑面积只有 160km²(丁成日,2005)。五环到六环随着距离的增加,植被覆盖度发生显著变化。距离越向外扩展,植被的覆盖度越高。19km 以内,植被覆盖度:$0.17 < NDVI \leqslant 0.225$,$19 \sim 22km$,植被覆盖度:$0.225 < NDVI \leqslant 0.31$,$22 \sim 25km$,植被覆盖度:$0.23 < NDVI \leqslant 0.28$,$25 \sim 28km$,植被覆盖度:$0.27 < NDVI \leqslant 0.31$。虽然植被覆盖度总体呈上升趋势,但是根据常用的植被覆盖度分级方法,$0 < NDVI \leqslant 0.30$ 为低植被覆盖度。

北京六环内绿地面积为 477.66km²,绿地率为 13.57%,绿化覆盖率为 44.4%,人均公共绿地面积为 12.6m²/人,建筑用地与绿化用地比例是 2.7:1,而世界上一些著名大城市的建筑用地与绿化用地相比约为 1:2(丁成日,2005),北京还有待于提高(表6.5)。

表 6.5　2010 年北京环线绿地面积统计表

城市环路	环线面积/km²	绿地面积/km²	绿地率/%
二环内	62.5	6.12	9.79
二环~三环	87.5	5.55	6.34
三环~四环	150	10.62	7.08
四环~五环	450	55.89	12.42

从图 6.15 中可以看出海淀区的绿地率最高,达到了 16.86%,绿地面积为 72.63km²。海淀区地处北京的西北,是全国著名的大学城和旅游胜地。不仅拥有百余座著名的私家园林,更有闻名遐迩的皇家御苑"三山五园",即被誉为"万园之园"的圆明园、列入世界文化遗产的万寿山颐和园、玉泉山静明园、香山静宜园和畅春园。区内高校林立,包括著名的北京大学、清华大学、中国人民大学等 68 所高等院校。为了打造具有海淀特色的园林绿化工程,海淀区亦开启了一系列绿化工程。例如,平原地区造林工程、翠湖湿地建设工程、北部生态绿心规划工程、特色景观大街建设工程、精品公园建设工程和大西山绿化彩化工程。海淀区人均公共绿地面积 22.13m²(表6.6)。

表 6.6　2010 年北京绿地区域面积统计表

区域	绿地面积/km²	人均公共绿地面积/m²	绿地率/%
东城区	5.22	5.56	12.48
西城区	3.27	2.63	10.32
朝阳区	60.45	20.14	12.84
海淀区	72.63	22.13	16.86
石景山区	13.22	21.46	15.38
丰台区	41.34	19.57	13.52

其次是石景山区,绿地率达到了 15.38%。石景山区位于长安街西段,中心区距天安门 16km,面积 92.12km²,石景山区西北部山地是太行山余脉,约占全区面积的 1/3。发展绿色产业是石景山区的独有特色,城市绿化覆盖率稳居北京市前列,绿地面积为 13.22km²。人均公共绿地面积 21.46m²。该区率先发展低碳经济、改善生态环境。首钢涉钢产业搬迁后,这里的生态环境大为改善,逐步实现由工业石景山向绿色生态石景山的转变。石景山大多数小区都建有花园广场、街心公园。海特广场、半月园公园、石景山绿

色广场就建在居民区里,这三处绿地总面积近11hm²。绿地点缀在街巷楼宇之间,形成了处处有景、片片有绿的特色景观。石景山区的荒山逐渐被绿色点缀,在努力加快城市中心地区绿地建设的同时,正加快城市绿化隔离带的建设步伐。

丰台区位于北京城区西南部。2006～2010年的"十一五"时期,该区提高居住小区和单位庭院的绿化美化水平,以城市山林、城市绿带、城市住宅区绿化和道路两侧绿化为主要景观,着力发展绿色产业,绿化发展效果显著。丰台区加快东部地区的绿化隔离带建设,进一步加大城市中心绿地建设的力度,绿地率达到了13.52%,人均公共绿地面积19.57m²。同时还完成了二环路、三环路等重点道路的两侧拆迁及绿化整治和重点立交桥的垂直绿化等。

受2008年奥运会的影响,以"办绿色奥运,建生态城市"为目标,朝阳区开展了一系列绿化工程,包括亮马河灌渠水景花园、北小河公园一期建设、朝阳公园等多处绿地。同时还建设了多条园林特色大街和10多处城市精品小绿地,并完成了40个新旧住宅区绿化。重点实施了立交桥绿化,二、三环路绿化断带改造等工程,城市绿化美化程度正在大幅度提升,绿地率达到了12.84%。目前,朝阳区绿化工程还在进行中,继续在城市广场改造、特色园林大街建设、街头绿地建设、二环路立交桥建设、解决二环路断带工作和三环路景点建设、单位庭院绿化整治方面开展工作。朝阳区城市绿化覆盖率不断扩大,人均公共绿地面积20.14m²。朝阳区在实施城区绿化的过程中非常注重景观设计和植物配置,并显示出自身特色,不仅选择适合北京生长的乔灌木,还引进了一些苗木新品种,再结合时令花卉,大大提升了城区绿化品味。

东城区处于中国首都北京的"心脏",是北京城文物古迹最为集中的区域,也是国家部委、国家级科研机构聚集的地方。东单、东四、和平里、北新桥等商业区也已形成规模。虽然该区绿地率比朝阳区绿地率高,达到了12.48%,但是由于人口比较密集,人均占有公共绿地面积仅为5.56m²。

西城区位于北京市中心城区西北部,全区东西宽5.5km,南北长7.5km,面积31.66km²,绿地面积为3.27km²。西城区境内有丰富的历史文化遗产和人文景观,全区现有各级文物保护单位106处,约占北京市的1/4。近年来,西城区加速了城市建设步伐,使旧城区面貌有了很大改观。在城市建设中,对古树名木进行了严格保护,街头和住宅区内新建了一批花园,绿地、市容环境得到美化,但是绿化面积依然匮乏,人均占有公共绿地面积仅为2.63m²,是各个城区人均所拥有绿地面积最少的一个区。

二、城市公共绿地生态规划控制指标

北京绿地生态规划控制指标包括两方面:一方面是北京城市园林绿地控制指标;另一方面是北京城区周边的绿化隔离带控制指标。北京城市园林绿地对净化空气、美化城市环境、减少噪声等发挥重要作用。北京绿化隔离带对改善北京的景观格局和保护城市生态环境具有战略性意义,因此,要充分发挥城市园林绿地和绿化隔离带的生态效用。

从绿地的生态效应发挥而言,城市绿地率至少应达到30%。从人类个体生存来讲,美国化学家沃尔德认为,城市人均绿地占有面积应该是30m²～40m²,才能保持CO_2和O_2的平衡。鉴于国内外城市绿地控制指标的研究成果,北京城市绿地率应为50%,人均绿

地面积 $45m^2$，人均公共绿地面积 $18m^2$。

北京绿化隔离带主要分布在五环到六环。绿化隔离带生态规划控制指标如下：

1）绿化隔离带的绿地率（包括农田果园、森林、水域湿地和草地）应大于 60%，建设用地（包括公共设施用地，工矿用地、居住用地、交通用地等建设用地）控制在 40% 以内。

2）点缀在绿化隔离带中的居民区，人口应控制在 5 万～10 万人，面积应控制在 $2.3km^2$ 以内。小城镇与居民区的绿地应大于 40%。

3）绿化隔离带绿地结构以森林为主体，主要分布在北京西部太行山余脉，森林面积应占绿地面积的 70% 以上。在此区域应该尽量保留水域、湿地、草地、特色农业（花卉、水果和苗圃）等原生态景观。在环城的各个方向环楔形绿地与大面积森林景观相结合。

4）保留郊区优质农田并且严格控制建设用地侵占大片绿地，建设防护林带并且与市区外围环状绿地连为一体，筑起城市外环的绿色防线。

5）严格控制主城区的扩展，对现已与城区连接的边缘地区（如定福庄、黄村、亦庄、石景山、丰台、北苑、东坝等）应用绿化带把边缘地区隔离开来。

6）沿河道建设 200～5000m 的河道绿带，通过建设大面积的绿带将北京山区、绿化隔离带以及城区大型绿地连为一体，形成城市绿地系统的有机整体。

第七章 城市生态环境监测与应急预警平台

城市生态环境不仅与人居环境密切相关,而且会对社会经济持续发展产生重要影响。如何提升城市生态环境质量,建设宜居城市是城市规划和管理面对的重要课题。基于本书提出的第三个假设,是否可以设计一套可操作的指标体系、模型和系统服务于城市规划和区域可持续发展以缓解城市热岛效应,改善城市人居环境质量。本章从城市生态环境监测预警平台建设应用需求出发,重点论述了城市热岛及极端热、地表水环境、工矿城市土壤污染、大气污染的监测、评价与预警系统研发工作,为城市生态环境监测与应急预警业务化运行提供重要的技术支撑体系和管理软硬件平台。

第一节 城市生态环境监测预警平台功能模块

一、用户需求分析

21 世纪以来,伴随着社会经济持续快速发展,中国正步入城市化、工业化高速发展阶段,其快速城市化、工业化进程在促进社会经济发展的同时,也会对城市及周边地区生态环境带来一定的负面影响。伴随着全球气候变化的影响,极端天气事件发生的频率增加,城市水环境、大气环境、土壤环境污染呈现加剧的趋势,在一定程度也会影响城市人居环境。当前我国城市群正呈现下垫面不透水地表连绵式发展态势,人口、经济的集聚,城市工业发展和人为热源的释放,会加剧城市热岛强度,特别是特大和超大城市热岛现象尤为显著。

综合集成"3S"技术、云计算、互联网技术等现代信息技术,国家和地方环境保护部门、城市规划部门等在城市热岛及极端热环境、地表水环境、工矿城市土壤环境、大气环境的监测、评价与预警方面具有广阔的应急前景。城市生态环境监测与应急预警业务平台建设可以有效提高相关部门的规划管理、日常业务和应急响应水平。

二、系统功能模块设计

城市生态环境监测与应急预警平台包含 4 个子系统:城市热岛及极端热环境监测与预警系统、城市地表水环境监测与应急管理系统、城市工矿区土壤环境评价信息系统、城市大气环境监测与预警信息系统(图 7.1)。

城市热岛及极端热环境监测与预警系统可实现城市热岛信息管理自动化,为城市热岛减缓工作的开展提供科学、高效的技术支持,提高城市热环境管理与决策效率,提供面向城市热岛减缓的规划设计及人居环境改善方法。

城市地表水环境监测与应急管理系统主要包含:水质预报数学模型、数据库、外部数据源的数据引擎。系统功能包括:水环境风险源信息管理、典型行业和重要环境敏感目标风险源识别以及地表水质监测、污染程度影响评价以及应急预警。

针对工矿城市土壤环境问题,设计开发了一套集易操作性、交互性、开放性、可扩充性、智能化的城市工矿区土壤环境评价管理信息系统。可以对土壤污染物分布状况进行快速分析和诊断,揭示土壤污染物的分布特征、污染来源及时空分布规律,从而为城市规划和污染防治提供科学决策依据。

城市大气环境监测与预警信息系统研发,构建重点大气环境风险源和敏感受体地理数据库系统,开发具有自主知识产权的突发性大气污染事件风险防范与应急技术系统软件。系统软件功能主要包括基础地理空间数据管理模块、环境专题信息模块、企业风险源申报模块、污染风险评价与制图模块、污染监控与预警模块、污染应急与指挥模块。

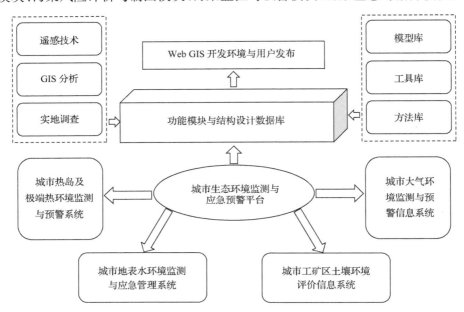

图 7.1　城市生态环境监测预警平台功能结构与模块设计

第二节　城市热岛及极端热环境监测与预警系统

一、城市地表热环境监测方法

城市热岛(urban heat island,UHI)效应是城市化进程中最为显著的城市气候特征之一。在夏季,城市热岛效应对城市空气质量、空调能耗、与炎热相关的疾病及暴雨等灾害性城市气候产生显著的影响。自 19 世纪初期 Lake Howard 研究伦敦城市气候特征时首次发现城市地区气温高于周边乡村后,城市热岛受到广泛的关注。究其原因,受人工下垫面、人为热释放、城市峡谷效应等多重因素影响。为了精确刻画城市热岛时空分布,不同的学者所采用的监测方法有所差异,主要分为气象站法、定点观测法、运动样带法、遥感测定以及模拟预测等方法(肖荣波等,2005;邹容等,2007)。

1) 气象站法:传统的热岛效应研究运用气象站历史数据,选取若干个温度指标,分析一个城市或区域在不同发展阶段热岛特征变化情况,气象站数据可以描述城市热岛的历史演变过程(郭家林和王永波,2005)。

2) 定点观测法:根据城市热岛空间分布状况,定点观测可以从水平和垂直方向两个方面考虑。其中,城市热岛水平分布特征一般是选用城郊若干个典型的位置,进行温度气候指标的测定比较;或者是利用横穿城市剖面线进行观测。城市热岛不仅影响近地面温度,还会影响城市边界层能量交换,具有明显的立体空间分布特征。城市气候立体特征研究多使用探空气球、飞机等进行观测,观测高度为 $100\sim7000m$。也有学者为了获取长期连续不断的城市与郊区气温垂直变化资料,将气温表安放在铁塔的不同高度,观测城郊气温垂直差异(张一平等,2002)。

3) 运动样带法:运动样带法通常是在车辆上安装气温测定传感器(如 Radiation-shielded Resistance,温度灵敏度为 $0.01℃$),并连接着一个便携式的数据采集器。一般每 16s 采集一次数据,车速保持在 $20\sim30km/h$,传感器安装在距车顶、距地面一定高处,以避免发动机和尾气热量的影响。不同运动样带实验采样频率一般不同,选择的传感器也有所差异(Klysik and Fortuniak,1999)。

4) 遥感测定法:根据地物在不同波段辐射值的差异,利用热红外传感器对城市地表温度进行大面积观测,通过计算得到地物热量空间分布。热红外遥感的发展可以从 1962年第一台红外测温仪诞生算起,1978 年美国发射热惯量卫星(HCMM),首次用卫星来观测地球表面的温度差异,标志着热红外卫星遥感的发展。根据选用传感器平台的差异,分为卫星遥测法和航空遥测法。不同的遥感器,其通道光谱信息和空间响应信息均不相同(Bailing and Brazel,2004)。对于大区域尺度的研究一般选用 NOAA/AVHRR,其空间分辨率为 111km,过境周期短。但为了获取详细的热岛空间分布,许多学者常选用 Landsat 的热红外波段 TM6 或者 ASTER 来评价城市热岛强弱。航空遥测法就是将热传感器安置在飞机或其他飞行器上进行飞行测定,该方法可以根据试验设计进行,不受卫星过境时间的限制。当前主要运用两种传感器:TVR(Thermal Video Radiometer)和 ATLAS(Advanced Thermal and Land Applications Sensor),它们在热噪声标识、重现性、稳定性、热敏感性和空间分辨率等方面具有很高的质量。

二、系统构架与模块设计

城市热岛效应会对居民的身心健康和经济发展带来严重损害,引起一系列城市疾病和多发性流行性疾病。因此,有必要建立一套行之有效的城市热岛分析与管理信息系统,实现城市热岛信息自动化监测。

城市热岛监测及极端热环境监测预警系统主要包括系统维护和帮助模块、数据库模块、数据分析模块、模型分析模块、辅助决策制图模块等。各个模块通过各自的功能分工,通过数据交流实现功能模块交互联系。系统维护和帮助模块属于基本模块,主要负责系统初始化和基本信息管理维护;数据库模块是系统运行分析功能的基础,主要对系统运行过程中涉及的城市热环境数据信息进行管理;数据分析模块和模型分析模块是系统的核心模块,它们主要是通过调用数据库中的基础数据进行分析,实现对城市热环境信息的显示、查询、处理,同时也可以将分析结果保存到数据库中。数据分析模块和模型分析模块之间也会交互地使用各自的分析结果作为基础数据实现各自的功能,主要是基于遥感信息提取和气温插值模型库,实现对地表温度、气温与其影响因子关系的定量分析和城市热环境质量评价,通过优化规划控制指标来实现对规划方案的优化等;辅助决策制图模块属于系统的输出模块,可以将数据分析和模型分析的结果编制成决策图输出。

城市热岛监测与评价信息系统在总体结构上分为 4 层,即数据层、数据接口层、基础功能组件层和应用层。其中数据层涉及数据的采集和管理;数据接口层提供数据层与其他更高层的数据访问和存储功能,可以对外隐藏文件管理的内部结构,方便数据的调用和使用;基础功能组件层提供组成系统的关键模块,这些模块提供特定功能并相互独立;应用层实现具体的应用,特定算法模块可以通过接口层调用基础功能层的模块来搭建,是用户与系统交互实现系统功能的桥梁。

三、极端高温事件遥感监测与预警

为了定量分析城市地区极端高温事件,通过遥感反演的地表温度来计算城市热场变异指数,其定义为某点的地表温度和研究区域平均地表温度的差值与研究区域平均地表温度之比,可描述该点的热场变异情况。公式如下:

$$HI = (T - T_{MEAN})/T_{MEAN} \tag{7.1}$$

式中,HI 为城市热场变异指数;T 为遥感反演的城市某点地表温度;T_{MEAN} 为城市研究区域的平均地表温度(张勇等,2006)。

为了更直观地描述城市的热场变化,进一步采用阈值法将热场变异指数分为 4 个等级,当 HI≤0 时,表示该点无热岛效应;当 0<HI≤0.08 时,表示该点为轻热岛效应;当 0.08<HI≤0.23 时,表示该点为次强热岛效应;当 HI>0.23 时,表示该点为强热岛效应。

根据计算的北京市热场变异指数等级可以看出,主要的热岛效应区域在空间分布特征上与城市建成区的范围大致相同,并且城乡梯度热岛强度差异十分显著,热岛强度由主城区、近郊区到远郊区依次递减。主城区以强热岛效应为主,热场变异指数最高达到 0.41,次强热岛效应次之,热场变异指数为 0.08~0.23;近郊区轻热岛效应和无热岛效应所占比例较大,热场变异指数在 0.08 以下;远郊区以无热岛效应为主,热场变异指数基本小于 0。根据此原理与方法监测北京地区的极端高温区分布见图 7.2。

四、系统功能与用户界面设计

城市热岛监测与评价信息系统是一个城市热环境评估分析系统,可直接应用于城市热环境改善的城市规划设计与管理工作。

(一) 数据分析模块

1. 显示与查询功能

数据分析模块包括城市热环境生态规划数据、气象数据、影像数据、地图数据等多方面数据,通过对各专题图件进行打开、关闭、选中、平移、缩放、漫游、全图显示、鹰眼导航、显示设置等操作,可以便捷地了解城市用地和城市热岛分布情况及相关信息。数据查询

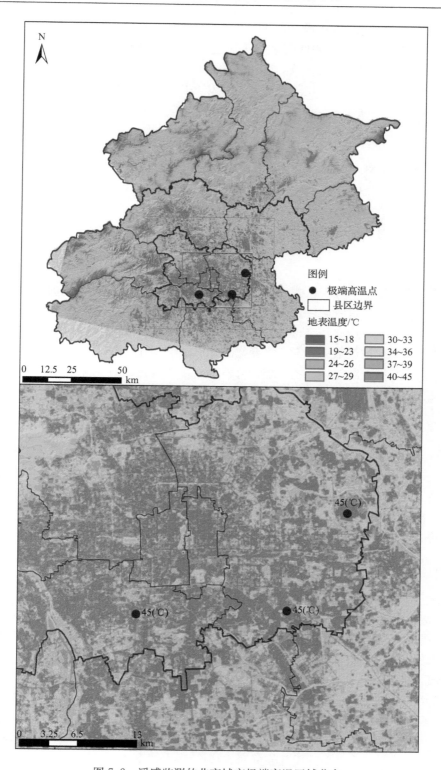

图 7.2　遥感监测的北京城市极端高温区域分布

实现对系统中有关城市热环境的空间数据和属性数据信息的查询。通过点选或者框选，可以获取选中的某一地块或者某一区域内若干地块的相关属性信息（用地面积、地表温度、NDVI、反照率、建筑密度、容积率、平均高度等）；通过多条件、多范围的查询，用户可获得所关注的规划地块热环境监测数据（主要包括地温、气温和点状气象数据）的查询结果。

2. 编辑与更新功能

在快速城市化进程中，城市建设用地不断地扩大，同时城市热环境数据信息积累也不断增加，因此需要对数据进行更新，系统可以对城市热环境变化信息修改、添加、删除、管理等。空间数据的更新是对行政区划和城市规划等矢量图中的点、线、面对象的修改。属性数据的更新是对属性数据库中的数据进行添加、删除、修改操作。

3. 统计分析功能

系统提供数据统计分析功能，主要是通过对城市热岛及相关空间数据的调用，实现对属性数据的统计。通过绘制任意多边形，可以计算选定区域内数据的最大值、最小值及平均值，并显示最小值点和最大值点的位置；通过绘制任意剖切线，可得到单时段或多时段剖切区域的气温或地温数据的剖面线变化图。通过绘制统计图，可以得到数据的柱形图、折线图、饼状图、散点图等统计图。统计分析功能以直观的统计结果提供给用户，用户可从中获取有用的信息，并有利于对不同城市或城市不同区块热环境质量的分析。

4. 空间分析功能

空间分析功能是对城市热岛空间对象的位置和形态特征的空间数据进行分析。系统具有叠加分析、缓冲区分析、距离量算、区域周长和面积量算等功能，为城市环境规划提供服务。叠加分析用于对各种空间信息或者热环境信息进行空间叠置分析，用于多专题综合决策分析；缓冲区分析用于进行热岛高温区或者低温区的影响范围分析；距离量算用于对象之间的影响距离测算；区域周长和面积量算用于热岛影响区域周长和面积的计算。

（二）城市热岛信息提取与分析功能

遥感信息提取模块是系统获取城市热岛环境信息的重要手段，主要包括地表温度反演、植被指数提取、地表反照率提取 3 种功能。系统通过 IDL 技术集成了遥感因子提取的算法，提供一个友好的可视化界面，实现对多源多尺度遥感数据的提取及其结果的显示、缩放、保存等功能。

气温是城市热岛效应最直接的反映，网格化的气温数据能够更好地反映其连续分布的空间特征。高分辨率的连续分布的气温插值数据为研究城市热岛提供了重要的基础数据，系统集成了 3 种插值方法：三角网线性插值、薄板样条插值和最小曲率法插值。根据观测气温记录的精度与城市不同功能区气温分布的规律，通过输入插值分辨率和选择合适的插值方法，可以插值获得任意分辨率的结果，大大提高了原始采样数据的密度。

（三）城市热岛规划分析与优化功能

通过系统规划地块地表温度与影响因子的一元回归分析界面，可以选择地温与任意一个影响因子进行回归分析。NDVI 取值与地表温度呈现负相关，即随着 NDVI 值的增大，地表温度则随之下降。由于一元回归分析只能反映单个因子与地表温度的影响机制，而规划地块的地表温度是受多个因子的共同作用，为了综合反映地表温度受其他各因子的共同影响，系统还提供了多元回归分析界面。

模拟优化功能利用多因子回归分析得出地表温度与多个影响因子之间的定量关系，通过不断迭代调整地块的地表温度影响因子，包括 NDVI、地表反照率、建筑密度、容积率、建筑平均高度的数值，实现对地块地表温度进行初步预测和评估，综合比较分析计算结果，将结果反馈到规划指标、下垫面的材料、植被指数上，以实现对城市地块在规划设计可控因子方面的优选和优化，最终达到优化规划设计方案的目的。

（四）辅助决策制图功能

城市热岛监测与评价信息系统的一个重要功能是服务于城市规划与设计辅助决策制图。在制图时可以先对图层的颜色、图例等进行设置，方便用户根据自己的需要进行选择和修改；通过绘制城市单时段或者多时段气温或者地温剖面变化图和柱状图、折线图、饼状图、散点图等统计图，将各种点状、线状、面状信息直观地展现出来；通过编制城市地温和气温的空间分布图将城市热岛分布和特征直观地表达出来，使用户及时了解城市不同地段的热岛环境质量状况。

第三节　城市地表水环境监测与应急管理系统

一、系统模块与结构框架

综合利用有线通信、无线通信、数据库、全球定位系统（GPS）、地理信息系统（GIS）、遥感技术（RS）、计算机网络等多种技术，通过松花江水环境管理决策支持系统结构设计，集成松花江水环境风险源管理技术与水动力、水质模型，构建包括水质监控管理、风险源管理与控制、污染事故防范与应急处置管理的松花江水环境质量管理决策支持系统，实现对松花江水环境各种信息的科学有序的管理，帮助各级领导和环境管理部门准确、及时地了解该流域风险源分布情况、排污情况、河流水质状况及变化情况。系统通过实现对污染事故进行分析、模拟、预测、评估和决策，为事故应急指挥部门提供先进的会商决策环境和多方面的信息支持，能够为事故应急指挥部门进行科学决策和指挥调度提供可靠的现代化手段。

基于数据、模型和预案，通过人机界面的互动操作进行城市地表水环境监测与应急管理决策支持。系统功能模块包括地表水环境常规管理、污染事件应急管理和系统管理 3 个模块，见图 7.3。城市地表水环境监测与应急管理系统主要由以下部分组成：水质预报数学模型；工作数据库；一系列桥接外部数据源的数据引擎。

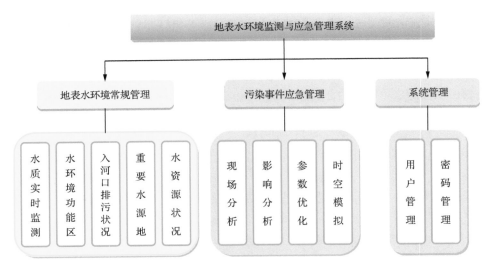

图 7.3　城市地表水环境监测与应急管理系统模块框架

　　城市地表水环境监测与应急管理系统采用 C/S 和 B/S 相结合的部署方式。其中 C/S 系统部分供业主单位的专业技术人员使用,作为后台维护及一些高级控制性操作的平台,为技术人员提供了与高级建模相关的所有操作接口;而 B/S 系统部分供一般用户使用,是基于网页的应用程序,客户可以通过相关页面进行突发性污染事故方案模拟结果的统计分析,B/S 部分的系统可以被更多用户通过网页访问,如业主单位内部的计算机,或者其他远程终端。

　　专业技术人员可以通过 C/S 系统实现所有的系统功能,包括 B/S 中的结果显示分析功能,从而在后台可以完成事故模拟相关的完整流程。因此系统的作业方式为,系统管理员负责系统环境部署维护,以及系统配置方面的工作,C/S 中提供了部分系统配置的用户界面;建模工程师负责数据收集整理以及模拟方案制作与分析,然后将合理的方案提交审核;高级专业技术人员负责检查数据质量以及模拟方案结果的合理性,并将验证通过的方案发布出去;决策者从而可以通过 B/S 系统浏览发布出来的数据与模拟结果信息,为决策分析提供技术参考(图 7.4)。

　　作为系统的核心部分,水质预报数学模型组件主要在服务端后台运行,系统根据模型所需数据的来源,提供了在以下 3 种数据条件下分别启动不同的突发性污染事故应对方案:污染物排放信息、排放地点及污染物量。在这种情况下,系统将提供接口从在线数据库中帮助用户获取到与当前水文水动力条件类似的历史数据,包括河道流量及水位数据,并直接导入到事故模拟方案作为输入条件,然后在用户设定污染物排放信息后立即启动事故模拟分析。这种模拟方案为用户提供了一种快速(一般少于 10min)应急模拟方式,便于用户在第一时间能够对污染事故的发展态势作出初步预测与评估(图 7.5)。

二、系统逻辑结构

　　城市地表水环境监测与应急管理系统开发采用 B/S、C/S 相结合开发方式。系统逻辑结构包括用户界面层、系统应用层、GIS 平台层、数据库层,如图 7.6 所示。

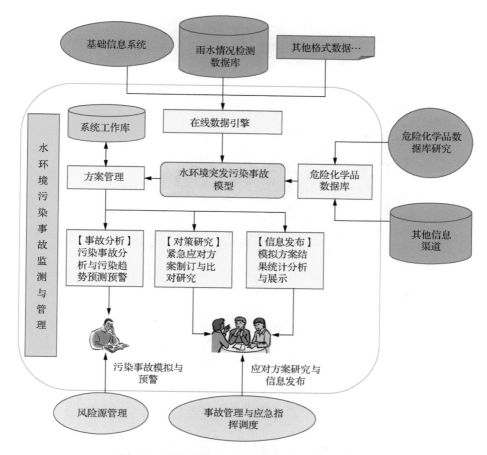

图 7.4 城市地表水环境监测与应急管理结构图

三、系统数据库设计

（一）工作数据库设计

工作数据库包括用于进行系统配置管理、记录系统事件日志、方案信息、用户管理信息、功能权限以及所有其他的支持系统运行所必需的配置管理信息。

（二）系统配置管理数据库

系统配置管理数据库存储了两种类型的系统配置：一种是全局配置，针对系统中所有的用户都是通用的，由系统管理员进行设置；另一种是用户自定义配置，每个用户都可以针对自己不同的需求和经验进行不同的设置。数据库结构见图 7.7。

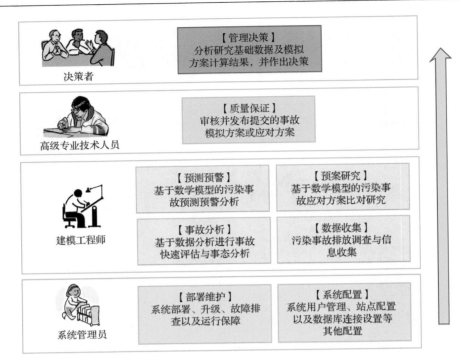

图 7.5　城市地表水环境监测与应急管理系统角色与工作流程

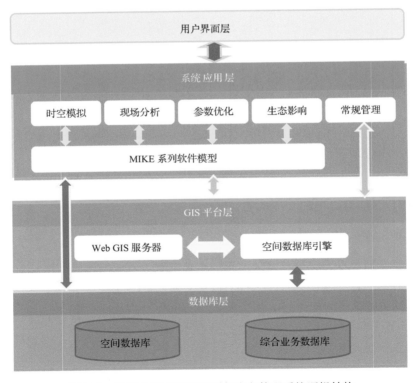

图 7.6　城市地表水环境监测与应急管理系统逻辑结构

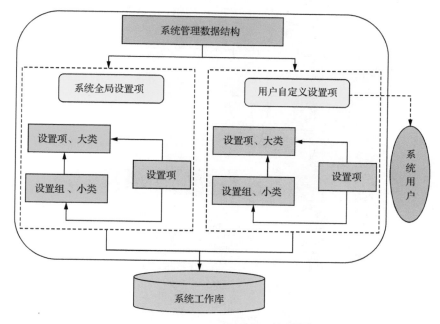

图 7.7　系统配置数据库结构

（三）系统事件日志数据库

系统中将记录 3 种类型的系统事件日志,当系统发生异常时异常信息将被记录在异常日志表中,记录信息包括当前用户、当前时间、异常信息、异常发生的源信息等;行为日志将保存一些特殊的动作事件,如系统登录和退出等;方案日志将保存对方案进行的一些操作记录,如创建方案、修改方案等。系统设计结构见图 7.8。

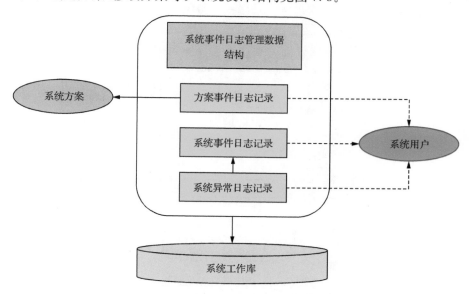

图 7.8　系统事件日志数据库结构

（四）方案管理数据库

方案管理数据库包括方案共享和方案权限以及方案信息、方案操作日志记录等一系列用于进行方案管理的表。关系结构见图7.9。

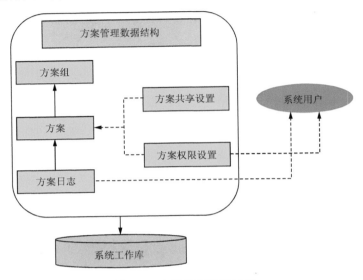

图 7.9　方案管理数据结构

（五）用户管理数据库

用户管理数据库中记录着系统用户管理的信息。每一个用户都隶属于各自的用户组和角色组。系统还划分了不同的功能模块，每个功能模块包含不同的功能，通过这些表系统可以根据用户进行指定的权限设置。结构关系见图7.10。

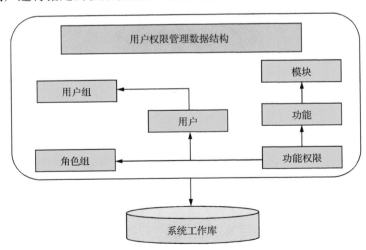

图 7.10　用户管理数据结构

（六）重要位置数据库

重要位置数据库记录了沿河各个重要断面及点位的详细信息，在模型模拟计算中这些点位都是重点关注的对象。模型计算结果包括了海量的数据信息，在系统中只有重要位置处的结果才会在动态演示分析中单列出来，以地图标注或者图表的方式进行显示。

（七）结果数据库

系统从模拟结果文件中读取模拟信息写入到结果数据库中，由于结果信息量较大，我们会设置一个新的数据库来保存这些信息，并且一个数据表只记录一个计算点的时间序列数据。在工作数据库中输出结果映射表将根据用户指定输出计划来记录计算点和所有的结果表的关系。结构关系见图 7.11。

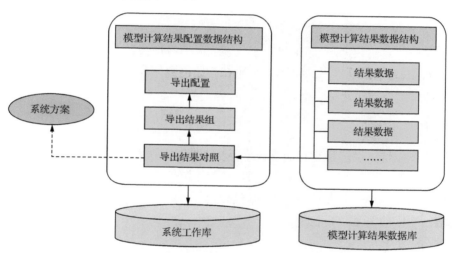

图 7.11　结果数据库结构

（八）污染事故泄露管理数据库

污染事故泄露管理数据库记录了方案和污染泄漏事故之间的关系，为了方便查询，系统从模型文件中读取污染事故信息并填充到数据表中，系统将根据污染物质表和外部表以及一些数据引擎来组织用于设置更新污染事故事件的用户界面。结构关系如图 7.12 所示。

（九）应急监测数据库

水污染事故发生后，针对污染源下游沿程的一系列应急监测工作会陆续展开，这类应急监测，有可能会在常规监测站进行污染物浓度及水动力数据的测量，也有可能会临时选取特定断面进行移动式监测。最终的监测数据应该保存在水动力水质在线监测数据库中。系统为了取得更为精确的预警预报结果，需要应用应急监测数据进行校正模拟。系

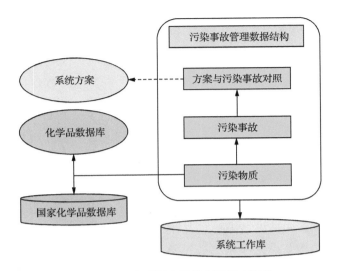

图 7.12　污染泄漏事故管理数据库结构

统中会创建应急监测数据库,用来保存事故发生后所有应急监测的测量数据,并且提供数据维护界面,因此数据既可以从水动力水质在线监测数据库中同步过来,也可以让用户在系统中手动导入或者维护。

（十）化学品数据库

系统会考虑将 3 类污染物存放在化学品数据库中:油类等非溶解性污染物、溶解性非保守污染物和保守污染物。首先应将最常见的化学物质(尤其在以往水污染事故中泄漏过的)记录到数据库中,并设计好所需的信息条目。

化学品库中的信息条目包括:

1）名字/分子式/编号。

2）物理化学特性,化学类别(保守污染物、溶解性非保守污染物或非溶解性污染物),主要包括:外观与性状、主要用途、相对密度、熔点/沸点、燃爆特性、热导率/电导率、耐腐蚀性、反应率(一级衰减率)、传输特性(扩散系数)。

毒理学资料主要包括:危险性类别、检测方法、危险浓度、容许浓度、健康和环境危害、急救措施。

泄漏应急处理措施主要是指当发生泄漏时应采取哪些有效的措施消除或减小泄漏危害,包括可采用的安全设备和可供调配资源。

在上述信息中,衰减系数在系统中将会直接应用到模型中。

四、地表水环境污染事件应急管理

城市地表水环境污染事件应急管理模块主要包括风险监控与预警、水污染事故模拟、事故影响分析、应急处理预案、应急指挥管理和水环境事故评估等功能。主要功能分类如图 7.13 所示。

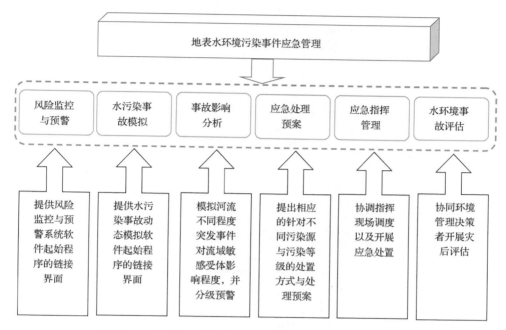

图 7.13　地表水环境污染事件应急管理模块主要功能分类

（一）应急管理业务流程

综合利用有线通信、无线通信、数据库、全球定位系统（GPS）、地理信息系统（GIS）、遥感技术（RS）、计算机网络等多种技术实现水环境污染事件应急预警、应急响应、污染事故评估和指挥决策等基本功能，提高流域重点污染风险源和水环境质量监管能力，增强水污染预警和应急处置能力，提供多层次全方位水环境质量管理决策支持服务。系统的功能涵盖了数据传输、数据管理、数据分析、污染事故预警、污染事故模拟分析、污染事故处置、决策支持功能（图 7.14）。

（1）数据实时传输功能

风险源管理决策支持系统要对风险源和流域水质进行监控管理，因此必须及时、连续、动态地获取风险源和流域水质数据。系统能够接入风险源在线自动监测数据、流域断面自动监测数据以及其他监测数据。当污染事故发生后，指挥现场（系统）必须第一时间获取事故现场的相关信息，因此，必须具备事故数据实时传输功能。数据传输实现两方面的功能，现场实时数据传输回指挥中心；指挥中心与现场应急数据传输。根据事故应急管理单位的通信条件可以采用两种实时传输方式：利用 GPRS/CDMA 无线传输或者利用卫星专网传输。

（2）数据整合和维护功能

按照统一的数据标准和统一的数据接口规范，整合各种数据，建立决策支持系统所需要的数据库。具备数据更新、质量审核、数据备份、数据安全、数据导入/导出等功能。

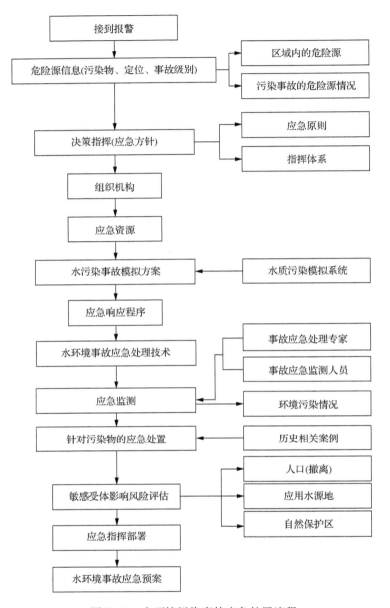

图 7.14　水环境污染事故应急处置流程

（3）流域环境质量监视与变化趋势分析功能

通过连续、动态获取流域监测断面的监测数据,利用地理信息系统技术和可视化技术,在流域监测断面利用曲线图和直方图的形式直观地展示断面监测数据和水质评价数据的变化情况。一旦某项指标超过风险等级的阈值,系统自动报警,实现水质预警功能。

（4）风险源监控与预警功能

通过连续、动态获取风险源在线自动监测数据,利用地理信息系统技术和可视化技术,监测数据的变化情况。一旦某项指标超过风险等级的阈值,系统自动报警,实现风险源预警功能。

(5) 安全预警功能

一旦发生环境污染事故,立即启动安全预警功能,利用地理信息系统空间分析功能,查找事故现场周边敏感目标(如饮用水源地、农畜渔业等生态安全区域等),根据事故的危害规模,确定不同级别的安全阈值和警报颜色等级,建立污染状况预警功能,并根据警报等级制定相应的预警方案。

(6) 应急指挥管理功能

应急指挥管理负责对污染事故的应急进行指挥和管理。收到污染事故报警后,需要立即确定是固定源、移动源还是未知源;确定引发事故的危险品,了解其相关信息;查找处理专家、组织应急监测人员和设备、根据现场实时传回的数据进行指挥。具体的功能包括接警及通知管理、事故确认、事故相关信息查询、事故应急反应向导、应急监测指挥调度。

(7) GPS 指挥调度功能

系统包含有 GPS 应急车辆移动指挥系统和危险品运输车辆跟踪、定位系统。在系统中设计接收被跟踪车辆坐标数据的接口,把车辆位置和 GPS 显示直接相连,这样就可为用户提供通过 GPS 或查询模块查找车辆及其位置的多种手段。系统同时可根据用户要求的通信方式提供系统和车辆的直接通信或联络方式。

(8) 污染事故影响预测分析与评估功能

污染事故发生后,利用水文模型、水质变化模型以及污染物扩散模型,通过地理信息系统的可视化技术,直观地预测污染带的时空变化与趋势,并分析污染带波及的农田、畜牧业和渔业等的范围和程度,半定量地揭示对畜牧业造成的经济损失和对生态系统结构和功能造成的直接与间接影响。

(9) 专题制图与管理功能

主要功能有专题图的分类、制作、浏览、维护和存储。专题图管理的内容主要包括环境监测(污染源监测和常规监测)信息、自然保护区、污水处理厂、危险源、排污申报等各类专题图。

该模块的作用主要是协调指挥现场调度以及开展应急处置。应急指挥管理界面如图7.15 所示。

(二) 应急事故模拟与影响分析

基于系统的水质模拟功能与 MIKE11 水文、水动力和水质模型进行水污染事故模拟。相对于直接应用 MIKE11 软件,系统对于决策者来说是一个更方便简单的工具,更方便有效地进行突发性水污染事故模拟以及水污染应急反应预案生成。系统包括在线数据引擎、系统设置、方案管理等。功能模块关系见图 7.16。事故表数据库见表 7.1。

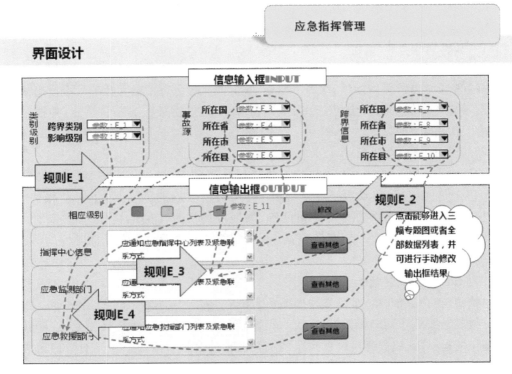

图 7.15　应急指挥管理界面

表 7.1　事故表数据库结构初步设计

字段序号	字段名称	字段类型	可否为空	Key	备注
1	AccidentID	int	N	是	
2	事故名称	varchar(20)	Y		
3	事故时间	datetime	Y		
4	事故类型	varchar(20)	Y		
5	事故级别	int	Y		
6	信息来源	varchar(20)	Y		
7	事故地址	varchar(40)	Y		
8	事故描述	varchar(60)	Y		

　　事故影响分析主要应用 GIS 技术,模拟和预测水污染事故发生后,任何时间段污染河段与水源地、土地利用类型、人口等敏感受体之间的方位、距离等空间位置关系,评估突发水污染事故生态环境影响范围和程度,为事故处理提供强有力的预测和预警。支持事故影响分析技术流程如图 7.17 所示。模拟河流不同程度突发污染事件对流域敏感受体影响程度,并分级预警。应急预警事故等级分类如表 7.2 所示。

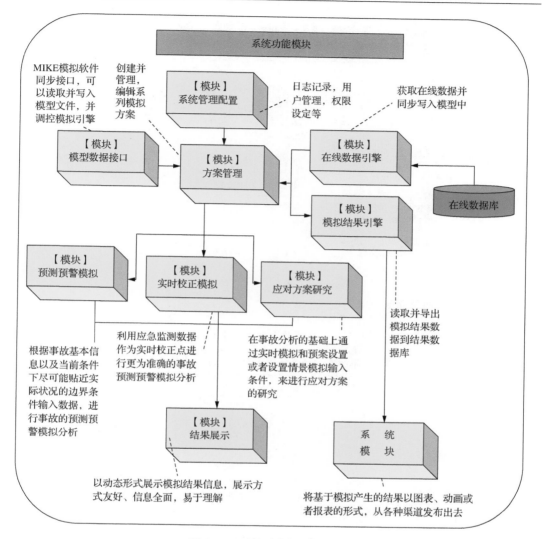

图 7.16 系统功能模块关系图

应急处理预案模块主要包括风险源管理与控制方案、应急处置方案等功能。主要目的是通过可视化给出针对不同污染源与污染等级的处置方式与处理预案(表 7.3)。

表 7.2 突发性环境污染事故应急预警等级划分

等级	预警等级	响应等级	突发环境事故后果已经或可能导致的损失			
			表示色	死亡人数	中毒(重伤)人数	直接经济损失
特大事故	Ⅰ 级	Ⅰ 级	红色	>30	100 以上	>1000 万元
重大事故	Ⅱ 级	Ⅱ 级	橙色	10~30	50~100	300 万~1000 万元
较大事故	Ⅲ 级	Ⅲ 级	黄色	3~10	30~50	50 万~300 万元
一般事故	Ⅳ 级	Ⅳ 级	蓝色	<3	<30	<50 万元

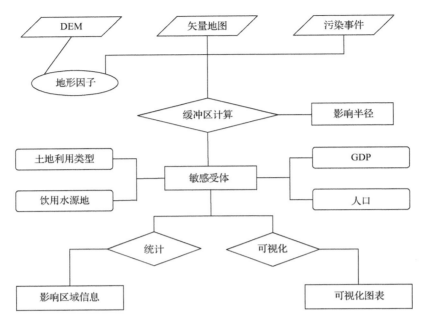

图 7.17　事故影响分析技术流程

表 7.3　事故案例应急预案信息数据库结构初步设计

字段名	类型	长度	备注
accident_id	int	4	事故 ID
accident_name	varchar	20	事故名称
accident _basic	varchar	20	事故案例基本情况
dagerousobjective	char	8	危险目标
unit	varchar	20	应急救援组织机构
people	varchar	20	人员
duty	varchar	20	职责
monitorcont	varchar	20	监测内容
police	varchar	20	报警
communication	varchar	20	通信联络方式
measure	varchar	20	事故工艺处理措施
evacuate	varchar	30	人员紧急疏散
evacuee	varchar	30	撤离
detect	varchar	30	检测
emergency	varchar	30	抢险
succor	varchar	50	救援及控制措施
meet emergency	varchar	50	应急救援保障

续表

字段名	类型	长度	备注
scenario	varchar	50	预案分级响应条件
closepro	varchar	50	事故应急救援关闭程序
trainingplan	varchar	50	应急培训计划
drilling	varchar	50	演练计划

（三）应急处置方案与事后评估

水环境污染事故应急处置方案包括：突发水环境污染事故相关基础信息，国内外典型水环境污染事故案例，包含风险评估机制、应急机制、污染物迁移转化模拟和水环境事故应急处理技术、水环境事故应急防控体系，以及典型水环境污染事故防控综合应急处理技术等主要内容。在应急情况下，利用地理信息系统技术形象生动地模拟流域污染物扩散过程，实现对污染事故应急反应和快速处置，为事故应急指挥部门提供先进的技术支持，最大限度地减少事故造成的损失。

（四）治理绩效考核评估

考核评估模块包括监测断面分析、污染来源分析、工程治理效益、环境考核评估和环境信息发布等功能。主要功能分类如图7.18所示。

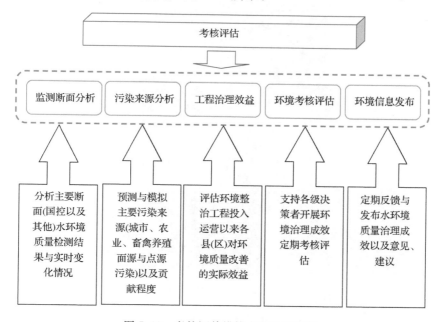

图7.18　考核评估模块主要功能分类

监测断面分析用于分析主要断面（国控以及其他）水环境质量监测结果与实时变化情况。污染来源分析用于统计主要污染来源（城市、农业、畜禽养殖面源与点源污染）及其贡献程度。该模块以图表的形式直观展示污染来源以及不同区域的贡献程度。

工程治理效益用于评估环境整治工程投入运营以来环境质量改善为各县(区)带来的实际效益。通过对环境改善效益进行定量评价,来计算各县(区)投入产出比,从而得到各县(区)的工程治理效益,作为环境考核评估的指标之一。

环境考核评估用于支持各级决策者开展环境治理成效定期考核评估。通过工程治理前后水质状况对比、工程治理效益等数据构建环境考核评估算法,对各县(区)进行考核打分评估。

环境信息发布用于定期反馈与发布水环境质量治理成效以及意见、建议,以表或专题图的形式输出。

五、系统用户界面

(一)系统 C/S 界面

地表水环境污染事件应急管理 C/S 系统提供完整综合的集成化用户操作界面,以便于信息展示与操作;用户通过简单的点击操作即可完成主要功能;各类信息以逻辑结构进行分层次的展示;与 GIS 地图相关的信息能够通过地图联动展示;所有的系统功能可以根据用户当前操作的变化而动态呈现出来,并可以被点击调用(图 7.19)。

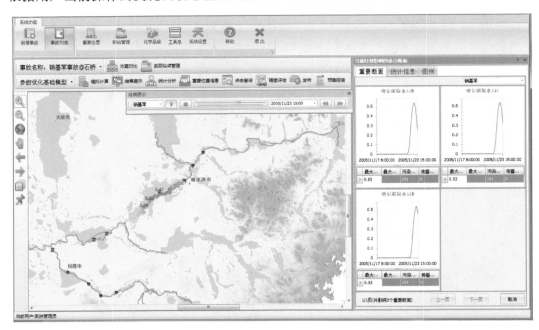

图 7.19　地表水环境污染事件应急管理 C/S 系统界面

(二)系统 B/S 用户界面

地表水环境污染事件应急管理 B/S 系统提供简单易操作的界面进行事故及方案信

息的检索选择;B/S 部分只涉及结果展示与查询相关的操作;由于信息发布与展示是该部分的主要功能所在,因此充足的 GIS 地图展示区域必须有充足的空间;主要的界面设计风格与操作方式必须尽可能与 C/S 系统保持一致,以便于用户操作,易于学习与掌握;用户直接点击 GIS 地图上的位置,系统就能显示该点在模型中的位置信息,并绘制所有结果信息并在图表中显示(图 7.20)。

图 7.20　地表水环境污染事件应急管理 B/S 系统界面

第四节　城市工矿区土壤环境监测与评价系统

一、系统模块与用户界面

城市工矿区土壤环境评价信息系统是基于.NET 平台和 ArcGIS Engine 10 组件,用 C♯语言开发的应用系统。系统采用 C/S 架构,服务器端选择 SQLServer2008 R2 存储空间数据与地理影像,并通过 ArcSDE 来读取和处理空间数据。系统为用户提供一个方便实用的客户端,能将服务器中的地理数据与影像采用多种方式进行展示与分析计算。该系统充分利用遥感与地理信息系统以及空间分析功能,开展与矿区分布、环境风险有关的基础地理空间信息分析;可为环境污染风险源识别与潜在风险影响评价以及敏感受体环境风险等级判别提供技术支持。针对土壤环境影响评价管理问题,有效利用计算机技术及数据库技术,设计开发一个集易操作性、交互性、开放性、可扩充性的工矿城市土壤环境评价管理信息系统。对土壤污染物进行快速分析和评价,得到真实可靠、直观的数据信息,从而揭示土壤污染物的分布特征、污染来源及时空演化规律,为城市环境保护和规划管理提供决策支持。

　　根据系统需求分析,系统包含基础地理、环境专题、污染分析、综合评价、数据管理、用户管理六大模块,主要功能包括①图形操作功能:放大、缩小、漫游、移动、选择、测距等功能;②添加图例功能:添加标题、指北针、比例尺、公里格网等功能;③数据分层显示和动态控制功能:可按用户要求动态组合图层;④图形导航功能(鹰眼功能);⑤快捷菜单功能:在操作系统过程中只要用右键就可以选择调用的系统常用功能;⑥评价功能;⑦数据查询功能;⑧地理制图或打印输出功能;⑨数据管理功能(图 7.21)。

图 7.21　城市工矿区土壤环境监测与评价系统

二、土壤污染评价与空间分析

　　为支撑环境污染风险源识别与潜在风险影响模拟以及评价与敏感受体环境风险等级判别提供技术支持。以稀土矿区(尾矿库区)为研究对象,分析了尾矿库周边的土壤中特征污染物 Cu、Pb、Zn、Cr、Cd、Hg 和 As 7 种元素的含量及空间分布,揭示元素含量在 8 个不同方位及不同距离的空间分布特征、不同土地利用方式下的空间分布特征和在城市区域内部的分布特征等。

　　(一)基础地理空间信息整理收集

　　收集矿区分布与环境健康有关的高分辨率遥感数据信息、地形、土壤、大气、土地利用、人口分布相关空间信息。充分利用遥感与地理信息系统以及空间分析功能,开展矿区分布、环境风险有关的基础地理空间信息分析(图 7.22)。

（二）矿区土壤污染时空分析与评价

在进行矿区环境影响分析与评价时，应用本系统将各环境要素污染物空间采样点状数据应用 GIS 空间插值形成面状要素，构建污染物潜在风险识别空间分析模型，模拟环境污染潜在风险，利用内梅罗综合指数法进行环境污染评价。矿区采样点分布见图 7.23。

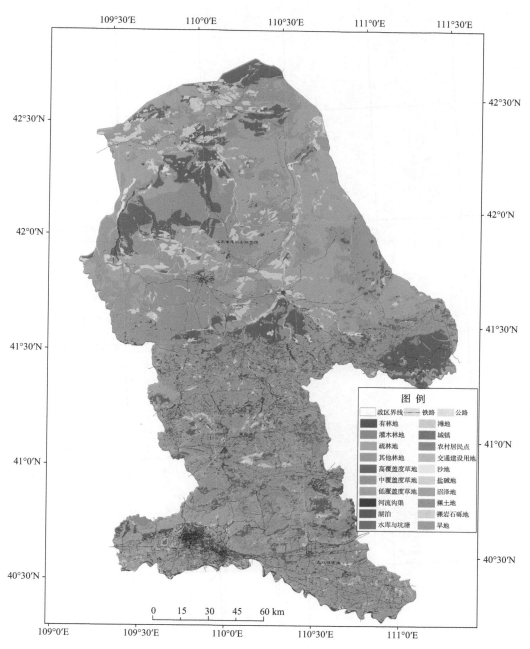

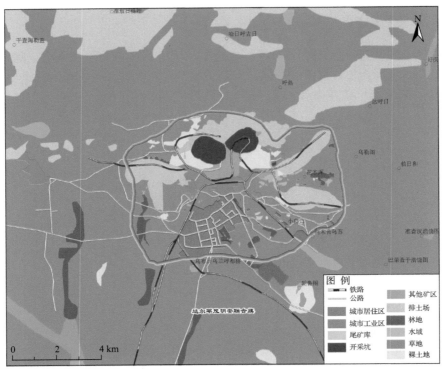

图 7.22　2013 年城市土地利用现状图与矿区布局图

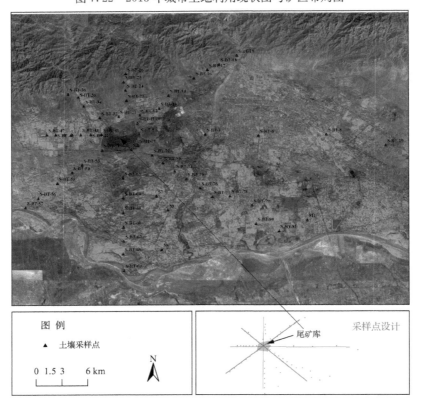

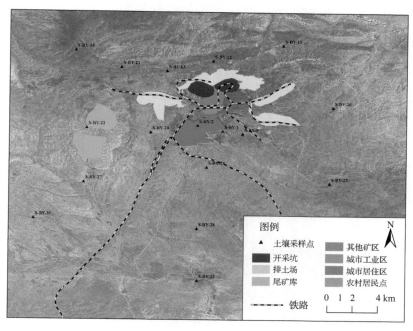

图 7.23　采样点空间分布

　　依据《土壤环境质量标准》(GB 15618—1995)的一级评价标准,将本研究中矿区尾矿库 8 个方向的土壤。重金属元素含量平均值测定结果与标准中规定的最高土壤限值进行比较得出:Cr 土壤重金属元素的最高含量值较一级评价标准高 2 倍多,且在各个方位的含量均比一级评价标准高;Zn 和 Cd 元素的平均含量超过一级评价标准的方位分别为 N 方位和 E 方位。其余 4 种元素 Pb、Cu、Hg、As 的平均含量均未超过一级评价标准。依据地区土壤背景值以及全国土壤背景值,经比较,Cr、Pb、Cu、Zn、Cd 重金属在各个方位的含量值均超过了地区土壤背景值;Cr 和 Cd 重金属在各个方位的含量值均高于全国土壤元素背景值;Pb、Cu、Zn 重金属在部分方位的含量值高于全国土壤元素背景值。表明研究区采样点的土壤均已受到外源重金属的污染影响,尾矿库区周围不同方向的土壤都受到了重金属 Cr、Pb、Cu、Zn、Cd 的污染。

　　结合不同方位的统计分析结果显示,尾矿库周边土壤中重金属的高含量值区均出现在 N 方位和 E 方位。其中 Cr、Zn 和 Cu 的最高含量值分别为 200.820mg/kg、108.658mg/kg 和 24.042mg/kg,均出现在 N 方位;Cd 和 Pb 的最高含量值分别为 0.248mg/kg 和 31.264mg/kg,均出现在 E 方位。土壤中各重金属含量的最低含量值均出现在 W 方位和 S 方位。其中 Pb、Zn 和 Cu 的最低含量值分别为 18.133mg/kg、50.926mg/kg 和 15.733mg/kg,均出现在 W 方位;Cd 和 Cr 的最低含量值分别为 111.763mg/kg 和 0.108mg/kg,均出现在 S 方位。尾矿库周边土壤中重金属含量的波动范围较大且各方位的含量分布规律不一。各方位土壤中重金属 Cr 的平均含量范围为 111.763 ~ 200.820mg/kg,平均含量的大小顺序为 N 方位＞NW 方位＞W 方位＞NE 方位＞E 方位＞SW 方位＞SE 方位＞S 方位;Pb 的平均含量范围为 18.133~31.264mg/kg,

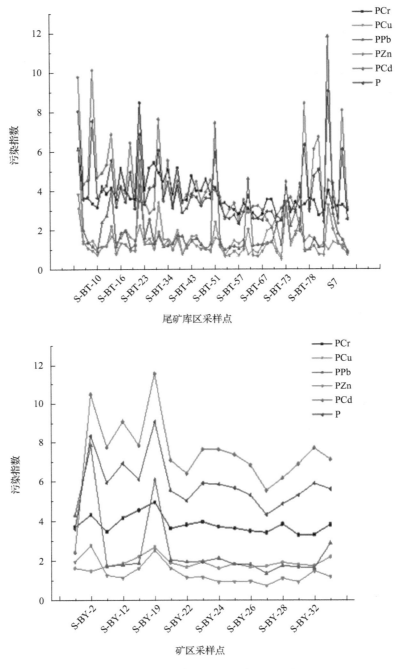

图 7.24　尾矿库与矿区污染评价分析

（注：采样点编号和空间分布见图 7.23）

平均含量的大小顺序为 E 方位＞N 方位＞SW 方位＞SE 方位＞NE 方位＞S 方位＞NW 方位＞W 方位；Zn 的平均含量范围为 50.926～108.658mg/kg，平均含量的大小顺序为 N 方位＞E 方位＞SE 方位＞NW 方位＞NE 方位＞SW 方位＞S 方位＞W 方位；Cd 的平均含量范围为 0.108～0.248mg/kg,平均含量的大小顺序为 E 方位＞NE 方位＞NW 方位＞N 方位＞SE 方位＞W 方位＞SW 方位＞S 方位;Cu 的平均含量范围为 15.733～24.042mg/kg,平均含量的大小顺序为 N 方位＞E 方位＞NW 方位＞SE 方位＞NE 方位＞S 方位＞SW 方位＞W 方位。

　　依据上述分析,尾矿库周边土壤中 5 种重金属含量在各方向上整体呈现以 NW-SE 线为界,在 NW-SE 线以北,包括 NW-SE 方位的 5 个方位重金属含量相对高于 NW-SE 以南的 3 个方位。其中,在 NW-SE 线及以北的 5 个方位中 E、NE、N 方位的重金属含量高于 SE 和 NW 方位;在 NW-SE 线以南的 3 个方位中 W 和 S 方位的重金属含量低于 SW 方位。即本研究中尾矿库北面和东面污染较其他方向严重,其中 5 种重金属污染物的最大值分布在北面和东面;重金属污染物的最小值均分布在尾矿库西面和南面;处于下风向的尾矿库东南方位的重金属污染不是最严重的(图 7.25),该研究结果可能与北面和东面集中分布大量的涉重企业有关,人类活动的干扰使重金属的积累大于自然因素造成的迁移规律。

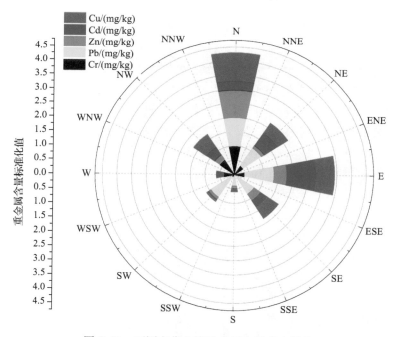

图 7.25　不同方位土壤重金属含量分布规律

三、土壤重金属污染的城市规划规避机制

　　重金属在不同的土地利用类型间的含量及污染程度存在着一定的差异。经空间叠置分析得到耕地、草地、水域、城镇用地、农村居民点用地和工矿用地 6 种不同土壤利用类型 Cd、Cr、Pb、Zn、Hg、As 的重金属含量(表 7.4)。分析城区不同土地利用方式下土壤重金属富集程度可以发现,各重金属的含量最大值主要分布在工矿用地,其次是城镇用地、耕地和农村居民点用地,最小值主要分布在水域。其中,各土地利用类型的 Cr 元素含量均

超过土壤环境质量一级标准值,在工矿用地(151.741mg/kg)和水域(150.400mg/kg)显著富集,最小值分布在农村居民点用地。除水域外,Pb 和 Zn 元素在其他土地利用类型的含量均超过全区土壤均值,最大值分布在工矿用地。Cd 在城镇用地的含量明显高于其他各种土地利用方式,且各土地利用类型中 Cd 的含量均超过地区和全国的土壤均值。Hg 元素含量均超过土壤环境质量一级标准值 0.015mg/kg,耕地中 Hg 元素含量最高,依次是工矿用地和农村居民点用地,水域中含量最低。As 元素在工矿用地、城镇用地和农村居民点的含量较耕地、草地和水域高,其中水域含量最低。

表 7.4 不同土地利用方式的土壤重金属含量统计

利用方式	样点数	Cr/(mg/kg)	Pb/(mg/kg)	Zn/(mg/kg)	Cd/(mg/kg)	Hg/(mg/kg)	As/(mg/kg)
耕地	17	129.488	27.899	78.610	0.164	0.046	8.182
草地	16	137.037	26.255	87.632	0.170	0.038	8.728
水域	4	150.400	17.965	55.780	0.150	0.017	7.066
城镇用地	5	143.280	31.264	76.072	0.248	0.034	10.232
农村居民	5	119.500	27.018	74.568	0.099	0.042	10.414
工矿用地	21	151.741	44.853	88.942	0.163	0.043	10.011

对每种重金属在不同土地利用类型上的含量进行均方差分析,各重金属含量在不同土地利用类型中的变异系数存在较大差异。变异系数最大的是工矿用地和城镇用地,表明受人类活动影响较大的土地利用类型的重金属含量离散程度相对更大些。其次是农村居民点、草地和耕地,变异系数最小的是水域。重金属在水域中一般要经过物理、化学及生物等迁移转化过程,随水气交换和水域运动而呈现较强的迁移能力。每种重金属在不同土地利用类型上的含量极值分布与其变异系数大小分布较为同步(图 7.26)。

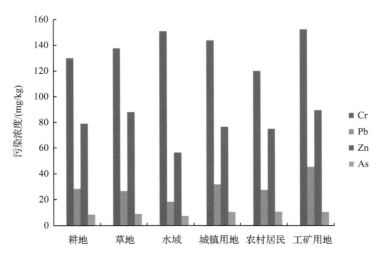

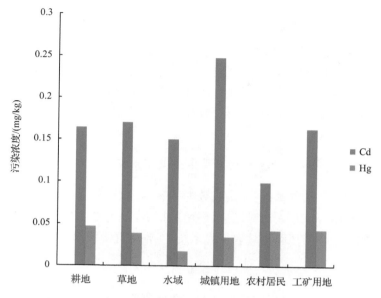

图 7.26　不同土地利用类型的土壤中重金属含量分布规律

土壤重金属污染直接影响到城市环境质量和人群健康。工矿业城市土壤污染程度明显要高于其他城市。工业污染源在城市上风向，会使得市区有限的环境容量过度使用，在合理开发大气环境容量时，应该从调整工业布局入手，同时还需要调整城市产业结构，降低污染物的排放量。工矿业城市需加强城市空间布局优化和规划调控作用，规避土壤污染带来的风险。充分考虑尾矿库现有重金属污染物在不同距离、方位、土地利用类型的分布规律，划定城市空间发展分区。加强城市绿化带建设，选择抗污染物物种，改善城市环境。

第五节　城市大气环境监测与应急预警系统

一、系统功能与结构框架

城市跨界大气环境监测与应急预警系统建立了城市大气环境风险源和敏感受体地理数据库，研发了城市突发性大气污染事件风险防范与应急技术系统软件。系统软件功能模块主要包括：基础地理空间数据管理模块、环境专题信息模块、企业风险源申报模块、污染风险评价与制图模块、污染监控与预警模块、污染应急与指挥 6 个模块。

1. 跨界重点大气风险源及风险物质排查与识别

构建重点大气风险源及风险物质空间数据管理信息库，基于跨界影响和受体保护的大气风险源评估分类及评级模型，建立基于跨界风险源控制和敏感受体特征（包括边界）的跨界风险源识别技术，通过计算大气环境污染事故环境危害指数，对不同类型的大气环境风险源进行评估和分类。

2. 跨界污染环境因素识别和跨界污染敏感受体识别技术

基于区域环境调查,从人体健康、生态安全和城市安全等角度,构建敏感受体评价指标体系,开发敏感受体识别技术。从区域气候、气象、地形、地貌等环境因素角度出发,分析各环境因素对大气污染物输移的影响,选择合适的评价方法和定量模型,识别突发性大气污染事故发生后导致大气污染物跨界影响的主要因素及其关联度,为风险防范和应急提供基础信息资料。

3. 重点跨界大气环境风险源和敏感受体数据库系统的构建

在风险源识别和评估的基础上,集成数据库技术、软件工程和网络技术,构建包含重点跨界大气环境风险源和重大风险隐患、环境特征、经济与社会发展、应急机制及组织系统等基础信息的大气环境风险源综合信息系统,实现大气环境风险管理信息的资源共享。

4. 跨界重点大气风险源动态监控和预警系统的构建

实时监控风险源特性、环境特征的动态变化等因素,及时发现风险信号,并发出预警;通过一系列的监控、监测等技术方法,对风险源的发展变化过程进行观察,将风险源在不同条件变化下产生的风险隐患提前发出警报,以及时采取预防和应急措施,降低风险危害。包括重点风险源及风险信息申报和登记管理体系的构建,基于GIS的跨界大气环境风险预测模拟技术,动态监控和预警体系的构建。为掌握风险事故发生后是否产生跨界影响,以及跨界影响的程度,则需要建立跨界风险预警系统,包括监测、识别、诊断与评价4项功能。

5. 突发性跨界重大大气污染事故风险防范和应急技术体系

以敏感目标的保护和风险规避为核心,以人体健康和生态环境安全为重要指标,研究构建流域大气环境重大污染事件的应急监测指标体系和应急预案,集成开发应急监测方法数据库和应急技术体系。

二、系统应急体系与业务流程

(一)风险源数据库与风险图谱

系统以 Oracle 为数据库管理平台,在地理信息系统(GIS)、高分辨率遥感(RS)、全球定位系统(GPS)"3S"一体化集成平台下,构建在空间上可精准定位的涵盖重大环境风险源、主要环境因素、敏感受体分布、事故类型以及周边和跨界地区的环境基础信息的突发性重大大气污染事件信息库(图 7.27)。

在跨界突发性大气污染事件风险防范与应急技术系统支持下,在城市示范区内,实现企业级污染源的远程申报,实现企业污染源的分布式录入、查询、汇总等管理功能,为实现区域内重大突发性污染源的实时管理与动态监控、污染事件预警提供准确的信息。

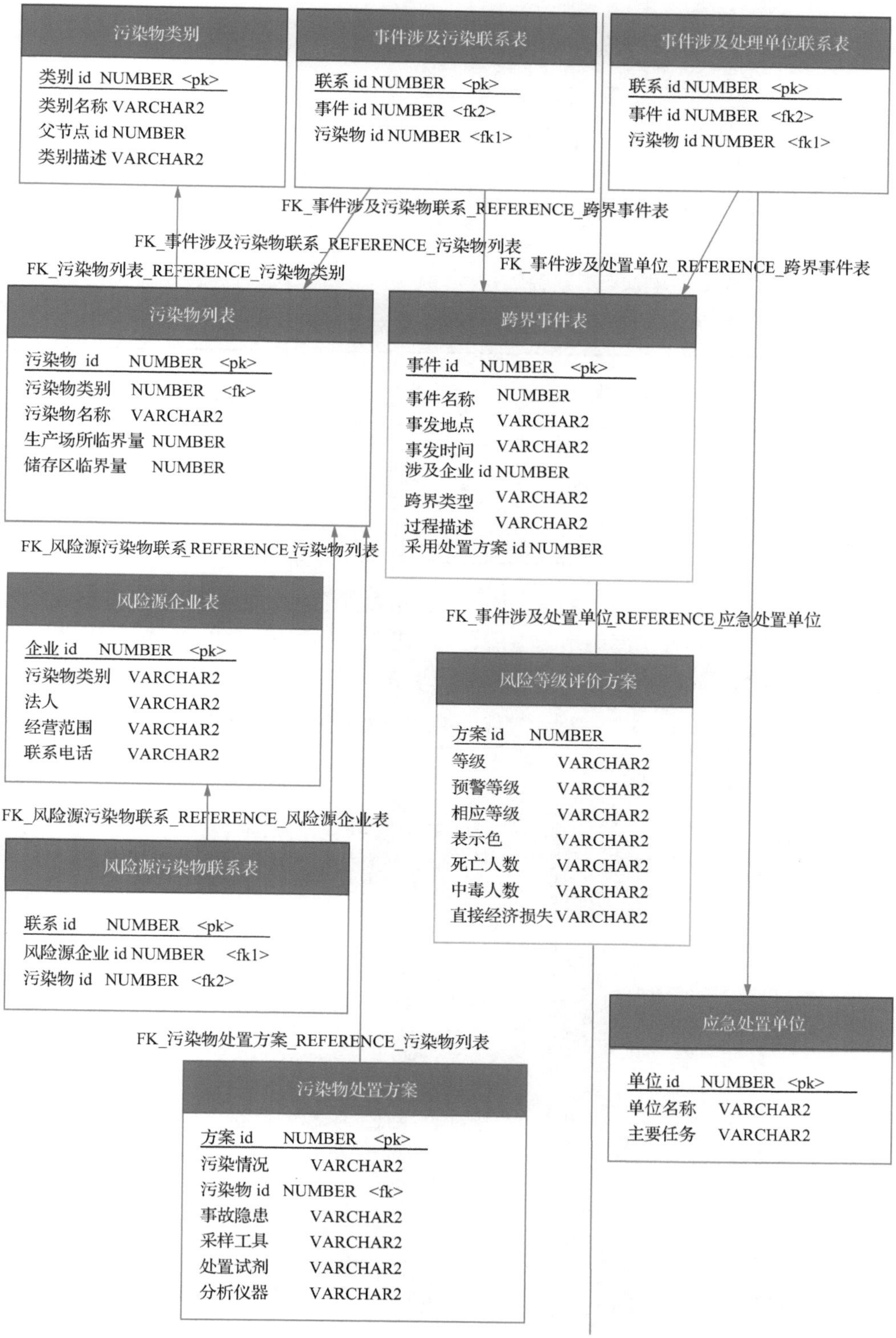

图 7.27 大气环境突发事件应急预警数据库结构

（二）污染监控与预警模块

系统主要功能包括大气环境污染接警（静态、动态）、实时模拟、预警、报警（制图、保存）等功能。具体包括：

1）风险事故接警；

2）跨界快速诊断；

3）风险预测模拟；

4）报警发布与应急响应（表7.5）。

表7.5　大气环境污染突发事件风险等级评价方案

等级	预警等级	响应等级	突发环境事故后果已经或可能导致的损失			
			表示色	死亡人数	中毒(重伤)人数	直接经济损失
特大事故	Ⅰ级	Ⅰ级	红色	>30	100以上	>1000万元
重大事故	Ⅱ级	Ⅱ级	橙色	10~30	50~100	300万~1000万元
较大事故	Ⅲ级	Ⅲ级	黄色	3~10	30~50	50万~300万元
一般事故	Ⅳ级	Ⅳ级	蓝色	3	<30	<50万元

污染应急与指挥：系统功能主要包括大气污染事件发生后应急监测方案（布点方案）、应急预案库调用、技术方案库调用与事后评估功能（表7.6）。构建大气污染事件应急预案，实时调用大气污染事情发生后的技术解决方案，并开展事后评估功能。具体包括：

表7.6　跨界大气环境污染事件风险后果及判别标准

类别	图示	评级标准
跨界特别重大风险源	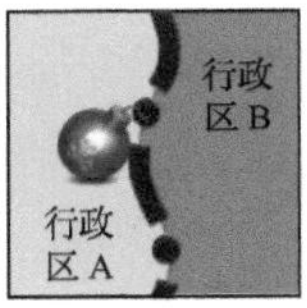	风险源位置处于同级两行政边界附近，风险范围跨越两行政区，风险事故一旦发生，可能造成人员紧急疏散与转移50 000人以上
跨界重大风险源	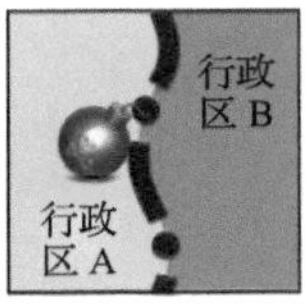	风险源位置处于同级两行政边界附近，风险范围跨越两行政区，风险事故一旦发生，可能造成人员紧急疏散与转移10 000~50 000人
跨界较大风险源	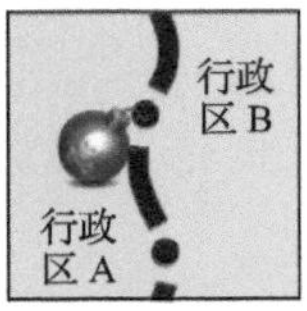	风险源位置处于同级两行政边界附近，风险范围跨越两行政区，风险事故一旦发生，可能造成人员紧急疏散与转移5 000~10 000人
跨界一般风险源	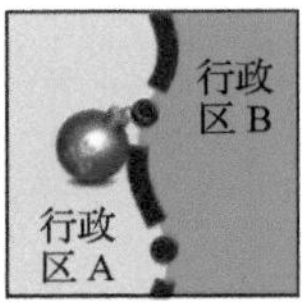	风险源位置处于同级两行政边界附近，风险范围跨越两行政区，风险事故一旦发生，可能造成人员紧急疏散与转移5 000人以下

1）应急诊断；

2）应急预案；

3）应急指挥；

4）应急处置；

5）事后评估。

跨界大气环境污染事故区域应急预案,包括突发性大气污染事故跨界影响应急程序、风险源的管理和控制方法专家库、事故动态模拟仿真软件、风险监控系统和预警系统软件、应急监测方法数据库、应急处理和处置方法专家库以及事故后评估应急处理处置技术。

应用反演技术的参数估值,集成开发了具备实时输出和跨界报警的大气环境风险预测模拟软件;构建了风险预警指标体系(模型)及预警准则(图 7.28)。

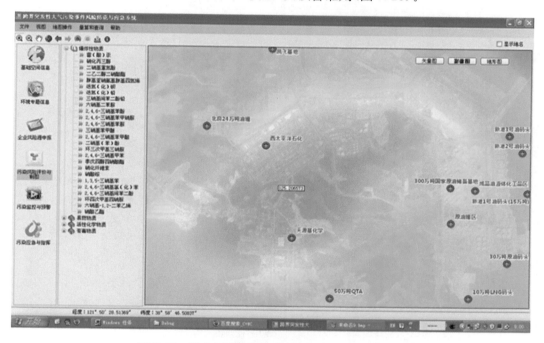

图 7.28 示范区重大污染事件污染物扩散系统模拟

应急与处置预案主要包括风险等级评价方案、污染监测方案、风险源处置方案、应急指挥方案、应急专家信息。应急监测与指挥主要从应急与处置预案中选择调用的预案,执行应急任务(图 7.29)。

污染监测方案具体包括以下内容。

1）有机毒物测定:气相色谱、液相色谱、气质联机、液质联机、傅里叶转换红外分光光度计、快速气相色谱/表面声波检测仪、便携式质谱仪、水质试纸、气体检测管。

2）生物毒性测定:便携式生物毒性测试仪。

事后评估系统主要对大气环境污染突发性事件开展事后的综合评估,主要包括事件原因诊断、人口敏感受体影响评估、建筑以及河流水域影响评估。

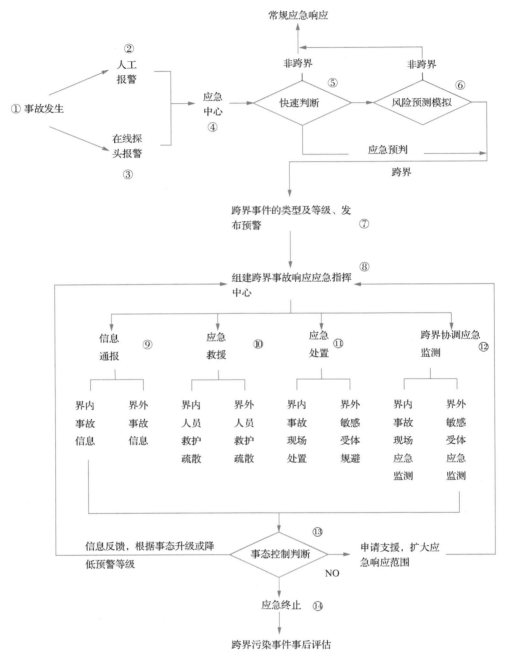

图 7.29 大气污染突发事件应急预警技术流程

（三）预警准则

大气环境污染突发事件预警分为两个层次：个人风险预警（非跨界属性）和社会风险预警（跨界属性）。

（1）个人风险预警（非跨界属性）

个人风险预警分为伤亡预警和感知预警。伤亡（疏散）预警：该预警对象为落入或即将致死或致伤区（或该区边缘）的受体，在启动该预警时，应及时进行撤离、抢救；感知预警：该预警对象为感知浓度范围内（或该区边缘外）的受体，在启动该预警时，应及时进行信息通报或其他必要措施，防止产生群体性恐慌。个人风险预警指标以突发大气事件中个人风险值作为评判标准（表7.7）。

个人风险值计算公式如下：

$$R = \begin{cases} \alpha_s \times \dfrac{C_t^i}{C_a^i} & C_t^i > C_a^i \\[2mm] \alpha_s \times \dfrac{C_t^i}{C_b^i} & C_t^i < C_a^i \end{cases} \tag{7.2}$$

式中，α_s 为受体易损性系数，其与受体性别、年龄等人体健康指标相关；C_a^i 为气体 i 的临界伤亡毒性标准；C_b^i 为气体 i 的感知浓度标准；C_t^i 为气体 i 应急检测浓度。

表7.7　个人预警发布准则

预警类型	发布准则	
伤亡预警	$R>1$	$C_t^i > C_a^i$
	$R>1.5$	$C_t^i < C_a^i$
感知预警	$0.5<R<1.5$	$C_t^i < C_a^i$
不发布	$R<0.5$	$C_t^i < C_a^i$

（2）社会风险预警（跨界属性）

社会风险预警：该预警以内外社会所造成影响度作为考察对象，重点考虑界两侧个人风险值超标的人数，并根据界内外风险值级别做加权处理（表7.8）。

社会风险预警计算模型：

$$R_s = \beta_{a1} \gamma_{a1} N_{a1} + \beta_{a2} \gamma_{a2} N_{a2} + \beta_{b1} \gamma_{b1} N_{b1} + \beta_{b2} \gamma_{b2} N_{b2} \tag{7.3}$$

式中，a_1, a_2 为跨界范围内致死和致伤状况；b_1, b_2 指为跨界范围外致死和致伤状况；β 为跨界修正指数；γ 为风险类别修正指数；N 为个人风险值超标的受体数量（人数）。

表7.8　大气环境风险预警类型、指标和类型

预警类型	预警指标	类型
一级预警	$R>1.5$	红色
二级预警	$1<R<1.5$	橙色
三级预警	$0.5<R<1$	黄色
四级预警（不发布）	$R<0.5$	蓝色

三、软件模块与用户界面

1）基础空间信息管理模块：该模块功能主要实现城市与跨界地区两个尺度的遥感影像、地形图等地理基础要素的空间数据管理，为环境空间信息与大气污染预警、应急等提供基本的空间定位信息,实现对空间数据的管理、查询、显示、制图等输入输出功能。

系统实现跨界地区的基本地理要素的数据管理与查询。主要实现跨界目标的城市满足 1∶1 万与区域满足 1∶10 万两个尺度的数据管理,包括与大气环境污染密切相关的遥感影像数据,道路、水域、居民点等地形要素数据以及数字高程(DEM)。数据类型主要有矢量数据、栅格数据;空间数据管理主要包括:空间数据库连接、空间数据浏览、空间数据查询定位、空间数据图属互查、空间数据导入和导出、数据处理(数据投影、数据切割、数据合并、格式转换)以及地图打印等(图 7.30)。

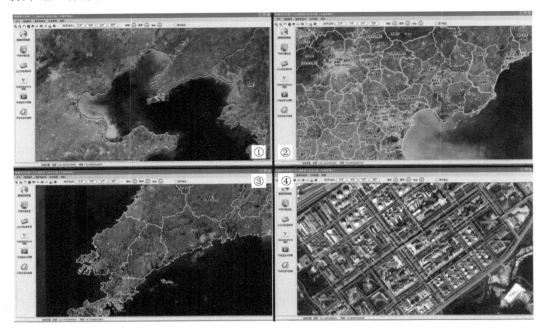

图 7.30　基础空间信息管理模块用户界面

2) 环境专题信息管理模块:该模块功能主要实现大气风险源的空间数据增加、删除、修改、查询功能,企业污染分类与分级功能(红、橙、黄、绿级别);敏感受体数据包括人口数据(密度、总量)和建筑物(按功能:医院等)空间数据的管理;敏感区域气象环境包括历史(分季节的栅格化平均值,站点的玫瑰图)和现状数据的录入等功能。数据库管理系统功能可以分为两大类:空间数据库管理和表格数据库管理(图 7.31)。

空间数据库管理主要包括:空间数据库连接、空间数据浏览、空间数据查询定位、空间数据地图属性互查、空间数据导入和导出、数据处理(数据投影、数据切割、数据合并、格式转换)以及地图打印等;表格数据库管理主要包括:表格数据建立、表格数据库连接、表格数据删除、表格数据下载与上传、表格数据录入与保存等。

3) 企业风险源申报模块:该模块功能实现企业级污染源的申报功能,实现企业污染源的分布式录入、查询、汇总等管理功能(图 7.32)。

4) 污染风险评价与制图模块:主要实现风险源的分级、风险图谱(硫化氢图谱等)、浓度空间场(按物质、重大危险源分带,地理坐标)等环境基本知识库的构建。

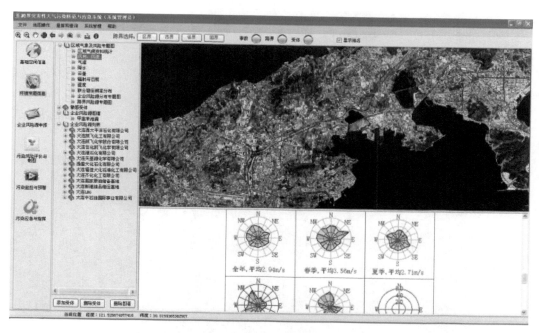

图 7.31　环境专题信息管理模块用户界面

图 7.32　企业风险源申报模块用户界面

　　该模块集成大气污染风险评价模型,根据申报的污染源污染等级对周边环境影响进行综合评价,实现污染风险的识别的空间分级制图。

　　5) 污染监控与预警模块:模块主要功能包括大气环境污染接警(静态、动态)、实时模拟、预警、报警（制图、保存）等大气污染监控与预警功能。

　　该模块集成大气污染 Slad 模型，对发生的大气污染事件实现污染扩散的动态模拟，将模拟结果与敏感受体数据库进行叠置分析，并实时预警。

　　6）污染应急与指挥：模块功能主要包括大气污染事件发生后应急监测方案（布点方案）、应急预案库调用、技术方案库调用与事后评估功能。

　　构建大气污染事件应急预案，实时调用大气污染事情发生后的技术解决方案，并开展事后评估功能（图 7.33）。

图 7.33　污染风险评价与制图模块用户界面

参 考 文 献

北京市城市规划设计研究院(BICP).2004.北京市绿地系统规划.http://chy.bjghw.gov.cn

北京市统计局(BMBS).2014.2014北京市统计年鉴.http://www.bjstats.gov.cn

陈爱莲,孙然好,陈利顶.2012.基于景观格局的城市热岛研究进展.生态学报,32(14):4553-4565

陈沈斌,潘莉卿.1997.城市化对北京平均气温的影响.地理学报,52(1):27-35

陈爽,张秀英,彭立华.2006.基于高分辨卫星影像的城市用地不透水率分析.资源科学,28(2):41-46

陈溪,王子彦,匡文慧.2011.土地利用对气候变化影响研究进展与图谱分析.地理科学进展,30(7):930-937

陈云浩,李晓兵,史培军,等.2002.上海城市热环境的空间格局分析.地理科学,22(3):317-323

陈云浩,周纪,宫阿都,等.2014.城市空间热环境遥感-空间形态与热辐射方向性模拟.北京:科学出版社

迟文峰,郝润梅,苏根成,等.2012.资源型城镇空间扩展遥感监测分析——以鄂尔多斯市为例.西部资源,1:72-74

丁成日.2005.城市理性增长与土地政策:空间结构.中国城市理性增长与土地政策国际学术研讨会论文集,8-12

窦建奇.2001.关于城市"热岛效应"的思考.武汉城市建设学院学报,18(3):76-78

杜国明,匡文慧.2014.农业现代化进程中的区域系统演化与调控研究——以三江平原北部地区为例.北京:中国农业出版社

杜培军,谭琨,夏俊士,等.2013.城市环境遥感的方法与实践.北京:科学出版社

方创琳.2011.中国城市群形成发育的新格局及新趋向.地理科学,31(9):1025-1034

甘心泰,苏根成,匡文慧.2011.近20年天津市土地利用变化以及驱动力分析.长江大学学报(自然科学版),8(11):261-264

顾朝林,甄峰,张京祥,等.2000.集聚与扩散:城市空间结构新论.南京:东南大学出版社

郭家林,王永波.2005.近40年哈尔滨的气温变化与城市化影响.气象,31(8):74-76

胡家骢,魏信,陈声海.2014.北京城市热场时空分布及景观生态因子研究.北京:北京师范大学出版社

胡隐樵,高由禧,王介民,等.1994.黑河实验(HEIFE)的一些研究成果.高原气象,13(3):225-236

黄鹤.2007.白洋淀地区水陆非均匀下垫面上大气边界层特征的数值模拟研究.兰州大学硕士学位论文

贾刘强,舒波.2012.城市绿地与热岛效应关系研究回顾与展望.园林生态,37-40

匡文慧.2011a.区域尺度城市增长时空动态模型及其应用.地理学报,66(2):178-188

匡文慧.2011b.陕西省土地利用/覆盖变化以及驱动机制分析——基于遥感信息与文献集成研究.资源科学,33(8):1621-1629

匡文慧.2012.城市土地利用时空信息数字重建、分析与模拟(地球信息科学基础丛书).北京:科学出版社

匡文慧,杜国明.2011.北京城市人口空间分布特征的GIS分析.地球信息科学学报,13(4):506-512

匡文慧,张树文.2007.长春市百年城市土地利用空间结构演变的信息熵与分形机制研究.中国科学院研究生院学报,24(1):73-80

匡文慧,迟文峰,高成凤,等.2014.云南鲁甸地震灾害应急救援环境分析与影响快速评估.地理科学进展,33(9):1152-1158

匡文慧,迟文峰,史文娇.2014.中国与美国大都市区城市内部土地覆盖结构时空差异.地理学报,69(7):883-895

匡文慧,张树文,张养贞.2007.基于遥感影像的长春城市用地建筑面积估算.重庆建筑大学学报,29(1):18-21

匡文慧,邵全琴,刘纪远,等.2009.1932年以来北京主城区土地利用空间扩张特征与机制分析.地球信息科学学报,11(4):428-435

匡文慧,张树文,侯伟,等.2006.三江平原宝清县土地利用变化图谱分析.中国科学院研究生院学报,23(2):242-250

匡文慧,张树文,张养贞,等.2005.1900年以来长春市土地利用空间扩张机理分析.地理学报,60(5):841-850

匡文慧,张树文,张养贞,等.2006.吉林省东部山区近50年森林景观变化及驱动机制研究.北京林业大学学报,28(3):38-45

李海峰.2012.多源遥感数据支持的中等城市热环境研究.成都理工大学博士学位论文

李景刚,何春阳,史培军,等.2007.基于DMSP/OLS灯光数据的快速城市化过程的生态效应评价研究——以环渤海城市群地区为例.遥感学报,11(1):115-126

李丽光.2014.基于气象资料的城市热环境研究.北京:化学工业出版社

李文华.2009-05-20.充分发挥城市森林的生态服务功能——访中国工程院院士李文华.经济日报,13

李延明,郭佳,冯久莹.2004.城市绿色空间及对城市热岛效应的影响.城市环境与城市生态,17(1):1-4

梁顺林,李小文,王锦地.2013.定量遥感理念与算法.北京:科学出版社

林学椿,于淑秋.2005.北京地区气温的年代际变化和热岛效应.地球物理学报,48(1):39-45

林学椿,于淑秋,唐国利.1995.中国近百年温度序列.大气科学,19(5):525-534

林彰平,谭立力.2000.我国城市绿地系统可持续发展的障碍性因素及对策.经济地理,20(3):40-43

刘常富,何兴元,陈玮.2008.基于 QuickBird 和 CITYgreen 的沈阳城市森林效益评价.应用生态学报,19(9):1865-1870

刘罡,孙鉴泞,蒋维楣,等.2009.城市大气边界层的综合观测研究——实验介绍与近地层微气象特征分析.中国科学技术大学学报,39(1):23-32

刘纪远,邓祥征.2009.LUCC 时空过程研究的方法进展.科学通报,54(21):3251-3258

刘纪远,匡文慧,张增祥,等.2014.20 世纪 80 年代末以来中国土地利用变化的基本特征与空间格局.地理学报,69(1):3-14

刘纪远,邵全琴,延晓冬,等.2014.土地利用变化影响气候变化的生物地球物理机制.自然杂志,36(5):356-363

刘纪远,张增祥,庄大方,等.2005.二十世纪九十年代中国土地利用变化的遥感时空信息研究.北京:科学出版社

刘盛和.2002.城市土地利用扩展的空间模式与动力机制.地理科学进展,21(1):43-50

刘闻雨,宫阿都,周纪,等.2011.城市建筑材质-地表温度关系的多源遥感研究.遥感信息,(4):46-53

刘肖骢,康慕谊.2001.试析我国城市绿地系统的功能及其发展对策——以北京市为例.中国人口.资源与环境,11(4):87-89

刘易斯·芒福德.2001.城市发展史-起源、演变和前景.倪文彦,宋俊岭译.北京:中国建筑工业出版社:77-79

刘越,迟春峰,匡文慧.2014.基于地表通量特征的城市不透水表面定量热红外遥感反演.地球信息科学学报,16(4):609-620

陆大道.1995.区域发展及其空间结构.北京:科学出版社

陆大道.2007.我国的城镇化进程与空间扩张.城市规划学刊,(4):47-52

马国霞,甘国辉.2005.区域经济发展空间研究进展.地理科学进展,24(2):90-99

马书明,张树深,郑洪波,等.2013.跨界突发性大气污染防范及应急系统设计与实现.大连理工大学学报,53(1):24-28

马耀明,马伟强,李茂善,等.2004.黑河中游非均匀地表能量通量的卫星遥感参数化.中国沙漠,24(4):392-401

宁静,张树文,王蕾,等.2007.资源型城镇土地退化时空特征分析——以黑龙江省大庆市为例.资源科学,29(4):77-84

宁越敏,查志强.1999.大都市人居环境评价和优化研究——以上海市为例.城市规划,23(6):15-20

彭静,刘伟东,龙步菊,等.2007.北京城市热岛的时空变化分析.地球物理学进展,22(6):1942-1947

彭少麟,周凯,叶有华,等.2005.城市热岛效应研究进展.生态环境,14(4):574-579

荣冰凌,李栋,谢映霞.2011.中小尺度生态用地规划方法.生态学报,31(18):5351-5357

邵景安,邵全琴,芦清水,等.2012.农牧民参与政府主导生态建设工程的初始行为响应——以江西山江湖和青海三江源为例.自然资源学报,27(7):1075-1088

邵全琴,樊江文,匡文慧,等.2011.玉树地震区域生态环境图集.北京:科学出版社

宋艳玲,董文杰,张尚印,等.2003.北京市城、郊气候要素对比研究.干旱气象,21(3):63-68

孙朝阳,邵全琴,刘纪远,等.2011.城市扩展影响下的气象观测和气温变化特征分析.气候与环境研究,16(3):337-346

孙维先,杜明义,蔡国印.2011.北京城区及奥林匹克公园热环境遥感动态监测与分析.测绘科学,36(5):103-105

覃志豪,李文娟,徐斌,等.2004.陆地卫星 TM6 波段范围内地表比辐射率的估计.国土资源遥感,(3):28-41

谭春阳,匡文慧,徐天蜀,等.2014.近 20 年上海市不透水地表时空格局分析.测绘地理信息,39(3):71-74

王芳,葛全胜.2012.根据卫星观测的城市用地变化估算中国 1980～2009 年城市热岛效应.科学通报,57(11):951-958

王介民.1999.陆面过程实验和地气相互作用研究从 HEIFE 到 IMGRASS 和 GAME-Tibet/TIPEX.高原气象,18:

80-94

王静,苏根成,匡文慧,等.2014.特大城市不透水地表时空格局分析——以北京市为例.测绘通报,(4):90-94

王明浩,李小羽,刘玉娜,等.2005.关于创建宜居中小城市的探讨.青岛科技大学学报,21(4):12-16

王效科,欧阳志云,仁玉芬,等.2009.城市生态系统长期研究展望.地球科学进展,24(8):928-935

王欣,卞林根,逯昌贵.2003.北京市秋季城区和郊区大气边界层参数观测分析.气候与环境研究,8(4):475-484

王修信,朱启疆,陈声海.2007.城市公园绿地水、热与CO_2通量观测与分析.生态学报,27(8):3232-3239

王秀丽.2011.北京非均匀下垫面地表辐射与能量平衡的观测及模拟研究.南京信息工程大学硕士学位论文

王郁,胡非.2006.近10年来北京夏季城市热岛的变化及环境效应的分析研究.地球物理学报,49(1):61-68

吴传钧,刘建一,甘国辉.1997.现代经济地理学.南京:江苏教育出版社

吴良镛.2001.人居环境科学导论.北京:中国建筑工业出版社

武晓峰,苏根成,匡文慧,等.2012.基于混合光谱分解模型的城市不透水面遥感估算方法.西部资源,(2):119-122

夏佳,但尚铭,陈刚毅.2007.成都市热岛效应演变趋势与城市变化关系研究.成都信息工程学院学报,22:6-11

肖笃宁.2003.生态脆弱区的生态重建与景观规划.中国沙漠,23(3):6-11

肖化顺.2005.城市生态廊道及其规划设计的理论探讨.中南林业调查规划,24(2):15-18

肖荣波,欧阳志云,张兆明,等.2005.城市热岛效应监测方法研究进展.气象,31(11):3-6

徐文铎,何兴元,陈玮.2008.近40年沈阳城市森林春季物候与全球气候变暖的关系.生态学杂志,27(9):1461-1468

徐阳阳,刘树华,胡非,等.2009.北京城市化发展对大气边界层特性的影响.大气科学,33(4):859-867

杨萍,刘伟东,侯威.2011.北京地区极端温度事件的变化趋势和年代际演变特征.灾害学报,26(1):60-64

应天玉,李明泽,范文义,等.2010.基于GIS技术的城市森林与热岛效应的分析.东北林业大学学报,38(8):63-67

俞孔坚,王思思,李迪华,等.2010.北京城市扩张的生态底线——基本生态系统服务及其安全格局.城市规划,34(2):19-24

余明.2011.遥感影像的城市热环境综合信息图谱研究.测绘出版社

袁艺,史培军.2001.土地利用对流域降雨径流关系的影响:SCS模型在深圳地区的应用.北京师范大学学报(自然科学版),37(1):131-136

岳文泽.2005.基于遥感影像的城市景观格局及其热环境效应研究.华东师范大学博士学位论文

岳文泽,吴次芳.2007.基于混合光谱分解的城市不透水面分布估算.遥感学报,11(6):914-922

岳文泽,徐建华,徐丽华.2006.基于遥感影像的城市土地利用生态环境效应研究.生态学报,26(5):1450-1460

张光智,徐祥德,王继志,等.2002.北京及周边地区城市尺度热岛特征及其演变.应用气象学报,13:43-50

张娟,尹卫红.2012.宜居北京自然环境满意度评价.首都师范大学学报(自然科学版),33(3):73-79

张仁华.2009.定量热红外遥感模型及地面实验基础.北京:科学出版社

张仁华,孙晓敏,刘纪远,等.2001.定量遥感反演作物蒸腾和土壤水分利用率的区域分异.中国科学:D辑,31(11):959-968

张仁华,孙晓敏,王伟民,等.2004.一种可操作的区域尺度地表通量定量遥感二层模型的物理基础.中国科学:D辑,34:200-216

张树文,蔡红艳,匡文慧,等.2009.基于遥感技术的黑龙江上中游河道特征研究.地理科学,29(6):846-852

张伟,但尚铭,韩力,等.2007.基于AVHRR的成都平原城市热岛效应演变趋势分析.四川环境,26(2):26-29

张文忠,尹卫红,张锦秋,等.2006.中国宜居城市研究报告.北京:社会科学文献出版社

张小曳,孙俊英,王亚强.2013.我国雾霾成因及其治理的思考.科学通报,58(13):1178-1187

张新乐,张树文,李颖,等.2007.近30年哈尔滨城市土地利用空间扩张及其驱动力分析.资源科学,29(5):157-163

张新乐,张树文,李颖,等.2008.城市热环境与土地利用类型格局的相关性分析——以长春市为例.资源科学,30(10):1564-1570

张一平,何云玲,马友鑫.2002.昆明城市热岛效应立体分布特征.高原气象,21(6):604-609

张勇,余涛,顾行发,等.2006.CBERS-02 IRMSS热红外数据地表温度反演及其在城市热岛效应定量化分析中的应用.遥感学报,10(5):789-797

张兆明,何国金,肖荣波,等.2007.基于RS与GIS的北京市热岛研究.地球科学与环境学报,29(1):107-110

赵国松,刘纪远,匡文慧,等. 2014. 1990-2010 年中国土地利用变化对生物多样性保护重点区域的扰动. 地理学报, 1 (11):1640-1650

赵红旭. 1999. 昆明市热岛效应卫星监测研究. 国土资源遥感,11 (4):29-33

赵祥,梁顺林,刘素红,等. 2007. 高光谱遥感数据的改正暗目标大气校正方法研究. 中国科学:D辑,37 (12):1653-1659

甄灿明. 2007. 白洋淀地区非均匀边界层结构的观测实验研究. 中国科学院研究生院硕士学位论文

郑国强,鲁敏,张涛,等. 2010. 地表比辐射率求算对济南市地表温度反演结果的影响. 山东建筑大学学报,25 (5): 519-523

中国民主同盟北京市委员会. 2012-09-06. 北京热岛效应加剧易导致居民失眠烦躁忧郁压抑. 京华时报,009

中国人民政治协商会议北京市委员会. 2012. 2015 年北京市城市绿化覆盖率将达 48%. http://news. xinhuanet. com/ energy/2012-09/06/c_123679703. htm

周红妹,丁金才,徐一鸣,等. 2002. 城市热岛效应与绿地分布的关系监测和评估. 上海农业学报,18 (2):83-88

周红妹,高阳,葛伟强,等. 2008. 城市扩展与热岛空间分布变化关系研究——以上海为例. 生态环境,17 (1):163-168

周纪,陈云浩,张锦水,等. 2007. 北京城市不透水层覆盖度遥感估算. 国土资源遥感,19 (3):13-17

周淑贞,张超. 1985. 城市气候学导论. 上海:华东师范大学出版社

朱强. 2005. 景观规划中的生态廊道宽度. 生态学报,25 (9):2406-2412

邹容,周卫军,李轩宇,等. 2007. 城市热岛效应的产生及研究方法. 农村经济与科技,18 (3):113-114

Alberti M. 2009. Advances in urban ecology: integrating humans and ecological processes in urban ecosystems. New York:Springer

Alberti M. 2010. Maintaining ecological integrity and sustaining ecosystem function in urban areas. Current Opinion in Environmental Sustainability,2 (3):178-184

Alberti M,Marzluff J M,Shulenberger E,et al. 2003. Integrating humans into ecology:Opportunities and challenges for studying urban ecosystems. Bioscience,53 (12):1169-1179

Andresen J W. 1976. Selection of trees for endurance of high temperatures and artificial lights in urban areas. Publications-USDA Forest Service,22:67-75

Ann C W,Bernard D. 2005. Final report of COST action C11-green structure and urban planning. European Cooperation in the field of Scientific and Technical Research,23-28

Arnfield A J. 2003. Two decades of urban climate research:a review of turbulence,exchanges of energy and water,and the urban heat island. International Journal of Climatology,23 (1):1-26

Arnold C L,Gibbons C J. 1996. Impervious surface coverage:The emergence of a key environmental indicator. Journal of the American Planning Association,62 (2):243-258

Asaeda T,Ca V T,Wake A. 1996. Heat storage of pavement and its effects on the lower atmosphere. Atmospheric Environment,30 (3):413-427

Ashie Y, Ca V T, Asaeda T. 1999. Development of a numerical model for the evaluation of the urban thermal environment. Journal of Wind Engineering and Industrial Aerodynamics,81 (1-3):181-196

Bailing R C,Brazel S W. 2004. High resolution surface temperature patterns in a complex urban terrain. Photographic Engineering Remote Sensing,54 (9):1289-1293

Bai X,Chen J,Shi P. 2012. Landscape urbanization and economic growth in China:positive feedbacks and sustainability dilemmas. Environmental Science & Technology,46 (1):132-139

Bastiaanssen W G M. 2000. SEBAL-based sensible and latent heat fluxes in the irrigated Gediz Basin. Journal of Hydrology,229 (1-2):87-100

Bastiaanssen W G,Menenti M M,Feddes R A,et al. 1998. A remote sensing surface energy balance algorithm for land (SEBAL)1. Formulation. Journal of Hydrology,212 (1-4):198-212

Becker F,Li Z L. 1995. Surface temperature and emissivity at various scales:definition,measurements and related problems. Remote Sensing Reviews,12 (3-4):225-253

Bettencourt L M, Helbing D, Kuhnert C, et al. 2007. Growth, innovation, scaling, and the pace of life in cities.

Proceedings of the National Academy of Sciences of the United States of America,104:7301-7306

Bierwagen B G,Theobald D T,Pyke C R,et al. 2010. National housing and impervious surface scenarios for integrated climate impact assessments. Proceedings of the National Academy of Sciences of the United States of America,10: 1073-1078

Bolle H J,Andre J C,Arrue J L,et al. 1993. The European field experiment in a desertification threatened area. Annales Geophysicae,11:173-189

Bolund P,Hunhammar S. 1999. Ecosystem services in urban areas. Ecological Economics,29 (2):293-301

Brabec E. 2002. Impervious surfaces and water quality:A review of current literature and its implications for watershed planning. Journal of Planning Literature,16 (4):499-514

Brinson M M,Lugo A E,Brown S. 1981. Primary productivity,decomposition and consumer activity in fresh-water wetlands. Annual review of ecology and systematics,12:123-161

Brown I S. 1973. The effect of orthodontic therapy on certain types of periodontal defects. I. Clinical findings. Journal of Periodontology,44 (12):742-756

Budd W W,Cohen P L,Saunders P R,et al. 1987. Stream corridor management in the Pacific Northwest:determination of stream corridor widths. Environmental Management,11 (5):587-597

Buyantuyev A,Wu J G. 2010. Urban heat islands and landscape heterogeneity:linking spatiotemporal variations in surface temperatures to land-cover and socioeconomic patterns. Landscape Ecology,25 (1):17-33

Buyantuyev A,Wu J G. 2012. Urbanization diversifies land surface phenology in arid environments:Interactions among vegetation,climatic variation,and land use pattern in the Phoenix metropolitan region,USA. Landscape and Urban Planning,105 (1-2):149-159

Byomkesh T,Nakagoshi N,Dewan A M. 2011. Urbanization and green space dynamics in Greater Dhaka,Bangladesh. Landscape and Ecological Engineering,8 (1):45-58

Cao X,Onishi A,Chen J,et al. 2010. Quantifying the cool island intensity of urban parks using ASTER and IKONOS data. Landscape and Urban Planning,96 (4):224-231

Carlson T N. 2007. An overview of the "triangle method" for estimating surface evapotranspiration and soil moisture from satellite imagery. Sensors,7 (8):1612-1629

Carlson T N,Ripley D A. 1997. On the relation between NDVI,fractional vegetation cover,and leaf area index. Remote Sensing of Environment,62 (3):241-252

Carnahan W H,Larson R C. 1990. An analysis of an urban heat sink. Remote Sensing of Environment,33 (1):65-71

Caroll R E. 2006. Changes affecting the employment cost index:An overview. Monthly Labor Review,129 (4):3-5

Ca V T,Asaeda T,Abu E M. 1998. Reductions in air conditioning energy caused by a nearby park. Energy and Buildings,29 (1):83-92

Chen B,Shi G Y,Wang J B,et al. 2012. Estimation of the anthropogenic heat release distribution in China from 1992 to 2009. Acta Meteorological Sinica,26 (4):507-515

Chen S B,Pan L Q. 1997. Effects of urbanization on the annual mean temperature of Beijing. Acta Geographica Sinica, 52 (1):27-36

Chen W Y. 2006. Assessing the services and value of green spaces in urban ecosystem:A case of Guangzhou City. PhD Thesis,University of Hong Kong

Chen Z X,Su S,Liu R,et al. 1998 . A study of ecological benefits of urban forests in Beijing. Journal of Chinese Landscape Architecture,14 (2):51-53

Chi W F,Shi W J,Kuang W H. 2015. Spatio-temporal characteristics of intra-urban land cover in the cities of China and USA from 1978 to 2010. Journal of Geographical Sciences,25 (1):3-18

Christen A, Vogt R. 2004. Energy and radiation balance of a central European city. International Journal of Climatology,24 (11):1395-1421

City of Los Angeles. 2011. Million Trees LA(retrieved 15. 06. 11). http://www. milliontreesla. org

City of New York. 2011. Million Trees NYC(retrieved 01. 06. 11). http://www. milliontreesnyc. org html/home/ home. shtml

City of Pasadena. 2011. Pasadena Tree Protection Ordinance(retrieved15. 06. 11). http://ww2. ci tyofpasadena. net/ publicworks/PNR/TreeOrdinance/default. asp

City of Seattle. 2011. Seattle's Canopy Cover(retrieved 01. 06. 11). http://www. seattle. gov/ trees/canopycover. html

Connors J P, Galletti C S, Chow W. 2013. Landscape configuration and urban heat island effects: Assessing the relationship between landscape characteristics and land surface temperature in Phoenix, Arizona. Landscape Ecology, 28 (2):271-283

Cooper J R, Gilliam J W, Jacobs T C. 1986. Riparian areas as a control of nonpoint pollutant. *In*: Correll D L. Watershed Research Perspectives. Washington DC: Smithsonian Institution Press:166-192

Copper J R, Gilliam J W, Daniels R B, et al. 1987. Riparian areas as filters for agricultural sediment. Soil Science Society of America Journal, 51 (6):417-420

Corbett E S, Lynch J A, Sopper W E. 1978. Timber harvesting practices and water quality in the eastern United States. Journal of Forestry, 76 (8):484-488

Corburn J. 2009. Cities, climate change and urban heat island mitigation: localising global environmental science. Urban Studies, 46 (2):413-427

Csuti C, Canty D, Steiner F, et al. 1989. A path for the Palouse: An example of conservation and recreation planning. Landscape and Urban Planning, 17 (1):1-19

Cui Y P, Liu J Y, Hu Y F, et al. 2012. Modeling the radiation balance of different urban underlying surfaces. Chinese Science Bulletin, 57 (9):1046-1054

Dale A, Jeffrey C. 1999. Thermal infrared remote sensing for analysis of landscape ecological processes: methods and applications. Landscape Ecology, 14 (6):577-598

Deng F F, Huang Y Q. 2004. Uneven land reform and urban sprawl in China: the case of Beijing. Progress in Planning, 61 (3):211-236

Deng J S, Wang K, Hong Y, et al. 2009. Spatio-temporal dynamics and evolution of land use change and landscape pattern in response to rapid urbanization. Landscape and Urban Planning, 92 (3-4):187-198

Deng X Z, Huang J K, Rozelle S, et al. 2008. Growth, population and industrialization, and urban land expansion of China. Journal of Urban Economics, 63 (1):96-115

Deng Y, Fan F, Chen R. 2012. Extraction and analysis of impervious surfaces based on a spectral un-mixing method using Pearl River Delta of China Landsat TM/ETM+ Imagery from 1998 to 2008. Sensors, 12 (2):1846-1862

Doulos L, Santamouris M, Livada I. 2004. Passive cooling of outdoor urban spaces: the role of materials. Solar Energy, 77 (2):231-249

Elvidge C D, Tuttle B T, Sutton P C, et al. 2007. Global distribution and density of constructed impervious surfaces. Sensors, 7 (9):1962-1979

Folke C, Jansson A, Larsson J, et al. 1997. Ecosystem appropriation by Cities. A Journal of the Human Environment, 26 (3):167-172

Forman R T T, Godron M. 1986. Landscape Ecology. New York: Wiley

Gallo K P, Mcnab A L, Karl T R, et al. 1993. The use of a vegetation index for assessment of the urban heat island effect. International Journal of Remote Sensing, 14 (11):2223-2230

Goldbach A, Kuttler W. 2013. Quantification of turbulent heat fluxes for adaptation strategies within urban planning. International Journal of Climatology, 33 (1):143-159

Govaerts Y M, Wagner S, Lattanzio A, et al. 2010. Joint retrieval of surface reflectance and aerosol optical depth from MSG/SEVIRI observations with an optimal estimation approach 1. Theory. Journal of Geophysical Research, 115 (D2):1-16

Grimm J B, Lavis L D. 2011. Synthesis of rhodamines from fluoresceins using Pd-Catalyzed C-N Cross-Coupling. Organic

Letters,13 (24):6354-6357

Grimm N B,Faeth S H,Golubiewski N E,et al. 2008. Global change and the ecology of cities. Science,319 (5864):756-760

Grimmond C,Blackett M,Best M,et al. 2010a. The international urban energy balance models comparison project:First results from phase 1. Journal of Applied Meteorology and Climatology,49 (6):1268-1292

Grimmond C,Blackett M,Best M,et al. 2011. Initial results from phase 2 of the international urban energy balance model comparison. International Journal of Climatology,31 (2):244-272

Grimmond C,Roth M,Oke T,et al. 2010b. Climate and more sustainable cities:Climate information for improved planning and management of cities(producers/capabilities perspective). Procedia Environmental Sciences,1:247-274

Grimmond C S B. 2005. Progress in measuring and observing the urban atmosphere. Theoretical and Applied Climatology,84 (1-3):3-22

Grimmond C S B,King T S,Cropley F D,et al. 2002. Local-scale fluxes of carbon dioxide in urban environments: methodological challenges and results from Chicago. Environmental Pollution,116:S243-S254

Grimmond C S B,Souch C,Hubble M D. 1996. Influence of tree cover on summertime surface energy balance fluxes, San Gabriel Valley,Los Angeles. Climate Research,6 (1):45-57

Grimmond S. 2007. Urbanization and global environmental change:local effects of urban warming. Journal of Geographical Systems,173 (1):83-88

Gu C L,Shen J F. 2003. Transformation of urban socio-spatial structure in socialist market economies:the case of Beijing. Habitat International,27 (1):107-122

Hafner J,Kidder S Q. 1999. Urban heat island effect modeling in conjunction with satellite-derived surface/soil parameters. Journal of Applied Meteorology and Climatology,38 (4):448-465

Hamada S,Ohta T. 2010. Seasonal variations in the cooling effect of urban green areas. Urban Forestry & Urban Greening,9 (1):15-24

Harris L D. 1984. The Fragmented Forest. Chicago:University of Chicago Press

Hawkins T W,Brazel A J,Stefanov W L,et al. 2004. The role of rural variability in urban heat island determination for Phoenix,Arizona. Journal of Applied Meteorology and Climatology,43 (3):476-486

Heiden U,Heldens W,Roessner S,et al. 2012. Urban structure type characterization using hyperspectral remote sensing and height information. Landscape and Urban Planning,105 (4):361-375

Heisler G M,Brazel A J. 2010. The urban physical environment:temperature and urban heat islands. Urban Ecosystem Ecology Chapter,2:29-56

Herold M,Goldstein N C,Clarke K C. 2003. The spatiotemporal form of urban growth:Measurement,analysis and modeling. Remote Sensing of Environment,86 (3):286-302

Howard L. 1833. Climate of London Deduced from Metrological Observations (Vol. 1). 2rd edition. London:Harvey and Dolton Press

Huang J N,Lu X X,Sellers J M. 2007. A global comparative analysis of urban form:Applying spatial metrics and remote sensing. Landscape and Urban Planning,82 (4):184-197

Huang S C,Tsai Y F,Cheng Y S,et al. 2009. Vascular protection with less activation evoked by progressive thermal preconditioning in adrenergic receptor-mediated hypertension and tachycardia. Chinese Journal of Physiology,52 (6):419-425

Humes K S,Kustas W P,Moran M S,et al. 1994. Variablility of emissivity and surface temperature over a sparsely vegetated surface. Water Resources Research,30 (5):1299-1310

Hu X F,Weng Q H. 2011. Impervious surface area extraction from IKONOS imagery using an object-based fuzzy method. Geocarto International,26 (1):3-20

IHDP. 2005. Urbanization and global environmental change. Bonn:International Human Dimensions Programme on Global Environmental Change Report No. 5

Imhoff M L, Zhang P, Wolfe R E, et al. 2010. Remote sensing of the urban heat island effect across biomes in the continental USA. Remote Sensing of Environment, 114 (3): 504-513

Jenerette G D, Harlan S L, Stefanov W L, et al. 2011. Ecosystem services and urban heat riskscape moderation: water, green spaces, and social inequality in Phoenix, USA. Ecological Applications, 21 (7): 2637-2651

Jiang L, Deng X Z, Seto K C. 2012. Multi-level modeling of urban expansion and cultivated land conversion for urban hotspot counties in China. Landscape and Urban Planning, 108 (2-4): 131-139

Ji C P, Liu W D, Xuan C Y. 2006. Impact of urban growth on the heat island in Beijing. Chinese Journal of Geophysics-Chinese Edition, 49 (1): 69-77

Jim C Y, Chen W Y. 2008. Assessing the ecosystem service of air pollutant removal by urban trees in Guangzhou (China). Journal of Environmental Management, 88 (4): 665-676

Jim C Y, Chen W Y. 2009. Ecosystem services and valuation of urban forests in China. Cities, 26 (4): 187-194

Jones P D, Lister D H, Li Q. 2008. Urbanization effects in large-scale temperature records, with an emphasis on China. Journal of Geophysical Research, 113: (D16)

Jones P, Groisman P Y, Coughlan M, et al. 1990. Assessment of urbanization effects in time series of surface air temperature over land. Nature, 347 (6289): 169-172

Juan A, Vassilias A T, Leonardo A. 1995. South Forida greenways: a conceptual framework for the ecological reconnectivity of the region. Landscape and Urban Planning, 33 (1-3): 247-266

Kalnay E, Cai M. 2003. Impact of urbanization and land-use change on climate. Nature, 423 (6939): 528-531

Karl T R, Diaz H F, Kukla G. 1988. Urbanization: its detection and effect in the United States climate record. Journal of Applied Meteorology and Climatology, 1 (11): 1099-1123

Kaza N. 2013. The changing urban landscape of the continental United States. Landscape and Urban Planning, 110: 74-86

Ke X L, Zhan J Y, Ma E J, et al. 2014. Regional climate impacts of future urbanization in China. Springer Geography, 167-206

Kidder S Q, Essenwanger O M. 1995. The effect of clouds and wind on the differences in nocturnal cooling rates between urban and rural areas. Journal of Applied Meteorology, 34: 2440-2448

King M D, Kaufman Y J, Menzel W P, et al. 1992. Remote sensing of cloud, aerosol and water vapor properties from the Moderate Resolution Imaging Spectrometer (MODIS). IEEE Transactions on Geoscience and Remote Sensing, 30: 1-27

Klok L, Zwart S, Verhagen H, et al. 2012. The surface heat island of Rotterdam and its relationship with urban surface characteristics. Resources Conservation and Recycling, 64: 23-29

Klysik K, Fortuniak K. 1999. Temporal and spatial characteristics of the urban heat island of Poland. Atmospheric Environment, (33): 3885-3895

Krass B. 2003. Combating urban sprawl in Massachusetts: reforming the zoning act through legal challenges. Boston College Environmental Affairs Law Review, 30: 605-632

Kuang W H. 2011. Simulating dynamic urban expansion at regional scale in Beijing-Tianjin-Tangshan Metropolitan Area. Journal of Geographical Sciences, 21 (2): 317-330

Kuang W H. 2012a. Evaluating impervious surface growth and its impacts on water environment in Beijing-Tianjin-Tangshan metropolitan area. Journal of Geographical Sciences, 22 (3): 535-547

Kuang W H. 2012b. Spatio-temporal patterns of intra-urban land use change in Beijing, China between 1984 and 2008. Chinese Geographical Science, 22 (2): 210-220

Kuang W H. 2013. Spatiotemporal dynamics of impervious surface areas across China during the early 21st century. Chinese Science Bulletin, 58 (14): 1691-1701

Kuang W H, Chi W F, Lu D S, et al. 2014. A comparative analysis of megacity expansions in China and the US: patterns, rates and driving forces. Landscape and Urban Planning, 132: 121-135

Kuang W H, Dou Y Y, Chi W F, et al. 2015a. Quantifying the heat flux regulation of metropolitan land-use/land-cover components by coupling remote sensing-modelling with in situ measurement. Journal of Geography Research: Atmospheres, 120 (1): 113-130

Kuang W H, Liu J Y, Zhang Z X, et al. 2013. Spatiotemporal dynamics of impervious surface areas across China during the early 21st century. Chinese Science Bulletin, 58: 1-11

Kuang W H, Liu Y, Dou Y Y, et al. 2015b. What are hot and what are not in an urban landscape: quantifying and explaining the land surface temperature pattern in Beijing, China. Landscape Ecology, 30 (2): 357-373

Kuang W H, Zhang S W, Liu J Y, et al. 2010. Methodology for classifying and detecting intra-urban land use change: A case study of Changchuns city during the last 100 years. 遥感学报, 14 (2): 345-355

Kustas W P, Norman J M. 2000. Evaluating the effects of subpixel heterogeneity on pixel average fluxes. Remote Sensing of Environment, 74 (3): 327-342

Kvalevåg, Maria M, Gunnar M, et al. 2010. Anthropogenic land cover changes in a global climate model with surface albedo change based on MODIS data. International Journal of Climatology, 30 (13): 2105-2117

Laaidi K, Zeghnoun A, Dousset B, et al. 2012. The impact of heat islands on mortality in Paris during the august 2003 heat wave. Environment Health Perspectives, 120 (2): 254-259

Laaidi M, Boumendil A, Tran T, et al. 2011. Air pollution and pregnancy outcome: A review of the literature. Environnement Risques & Sante, 10 (4): 287-298

Labed S. 2008. PV Large Scale Rural Electrification Programs and the Development of Desert Regions. Sustainable Energy Production and Consumption, NATO Science for Peace and Security Series C: Environmental Security, 281-292

Large A R G, Petts G E. 1996. Rehabilitation of river margins. River Restoration, 71: 106-123

Liang S L. 2000. Narrowband to broadband conversions of land surface albedo I Algorithms. Remote Sensing of Environment, 76 (2): 213-238

Liang S L, Wang J, Jiang B. 2012. A systematic view of remote sensing. In: Advanced remote sensing: terrestrial information extraction and applications. Academic Press: 1-31

Li J X, Song C H, Cao L, et al. 2011a. Impacts of landscape structure on surface urban heat islands: a case study of Shanghai, China. Remote Sensing of Environment, 115 (12): 3249-3263

Liu H Z, Feng J W, Järvi L, et al. 2012a. Eddy covariance measurements of CO_2 and energy fluxes in the city of Beijing. Atmospheric Chemistry and Physics, 12 (3): 7677-7704

Liu H Z, Feng J W, Järvi L, et al. 2012d. Four-year (2006-2009) eddy covariance measurements of CO_2 flux over an urban area in Beijing. Atmospheric Chemistry and Physics, 12 (17): 7881-7892

Liu J Y, Kuang W H, Zhang Z X, et al. 2014. Spatiotemporal characteristics, patterns, and causes of land-use changes in China since the late 1980s. Journal of Geographical Sciences, 24 (2): 195-210

Liu J Y, Liu M L, Zhuang D F, et al. 2003. Study on spatial pattern of land-use change in China during 1995-2000. Science China: Earth Sciences, 46 (4): 373-384

Liu J Y, Zhan J Y, Deng X X. 2005. Spatiotemporal patterns and driving forces of urban land expansion in China during the economic reform era. A Journal of the Human Environment, 34: 450-455

Liu J Y, Zhang Z X, Xu X L, et al. 2010. Spatial patterns and driving forces of land use change in China during the early 21st century. Journal of Geographic Sciences, 20 (4): 483-494

Liu S M, Xu Z W, Zhu Z L, et al. 2013. Measurements of evapotranspiration from eddy-covariance systems and large aperture scintillometers in the Hai River Basin, China. Journal of Hydrology, 487: 24-38

Liu Y, Shintaro G, Zhuang D F, et al. 2012b. Urban surface heat fluxes infrared remote sensing inversion and their relationship with land use types. Journal of Geographical Sciences, 22 (4): 699-715

Liu Z, He C, Zhang Q, et al. 2012c. Extracting the dynamics of urban expansion in China using DMSP-OLS nighttime light data from 1992 to 2008. Landscape and Urban Planning, 106 (1): 62-72

Li W F, Ouyang Z Y, Zhou W Q, et al. 2011b. Effects of resolution of remotely sensed data on estimating urban impervious surface. Journal of Environmental Sciences, 23 (8): 1375-1383

Li X, Yeh A G O. 2004. Analyzing spatial restructuring of land use patterns in a fast growing region using remote sensing and GIS. Landscape and Urban Planning, 69 (4): 335-354

Li X, Zhou W, Ouyang Z. 2013a. Forty years of urban expansion in Beijing: what is the relative importance of physical, socioeconomic, and neighborhood factors? Applied Geography, 38: 1-10

Li X M, Zhou W, Ouyang Z, et al. 2012. Spatial pattern of green space affects land surface temperature: evidence from the heavily urbanized Beijing metropolitan area, China. Landscape Ecology, 27 (6): 887-898

Li Z L, Tang B H, Wu H, et al. 2013b. Satellite-derived land surface temperature: current status and perspectives. Remote Sensing of Environment, 131: 14-37

Lin C, Tong X, Lu W, et al. 2005. Environmental impacts of surface mining on mined lands, affected streams and agricultural lands in the Dabaoshan Mine region, southern china. Journal of Land Degradation & Development, 16 (5): 463-474

Lu D S, Hetrick S, Moran E. 2011a. Impervious surface mapping with Quickbird imagery. International Journal of Remote Sensing, 32 (9): 2519-2533

Lu D S, Li G Y, Kuang W H, et al. 2014. Methods to extract impervious surface areas from satellite images. International Journal of Digital Earth, 7 (2): 93-112

Lu D S, Li G Y, Moran E, Batistella M, et al. 2011b. Mapping impervious surfaces with the integrated use of Landsat Thematic Mapper and radar data: a case study in an urban-rural landscape in the Brazilian Amazon. ISPRS Journal of Photogrammetry and Remote Sensing, 66 (6): 798-808

Lu D S, Moran E, Hetrick S. 2011c. Detection of impervious surface change with multitemporal Landsat images in an urban-rural frontier. ISPRS Journal of Photogramm Remote Sensing, 66 (3): 298-306

Lu D S, Moran E, Hetrick S, et al. 2012. Mapping impervious surface distribution with the integration of Landsat TM and QuickBird images in a complex urban-rural frontier in Brazil (Chapter 13). In: Chang N B. Environmental Remote Sensing and Systems Analysis. Florida: CRC Press/Taylor and Francis, Boca Raton: 277-296

Lu D S, Tian H Q, Zhou G M. 2008. Regional mapping of human settlements in southeastern China with multisensory remotely sensed data. Remote Sensing of Environment, 112 (9): 3668-3679

Lu D S, Weng Q H. 2004. Spectral mixture analysis of the urban landscapes in Indianapolis with Landsat ETM+ imagery. Photogrammetric Engineering and Remote Sensing, 70 (9): 1053-1062

Lu D S, Weng Q H. 2006a. Spectral mixture analysis of ASTER images for examining the relationship between urban thermal features and biophysical descriptors in Indianapolis, United States. Remote Sensing of Environment, 104 (2): 157-167

Lu D S, Weng Q H. 2006b. Use of impervious surface in urban land-use classification. Remote Sensing of Environment, 102 (1): 146-160

Lu D S, Weng Q H. 2009. Extraction of urban impervious surface from an IKONOS image. International Journal of Remote Sensing, 30 (5): 1297-1311

Makar P, Gravel S, Chirkov V, et al. 2006. Heat flux, urban properties, and regional weather. Atmospheric Environment, 40 (15): 2750-2766

Mallick J, Rahman A, Singh C K. 2013. Modeling urban heat islands in heterogeneous land surface and its correlation with impervious surface area by using night-time ASTER satellite data in highly urbanizing city, Delhi-India. Advances in Space Research, 52 (4): 639-655

Manes F, Incerti G, Salvatori E, et al. 2012. Urban ecosystem services: Tree diversity and stability of tropospheric ozone removal. Ecological Applications, 22 (1): 349-360

Manley G. 1958. On the frequency of snowfall in metropolitan England. Quarterly Journal of the Royal Meteorological

Society,84（359）:70-72

Mao K B,Qin Z H,Shi J,et al. 2005. A practical split-window algorithm for retrieving land surface temperature from MODIS data. International Journal of Remote Sensing,26（15）:3181-3204

Maryland Department of Natural Resources. 2011. Cheasapeake Bay UrbanTree Canopy Goals. http://www. dnr. state. md. us/forests/programs/urban/urbantreecanopygoals. asp

Ma Y L,Xu R S. 2010. Remote sensing monitoring and driving force analysis of urban expansion in Guangzhou City, China. Habitat International,34（2）:228-235

McDonald R I. 2008. Global urbanization:Can ecologists identify a sustainable way forward? Frontiers in Ecology and the Environment,6（2）:99-104

McDonald R I,Green P,Balk D,et al. 2011. Urban growth,climate change,and freshwater availability. Proceedings of the National Academy of Sciences of the United States of America,108（15）:6312-6317

McGranahan G, Balk D, Anderson B. 2007. The rising tide:Assessing the risks of climate change and human settlements in low elevation coastal zones. Environment and Urbanization,19（1）:17-37

Meyn S K,Oke T R. 2009. Heat fluxes through roofs and their relevance to estimates of urban heat storage. Energy and Buildings,41（7）:745-752

Miao S G,Dou J X,Chen F,et al. 2012. Analysis of observations on the urban surface energy balance in Beijing. Science China Earth Sciences,55（11）:1881-1890

M'Ikiugu M M,Kinoshita I,Tashiro Y. 2012. Urban green space analysis and identification of its potential expansion areas. Procedia. Social and Behavioral Sciences,35:449-458

Millennium Ecosystem Assessment. 2003. Ecosystems and human wellbeing:a framework for assessment. Washington, DC:Island press

Mirzaei P A, Haghighat F. 2010. Approaches to study urban heat island-abilities and limitations. Building and Environment,45（10）:2192-2201

Mitchell V G, Mein R G, McMahon T A. 2001. Modelling the urban water cycle. Environmental Modelling and Software,16（7）:615-629

Montgomery M R. 2008. The urban transformation of the developing world. Science,319（5864）:761-764

Mooney H A,Duraiappah A,Larigauderie A. 2013. Evolution of natural and social science interactions in global change research programs. Proceedings of the National Academy of Sciences of the United States of America,110（1）:3665-3672

Nancy B,Grimm C L,Redman. 2004. Approaches to the study of urban ecosystems: The case of Central Arizona-Phoenix. Urban Ecosystems,7（3）:199-213

NASA. Landsat 7 Science Data Users Handbook. http://landsathandbook. gsfc. nasa. gov

Newbold J D,Erman D C,Roby K B. 1980. Effects of logging on macro invertebrates in streams with and without buffer strips. Canadian Journal of Fisheries and Aquatic Science,37:1076-1085

Newbold P. 1980. The equivalence of two tests of time-series model adequacy. Biometrika,67（2）:463-465

Niemela J. 1999. Management in relation to disturbance in the boreal forest. Forest Ecology and Management, 115 （2-3）:127-134

Niemelä S, Räisänen P, Savijä H. 2001a. Comparision of surface radiative flux parameterizations:Part I:Longwave radiation. Atmospheric Research,58（1）:1-8

Niemelä S, Räisänen P, Savijä H. 2001b. Comparision of surface radiative flux parameterizations:Part II:Shortwave radiation. Atmospheric Research,58（2）:141-154

Normile D. 2008. China's living laboratory in urbanization. Science,319（5864）:740-743

Nowak D J,Dwyer J F. 2007. Understanding the benefits and costs of urban forest ecosystems. *In*:Kuser J. Urban and Community Forestry in the Northeast. New York:Springer Science and Business Media

Nowak D J,Greenfield E J. 2012. Tree and impervious cover in the United States. Landscape and Urban Planning,107 (1):21-30

Offerle B,Grimmond C S B,Oke T R. 2003. Parameterization of net all-wave radiation for urban areas. Journal of Applied Meteorology,42 (8):1157-1173

Oke T R. 1979. Advectively-assisted evapotranspiration from irrigated urban vegetation,Boundary-Layer Meteorology, 17 (2):167-173

Oke T R. 1982. The energetic basis of the urban heat island. Quarterly Journal of the Royal Meteorological Society,108 (455):1-24

Oke T R. 1984. Methods in urban climatology. In: Kirchhofer W,Ohmura A,Wanner H. Applied Climatology,Zürcher Geographische Schriften Eidgenossiche Technische Hochsohule Geographisch Institut, Zurich:19-29

Oke T R. 1989. The micrometeorology of the urban forest. Philo-sophical Transactions of the Royal Society of London Series B,324:335-349

Oke T R. 1995. The heat island of the urban boundary layer:Characteristics, causes and effects. In: Cermak J E, Davenport A G, Plate E J, et al. Wind climate in cities:Proceedings of the NATO Advanced Study Institute, Waldbronn,Germany,July 5-1,1993. Nato Science Series E,vol 277. Dordrecht:Kluwer Academic Publishers:81-107

Oke T R. 2004. Initial guidance to obtain representative meteorological observations at urban sites. Instruments and Observing Methods Report No. 81. Geneva:World Meteorological Organization

Oke T R. 2006. Towards better scientific communication in urban climate. Theoretical and Applied Climatology,841: 179-190

Oke T R. 2007. Siting and exposure of meteorological instruments at urban sites. Air Pollution Modeling and Its Application XVII,615-631

O'Neill R V,Krummel J R,Gardner R H,et al. 1988. Indices of landscape pattern. Landscape Ecology,1:153-162

Ordóñez C,duinker P,steenberg J. 2010. Climate Change Mitigation and Adaptation in Urban Forests:A Framework for Sustainable Urban Forest Management. Commonwealth Forestry Association

Ouyang Z,Xiao R B,Schienke E W,et al. 2007. Chapter 27:Beijing urban spatial distribution and resulting impacts on heat islands. In: Hong K,Nakagoshi N,Fu B J, et al. Landscape ecological applications in man-influenced areas: linking man and nature systems. New York: Springer:459-478

Owen T,Carlson T,Gillies R. 1998. An assessment of satellite remotely-sensed land cover parameters in quantitatively describing the climatic effect of urbanization. International Journal of Remote Sensing,19 (9):1663-1681

Parham P,Guethlein L A. 2010. Pregnancy immunogenetics:NK cell education in the womb? Journal of Clinical Investigation,120 (11):3801-3804

Parrish D D,Zhu T. 2009. Clean air for megacities. Science,326 (5953):674-675

Peterjohn W T,Correl D L. 1984. Nutrient dynamics in an agricultural watershed:Observations on the role of a riparian forest. Ecology,65 (5):1466-1475

Pickett S A,Cadenasso M L,Grove J M,et al. 2011. Urban ecological systems:Scientific foundations and a decade of progress. Journal of Environmental Management,92 (3):331-362

Pickett S T A,Cadenasso M L,Grove J,et al. 2001. Urban ecological systems:Linking terrestrial ecological,physical, and socioeconomic components of metropolitan areas. Annual Review of Ecology and Systematics,32: 127-157

Pickett S T A,Cadenasso M L,Grove J M. 2005. Biocomplexity in coupled natural human systems:A multidimensional framework. Ecosystems,8:225-232

Pielke S R,Adegoke J,Beltran-Przekurat A,et al. 2007. An overview of regional land-use and land-cover impacts on rainfall. Tellus Series B,59 (3):587-601

Potchter O,Cohen P,Bitan,et al. 2006. Climatic behavior of various urban parks during hot and humid summer in the Mediterranean city of Tel Aviv,Israel. International Journal of Climatology,26 (12):1695-1711

Qin Z H,Berliner P,Karnieli A. 2002a. Numerical solution of a complete surface energy balance model for simulation of heat fluxes and surface temperature under bare soil environment. Applied Mathematics and Computation,130（1）: 171-200

Qin Z H,Berliner P,Karnieli A. 2002b. Micrometeorological modeling to understand the thermal anomaly in the sand dunes across the Israel-Egypt border. Journal of Arid Environments,51（2）:281-318

Qin Z H,Karnieli A,Berliner P. 2002c. Remote sensing analysis of the land surface temperature anomaly in the sand dune region across the Israel-Egypt border. International Journal of Remote Sensing,23（19）:3991-4018

Qin Z H,Karnieli A,Berliner P. 2001. A mono-window algorithm for retrieving land surface temperature from Landsat TM data and its application to the Israel-Egypt border region. International Journal of Remote Sensing,22（18）: 3719-3746

Ranney G B,Thigpen C C. 1981. The sample coefficient of determination in simple linear-regression. American Statistician,35（3）:152-153

Ranney J W,BrunerM C,Levenson J B. 1981. The importance of edge in the structure and dynamics of forest islands. In:burgess R L,Sharpe D M,eds. forest island dynamics in man-dominated landscape. New York:Springer Verlag: 67-95

Ridd M K. 1995. Exploring a V-I-S (vegetation-impervious surface-soil) model for urban ecosystem analysis through remote sensing:Comparative anatomy for cities. International Journal of Remote Sensing,16（12）:2165-2185

Rigo G,Parlow E,Oesch D. 2006. Validation of satellite observed thermal emission with in-situ measurements over an urban surface. Remote Sensing of Environment,104（2）:201-210

Rosenzweig C,Solecki W,Parshall L,et al. 2005. Characterizing the urban heat island in current and future climates in New Jersey. Global Environmental Change Part B,6（1）:51-62

Rusty D,Danny M. 1997. Daily air temperature interpolated at high spatial resolution over a large mountainous region. Climate Research,8（1）:1-20

Scharmer K,Greif J. 2000. The European Solar Radiation Atlas:Fundamentals and Maps,Volume 1,Paris:Presses des MINES

Schmid H P,Cleugh H A,Grimmond C S B,et al. 1991. Spatial variability of energy fluxes in suburban terrain. Boundary-Layer Meteorology,54（3）:249-276

Schmugger T J. 1991. Land surface evaporation measurement and parametrtization. New York:Spring Verlag

Schneider A,Mertes C M. 2014. Expansion and growth in Chinese cities,1978-2010. Environment Research Letter,9 （2）

Schneider A,Woodcock C E. 2008. Compact,dispersed,fragmented,extensive? A comparison of urban growth in twenty-five global cities using remotely sensed data,pattern metrics and census information. Urban Studies,45（3）: 659-692

Sellers P J,Hall F G,Asrar G. 1988. The first ISLSCP field experiment (FIFE). Bulletin of the American Mathematical Society,69（1）:22-27

Seto K C,Fragkias M. 2005. Quantifying spatiotemporal patterns of urban land-use change in four cities of China with time series landscape metrics. Landscape Ecology,20（7）:871-888

Seto K C,Guneralp B,Hutyra L R. 2012. Global forecasts of urban expansion to 2030 and direct impacts on biodiversity and carbon pools. Proceedings of the National Academy of Sciences of the United States of America,109（40）:16083-16088

Seto K C,Sanchez R R,Fragkias M. 2010. The new geography of contemporary urbanization and the environment. Annual Review of Environment and Resources,35:167-194

Seto K C. 2011. Exploring the dynamics of migration to mega-delta cities in Asia and Africa:Contemporary drivers and future scenarios. Global Environmental Change,21（1）:S94-S107

Sexton J O, Song X P, Huang C, et al. 2013. Urban growth of the Washington, D. C. -Baltimore, MD metropolitan region from 1984 to 2010 by annual, Landsat-based estimates of impervious cover. Remote Sensing of Environment, 129:42-53

Shao Q Q, Huang L, Liu J Y, et al. 2011. Analysis of forest damage caused by the snow and ice chaos along a transect across southern China in spring 2008. Journal of Geographical Sciences, 21 (2):219-234

Shao Q Q, Sun C Y, Liu J Y, et al. 2011. Impact of urban expansion on meteorological observation data and overestimation to regional air temperature in China. Journal of Geographical Sciences, 20 (6):994-1006

Smith D S, Hellmund P C. 1993. Ecology of greenways: design and function of linear conservation areas. Mineapolis: University of Minnesota Press:58-64

Sobrino J A, Jiménez-Muñoz J C, Paolini L. 2004. Land surface temperature retrieval from Landsat TM5. Remote Sensing of Environment, 90 (4):434-440

Song J, Du S, Feng X, et al. 2014. The relationships between landscape compositions and land surface temperature: Quantifying their resolution sensitivity with spatial regression models. Landscape and Urban Planning, 123:145-157

Spronken-Smith R A, Oke T R. 1998. The thermal regime of urban parks in two cities with different summer climates. International Journal of Remote Sensing, 19 (11):2085-2104

Spronken-Smith R A, Oke T R, Lowry W P. 2000. Advection and the surface energy balance across an irrigated urban park. International Journal of Climatology, 20 (9), 1033-1047

Stauffer D F, Best L B. 1980. Habitat selection by birds of riparian communities-evaluating effects of habitat alterations. Journal of Wildlife Management, 44 (1):1-15

Stone B. 2009. Land use as climate change mitigation. Environmental Science & Technology, 43 (24):9052-9056

Streutker D R. 2003. Satellite-measured growth of the urban heat island of Houston, Texas. Remote Sensing of Environment, 85 (3):282-289

Suckling P W. 1980. The energy balance microclimate of a suburban lawn. Journal of Applied Microbiolog, 19 (5):606-608

Sui C H, Lan S F. 2006. Emergy analysis of Guangzhou and Shanghai urban ecosystem. Urban Enviornment & Urban Ecology, 19 (4):1-3

Sung C Y, Yi Y J, Li M H. 2013. Impervious surface regulation and urban sprawl as its unintended consequence. Land Use Policy, 32:317-323

Su Z B. 2002. The Surface Energy Balance System (SEBS) for estimation of turbulent heat fluxes. Hydrology and Earth System Sciences, 6 (1):85-100

Tan J G, Zheng Y F, Tang X, et al. 2010. The urban heat island and its impact on heat waves and human health in shanghai. International Journal of Biometeorology, 54 (1):75-84

Tan M H, Li X B, Xie H, et al. 2005. Urban land expansion and arable land loss in China: a case study of Beijing-Tianjin-Hebei region. Land Use Policy, 22 (3):187-196

Taubenböck H, Esch T, Felbier A, et al. 2012. Monitoring urbanization in mega cities from space. Remote Sensing of Environment, 117:162-176

Taubenböck H, Wiesner M, Felbier A, et al. 2014. New dimensions of urban landscapes: The spatio-temporal evolution from a polynuclei area to a mega-region based on remote sensing data. Applied Geography, 47:137-157

Thanh C V, Takashi A, Mohamad A E. 1998. Reductions in air conditioning energy caused by a nearby park. Energy and Buildings, 29 (1):83-92

Tian G J, Jiang J, Yang Z F, 2011. The urban growth, size distribution and spatio-temporal dynamic pattern of the Yangtze River Delta megalopolitan region, China. Ecological modelling, 222 (3):865-878

Tian G J, Liu J Y, Xie Y C, et al. 2005. Analysis of spatio-temporal dynamic pattern and driving forces of urban land in china in 1990s using TM images and GIS. Cities, 22 (6):400-410

UN (United Nations). 2012. World urbanization prospects: The 2011 revision population database (UN). http://esa. un. org/unpd/wup/index. htm

Vandentorren S, Bretin P, Zeghnoun A, et al. 2006. August 2003 heat wave in France: Risk factors for death of elderly people living at home. The European Journal of Public Health, 16 (6): 583-591

Van de Voorde T, Jacquet W, Canters F. 2011. Mapping form and function in urban areas: An approach based on urban metrics and continuous impervious surface data. Landscape and Urban Planning, 102 (3): 143-155

Voogt J A, Grimmond C S B. 2000. Modeling surface sensible heat flux using surface radiative temperatures in a simple urban area. Journal of Applied Microbiology, 39 (10): 1679-1699

Voogt J A, Oke T R. 2003. Thermal remote sensing of urban climates. Remote Sensing of Environment, 86 (3): 370-384

Wang H, Lu S L, Wu B F, et al. 2013. Advances in remote sensing of impervious surface extraction and its applications. Advances in Earth Science, 28 (3): 327-336

Wang K C, Wang J K, Wang P C, et al. 2007. Influences of urbanization on surface characteristics as derived from the moderate-resolution imaging spectroradiometer: A case study for the Beijing metropolitan area. Journal of Geophysical Research: Atmospheres, 112

Wang L, Li C C, Ying Q, et al. 2012. China's urban expansion from 1990 to 2010 determined with satellite remote sensing. Chinese Bulletin of Sciences, 57 (22): 2802-2812

Wang R Y, Kalin L, Kuang W H, et al. 2014. Individual and combined effects of land use/cover and climate change on Wolf Bay watershed streamflow in southern Alabama. Hydrological Processes, 28(22): 5530-5546

Ward D, Phinn S R, Murray A T. 2000. Monitoring growth in rapidly urbanizing areas using remotely sensed data. The Professional Geographer, 52 (3): 371-386

Webb E K, Pearman G I, Leuning R. 1980. Correction of flux measurements for density effects due to heat and water vapour transfer. Quarterly Journal of the Royal Meteorological Society, 106 (447): 85-100

Weng Q H. 2002. Land use change analysis in the Zhujiang Delta of China using satellite remote sensing, GIS and stochastic modelling. Journal of Environmental Management, 64 (3): 273-284

Weng Q H. 2012. Remote sensing of impervious surfaces in the urban areas: Requirements, methods, and trends. Remote Sensing of Environment, 117: 34-49

Weng Q, Hu X, Liu H. 2009. Estimating impervious surfaces using linear spectral mixture analysis with multi-temporal ASTER images. International Journal of Remote Sensing, 30 (18): 4807-4830

Weng Q H, Hu X F, Quattrochi D A, et al. 2013. Assessing intra-urban surface energy fluxes using remotely sensed ASTER imagery and routine meteorological data: a case study in Indianapolis, U. S. A. IEEE. Journal of Selected Topics in Applied Earth Observations and Remote Sensing, 7 (10): 4046-4057

Weng Q H, Lu D S. 2008. A sub-pixel analysis of urbanization effect on land surface temperature and its interplay with impervious surface and vegetation coverage in Indianapolis, United States. International Journal of Applied Earth Observations and Geoinformation, 10 (1): 68-83

Weng Q H, Lu D S, Schubring J. 2004. Estimation of land surface temperature-vegetation abundance relationship for urban heat island studies. Remote Sensing of Environment, 89 (4): 467-483

White J M, Eaton F D, Auer A H. 1978. The net radiation budget of the St. Louis metropolitan area. Journal of Applied Meteorology and Climatology, 17: 593-599

Wickham J D, Stehman S V, Gass L, et al. 2013. Accuracy assessment of NLCD 2006 land cover and impervious surface. Remote Sensing of Environment, 130: 294-304

Wiens J A, Stenseth N C, Van H B. 1993. Ecological mechanisms and landscape ecology. Oikos, 66 (3): 369-380

Wolf K M. 2003. Public response to the urban forest in inner-city business districts. Journal of Arboriculture, 29 (3): 117-126

Wu C S, Murray A T. 2003. Estimating impervious surface distribution by spectral mixture analysis. Remote sensing of

Environment,84 (4):493-505

Wu F. 2000. The global and local dimensions of place-making: remaking Shanghai as a world city. Urban Studies, 37 (8):1359-1377

Wu J G. 1999. Hierarchy and scaling:Extrapolating information along a scaling ladder. Canadian Journal of Remote Sensing,25 (4):367-380

Wu J G. 2013. Landscape sustainability science: ecosystem services and human well-being in changing landscape. Landscape Ecology,28 (6):999-1023

Wu J G. 2014. Urban ecology and sustainability: the state-of-the-science and future directions. Landscape and Urban Planning,125:209-221

Wu J G. 2010. Urban sustainability: An inevitable goal of landscape research. Landscape Ecology,25 (1):1-4

Wu J G,David J L. 2002. A spatially explicit hierarchical approach to modeling complex ecological systems: theory and applications. Ecological Modelling,153 (1-2):7-26

Wu J G,Jenerette G D,David J L. 2003. Linking Land-use Change with Ecosystem Processes:A Hierarchical Patch Dynamic Model. In: Guhathakurta S. Integrated Land Use and Environmental Models 99-119. New York:Springer Berlin Heidelberg

Wu J Y,Thompson J. 2013. Quantifying impervious surface changes using time series planimetric data from 1940 to 2011 in four central Iowa cities,U. S. A. Landscape and Urban Planning,120:34-47

Wu K,Zhang H. 2012. Land use dynamics,built-up land expansion patterns,and driving forces analysis of the fast-growing Hangzhou metropolitan area,eastern China (1978-2008). Applied Geography,34:137-145

Wu Q,Li H,Wang R,et al. 2006. Monitoring and predicting land use change in Beijing using remote sensing and GIS. Landscape and Urban Planning,78 (4):322-333

Xian G,Homer C. 2010. Updating the 2001 national land cover database impervious surface products to 2006 using Landsat imagery change detection methods. Remote Sensing of Environment,114 (8):1676-1686

Xiao J Y,Shen Y J,Ge J F,et al. 2006. Evaluating urban expansion and land use change in Shijiazhuang,China,by using GIS and remote sensing. Landscape and Urban Planning,75 (1-2):69-80

Xiao R B,Ouyang Z Y,Zheng H,et al. 2007. Spatial pattern of impervious surfaces and their impacts on land surface temperature in Beijing,China. Journal of Environmental Sciences,19 (2):250-256

Xiao R B,Weng Q H,Ouyang Z Y,et al. 2008. Land surface temperature variation and major actors in Beijing,China. Photogrammetric Engineering & Remote Sensing,74 (4):451-461

Xie Y C,Fang C L,Lin G,et al. 2007. Tempo-spatial patterns of land use changes and urban development in globalizing China:A study of Beijing. Sensors,7 (11):2881-2906

Xie Z,Cao H X. 1996. Asymmetric changes in maximum and minimum temperature in Beijing. Theoretical and Applied Climatology,55 (1-4):151-156

Xu W,Wooster M J,Grimmond C S B. 2008. Modelling of urban sensible heat flux at multiple spatial scales: A demonstration using airborne hyperspectral imagery of Shanghai and a temperature-emissivity separation approach. Remote Sensing of Environment,112 (9):3493-3510

Yang J,McBride J,Zhou J,et al. 2005. The urban forest in Beijing and its role in air pollution reduction. Urban Forestry and Urban Greening,3 (2):65-78

Yang L,Huang C,Homer C G,et al. 2003. An approach for mapping large-area impervious surfaces:Synergistic use of landsat-7ETM+ and high spatial resolution imagery. Canadian Journal of Remote Sensing,29 (2):230-240

Yang P,Liu W D,Hou W. 2011. The trend and inter-decadal evolution of extreme temperature events in Beijing area. Journal of Catastrophology,26 (1):60-64

Yang X Z. 2005. Use of satellite-derived landscape imperviousness index to characterize urban spatial growth. Computers,Environment and Urban Systems,29 (5):524-540

Yan Z W,Li Z,Li Q X,et al. 2010. Effects of site change and urbanisation in the Beijing temperature series 1977-2006. International Journal of Climatology,30 (8):1226-1234

Yin J,Yin Z N,Zhong H D,et al. 2011. Monitoring urban expansion and land use/land cover changes of Shanghai metropolitan area during the transitional economy (1979-2009) in China. Environmental monitoring and assessment, 177 (1-4):609-621

Yuan F,Bauer M E. 2007. Comparison of impervious surface area and normalized difference vegetation index as indicators of surface urban heat island effects in Landsat imagery. Remote Sensing of Environment,1063:375-386

Yu M,Liu Y M,Dai Y F. 2013. Impact of urbanization on boundary layer structure in Beijing. Climatic Change,120 (1-2):123-136

Yu S Q,Bian L G,Lin X C. 2005. Changes in the spatial scale of Beijing UHI and urban development. Science China: Earth Sciences,48 (2):116-127

Zhang B,Xie G,Zhang C,Zhang J. 2012a. The economic benefits of rain water-run off reduction by urban green spaces: a case study in Beijing,China. Journal of Environment Manage,100:65-71

Zhang C L,Chen F,Miao S G,et al. 2009a. Impacts of urban expansion and future green planting on summer precipitation in the Beijing metropolitan area. Journal of Geophysical Research:Atmospheres,114:D2-D27

Zhang C,Tian H,Chen G,et al. 2012b. Impacts of urbanization on carbon balance in terrestrial ecosystems of the Southern United States. Environmental Pollution,164:89-101

Zhang C,Tian H,Pan S,et al. 2008b. Effects of forest regrowth and urbanization on ecosystem carbon storage in a rural-urban gradient in the southeastern United States. Ecosystems,11 (8):1211-1222

Zhang C,Wu J,Grimm B N,et al. 2013a. A hierarchical patch mosaic ecosystem model for urban landscapes:Model development and evaluation. Ecological Modelling,250:81-100

Zhang Q,Ban Y,Liu J. 2011. Simulation and analysis of urban growth scenarios for the Greater Shanghai Area,China. Computers,Environment and Urban Systems,35 (2):126-139

Zhang Q,Schaaf C,Seto K C. 2013b. The vegetation adjusted NTL urban index: a new approach to reduce saturation and increase variation in nighttime luminosity. Remote Sensing of Environment,129:32-41

Zhang Q L,Seto K C. 2011. Mapping urbanization dynamics at regional and global scales using multi-temporal DMSP/OLS nighttime light data. Remote Sensing of Environment,115 (9):2320-2329

Zhang R H. 2005. An operational two-layer remote sensing model to estimate surface flux in regional scale:Physical background. Science China:Earth Sciences,48 (1):225-244

Zhang R H,Tian J,Su H B. 2008a. Two improvements of an operational two-layer model for terrestrial surface heat flux retrieval. Sensors,8 (10):6165-6187

Zhang W J,Zhang F,Yan Z,et al. 2006. Initial analysis on the ecological service value of the greening land in Lanzhou city. Pratacultural Science,23 (11):98-102

Zhang X X,Wu P F,Chen B. 2010. Relationship between vegetation greenness and urban heat island effect in Beijing City of China. Procedia Environmental Sciences,2:1438-1450

Zhang Y,Odeh I O A,Han C. 2009b. Bi-temporal characterization of land surface temperature in relation to impervious surface area,NDVI and NDBI,using a sub-pixel image analysis. International Journal of Applied Earth Observations and Geoinformation,11 (4):256-264

Zhang Y Z,Zhang H S,Lin H. 2014. Improving the impervious surface estimation with combined use of optical and SAR remote sensing images. Remote Sensing of Environment,141:155-167

Zhan J Y,Juan H,Zhao T,et al. 2013. Modeling the impacts of urbanization on regional climate change:A case study in the Beijing-Tianjin-Tangshan metropolitan area. Advances in Meteorology,2013:1-8

Zhao L,Lee X H,Smith R B et al. 2014. Strong contributions of local background climate to urban heat islands Nature, 511:216-219

Zhou L M, Dickinson R E, Tian Y H, et al. 2004. Evidence for a significant urbanization effect on climate in China. Proceedings of the National Academy of Sciences of the United States of America, 101 (26): 9540-9544

Zhou W Q, Huang G L, Cadenasso M L. 2011a. Does spatial configuration matter? Understanding the effects of land cover pattern on land surface tempeature in urban landscapes. Landscape and Urban Planning, 102 (1): 54-63

Zhou W Q, Qian Y G, Li X M, et al. 2011b. Relationships between land cover and the surface urban heat island: seasonal variability and effects of spatial and thematic resolution of land cover data on predicting land surface temperatures. Landscape Ecology, 29 (1): 153-167

索 引

作 者 简 介

匡文慧 男，理学博士、副研究员、硕士生导师。1978年生于内蒙古。主要从事土地利用/覆盖变化，城市生态学研究。2002年获得内蒙古师范大学管理学学士学位，2007年毕业于中国科学院东北地理与农业生态研究所获得理学博士学位，2009年中国科学院地理科学与资源研究所博士后出站后留所从事科研工作。曾赴美国奥本大学、密西根州立大学、印第安纳州立大学、巴西国家空间研究院、比利时鲁汶大学等从事学术交流与国际访问。

先后主持国家自然科学基金面上项目、青年科学基金项目，中国科学院重点部署项目课题、科技服务网络计划项目（STS）课题，国家重点基础研究发展计划（973计划）、国家高技术研究发展计划（863计划）项目专题等。发表学术论文70余篇，其中SCI/SSCI收录论文20余篇（第一作者或通讯作者10余篇）。出版学术专著两部，副主编专著（图集）两部，参编专著6部，授权专利1项，参与撰写多项咨询报告获中办、国办采纳和国家领导人批示。获得环境保护部科技进步奖1项。